全球銷售百萬冊，最受婦產科＆兒科醫師肯定的孕期保健全書

# 懷孕40週全書

**貼心 修訂版**

## Your Pregnancy Week by Week

葛雷德‧柯提斯（Glade B. Curtis）◎合著
茱蒂斯‧史考勒（Judith Schuler）

張國燕◎譯

U0030375

# 關於本書

　　葛雷德・柯提斯（Glade Curtis）醫師是美國深受愛戴的一位婦產科醫師。他寫的關於懷孕的書籍遍及全美、歐洲及亞洲各地。柯提斯醫師的書之所以那麼受到肯定，主要是因為他不斷的更新內容，提供最新的資訊。在本書的第四版中，除了提供他的臨床實務經驗外，還加上合著者茱蒂斯・史考勒（Judith Schuler）提供相關的資料及補充。

　　本書採取一週一週的編排方式，能在婦女懷孕之前就給予正確的指導。已經懷孕的讀者可以直接翻到懷孕的週次閱讀，然後再一週一週的讀下去。當然，您也可以回過頭去，尋找前面的資料。

　　在本書中，您可以了解寶寶是如何生長及發育，也可以知道自己的身體會有哪些改變。當然您也可以了解何時該做哪些檢查，以及您的哪些行為會影響到胎兒。另外，胎兒在懷孕過程中可能會發生哪些狀況，在本書中都會一一提出，並給您明確的解答。

　　本書中除了懷孕的知識外，還有以下幾個重要的議題：

- 提醒孕婦每週該補充哪些營養，才能充分的提供寶寶生長及發育的需求。
- 「FOR PAPA」專欄是給新手爸爸的小叮嚀，讓爸爸們對懷孕更具參與感。
- 書中有許多珍貴實用的圖表，讓您可以立刻掌握重點。
- 對於有助順利生產及胎兒發育的各種運動，書中也多所提示。

　　懷孕是個奇妙的經驗，其中有許多東西值得學習，也有許多新的事物讓人期待。希望本書能幫助您做好萬全的準備，歡欣迎接寶寶的誕生。

# 感謝有你

在《懷孕40週全書》貼心修訂版（*Your Pregnancy week by week*）這本書的第四版當中，我集結了我的病人及其配偶所提出的問題，以及我與同事之間討論的結果。

每一對父母在期待新生命的誕生時，都會有全新的體驗及歡欣。感謝他們讓我參與了他們的快樂和喜悅，也解決了他們的疑惑，一同迎接美妙的奇蹟來臨。

此外，我還要請我善體人意的妻子黛比，以及我的家人，一同來分享我的榮耀。唯有他們的支持與鼓勵，我才能持續追求終身志業的挑戰。此外，更要感謝我的父母，無私的提供他們所有的愛與支持。

感謝茱蒂斯・史考勒（Judith Schuler）的熱情與活力，她是我工作上完美的夥伴，具有傑出的能力與專業的素養。此外，還要特別感謝依莎貝斯・華納（Elizabeth Warner）醫師及瑪西亞_瓦維齊（Marcia Vavich）護理師的再三審核及校對，以及凱西_米歇爾（Kathy Michael）的特別協助。

## 茱蒂斯・史考勒

我想要感謝我的雙親鮑伯（Bob）及凱（Kay Gordon），以及我的兒子雷恩（Lan）。沒有他們的支持，就沒有今日的我。我還要特別感謝魯辛斯基醫師（Bob Rucinski）在各方面的協助，包括你的專業知識，專業技術，鼓勵與支持。

# 懷孕40週全書

*Your Pregnancy week by week*

## 全書

# 在「書」與「豬」之間

　　有道是「第一胎，照書養；第二胎，照豬養」這是譏笑為人父母者，在第一胎懷孕時，莫不如臨大敵，戰戰兢兢，產檢次數比醫師要求的還多次，買了一大堆書本雜誌來研讀，還沒有規則陣痛就跑了好幾趟產房；然而到了第二、三胎，卻因為不再是新手父母了，就隨隨便便，滿不在乎地，產檢漏了好幾回，營養也不那麼在意，生了下來也不如第一胎那樣寶貝地養。

　　話雖如此，「第一胎，照書養」就真的十分完善了嗎？也未必！因為坊間專門給孕產婦看的書，真可謂汗牛充棟，然而令人激賞的好書卻相當罕見，這本《懷孕40週全書》貼心修訂版則是一本21世紀的絕佳孕產婦最佳指導書籍，因為它具有以下幾個特色：

　　（一）方便查閱：此書採用以懷孕週數為順序來編寫，因此可以依序閱讀，也可以在每一個週數查到所需的資訊，如果沒有，那麼在附近的週數中，一定可以找到。

　　（二）資料最新：此書內容資料相當新穎，例如近年來才流行的三合一或四合一唐氏症篩檢，偵測早產的胎兒纖維結合素（fibronectin）……等，在這本書也都提到了。

　　（三）內容完整：此書不但把胎兒的每一個器官的發育都寫到了，等於是胚胎學（embryology）的通俗版，也把畸胎學（teratology）、畸形學（dysmorphology）和新生兒學（neonatology）都提了不少，甚至連準媽媽準爸爸該注意的事項，例如心理調適、飲食、營養、走路、運動、洗澡、使用電腦、喝咖啡、喝藥草茶……等，全都告訴您該怎麼辦。此書不但涵蓋了所有懷孕期間可能碰到的併發症或其他內外科系疾病，例如糖尿病、高血壓、氣喘、闌尾炎、甲狀腺疾病、腎臟疾病、紅斑性狼瘡、癲

瘤、骨折、癌症……等，無所不包，也提到了所有懷孕及生產本身的合併症，甚至連產後餵母奶、結紮、臍帶血貯存等都寫了，實在是包羅萬象，十分完整。

(四)符合國情：雖然此書原版是為美國人而寫，內容有一些不合乎台灣的國情，但是我在審訂時已做了增刪及修正，讓讀者了解本土狀況為何。例如地中海型貧血在美國少見，在台灣則是常見的；B型肝炎及其相關的肝癌在美國是少見的，在台灣則是常見的；這我都依據台灣實際的狀況增加了本土的資料，其他還有許多臨床上的案例我也盡量提供給讀者了解，如此使得本書真正符合國人閱讀。

現代人往往習於上網尋找一些片斷破碎的資訊，因而時常只是一知半解，如能買一本書，從頭到尾仔細看一遍，其實最能獲益。不論您是新手父母，還是老經驗了，這本嶄新、方便、完整又本土化了的好書，絕對是您們最佳的參考書籍！

台北秀傳醫學執行院長／海芙刀治療中心執行長

鄭丞傑

# 攜手迎接新生命

　　我一向主張迎接新生命的誕生，不只是媽媽的工作，也是爸爸的責任，我也非常鼓勵準爸爸們在每一個懷孕過程，乃至於孩子成長過程中的積極參與，所以在我的門診，常會看到一對對準父母們滿懷喜悅期待，又有點惶恐不安的矛盾心態。他們在筆記本上記下千奇百怪的問題，我雖然不厭其煩的再三解釋，但總覺得如果有一本依照懷孕的週數來分章節並附錄圖表，詳細的提供孕婦包括食、衣、住、行、生理、心理等多方面訊息的書可供參考，對產科醫師與孕婦而言都是一大福音。直到拜讀了由Dr. Curtis著作的這本《懷孕40週全書》貼心修訂版（*Your Pregnancy week by week*）才發現與我的理念不謀而合。

　　這本書內容豐富、巨細靡遺，甚至於在孕前的準備及當今流行的臍帶血銀行都有所著墨。而本書譯者張國燕淺顯易懂的口語式譯筆，更能幫助讀者一目了然，對準備懷孕的婦女或已懷孕的婦女而言，實在是一本不可多得且值得推薦的孕婦寶典。


長庚紀念醫院婦產科臨床副教授

謝景璋

懷孕——

生命中最奇妙的一段旅程。

讓美國婦產科權威葛雷德・柯提斯博士

伴您輕鬆走過……

準備懷孕

　　世上最神奇的事莫過於懷孕了，它讓妳參與了生命創造的過程。如果妳能清楚了解懷孕的過程，並且能預先做好計畫，妳就能夠舒舒服服的度過懷孕期，並且生出一個健康寶寶。

　　攸關寶寶健康最重要的因素，就是妳的生活型態。如果能預先調整好生活型態，就能讓妳及寶寶在懷孕期間處於健康有益的環境，並且能屏除有害的物質。

　　大多數婦女在發現自己懷孕時，通常已經懷孕一、兩個月。等到去看醫師，通常已經過了兩、三個月了。事實上，懷孕的最初12週是非常重要的。在這段期間內，胎兒將形成體內最重要的器官及系統。在妳發現懷孕或去看醫師之前，胎兒體內許多重要的器官已經開始發育了。因此，孕齡婦女最好隨時保持身體及心理的最佳狀態，以提供腹中胎兒最佳的生長環境。

　　懷孕不是疾病，因此孕婦與一般病人不同。話雖如此，懷孕的過程仍然會讓身心經歷巨大的改變。如果妳在懷孕前，就擁有健康的身體，那麼對於懷孕及生產所引起的身心壓力，就能輕鬆的應付，也更有充沛的體力來照顧新生兒。

## 孕婦的健康狀況

　　近幾年來科技發達，藥物、醫療技術及治療方法推陳出新。從開始懷孕，歷經十月懷胎（實際上只有九個多月），一直到胎兒娩出，我們都可以透過這些進步的科技，清楚地了解及追蹤妳的健康狀況，這對妳及胎兒都有莫大的影響。

　　過去，大家都只強調懷孕期間的身心健康，現在，大多數醫師則認為，要維持整個孕期的健康，就應該不只看真正懷孕的這九個月。完整的懷孕期間，應該擴充到十二個月，其中包括至少三個月的懷孕準備期。在這個準備懷孕的期間內，將自己的身心健康維持在顛峰狀態，對妳未來有一個健康順利的懷孕過程，以及孕育一個健康的寶寶來說，絕對助益良多。

 ### 準備懷孕

**懷孕前，最好先完成下列的準備：**
- 達到理想體重。
- 開始規律運動。
- 先行完成必要的X光檢查。
- 完成預防注射，例如MMR（麻疹、腮腺炎、德國麻疹三合一疫苗）。
- 如果還在抽菸，立刻戒掉。
- 如果嗑藥或酗酒，立刻戒掉。

　　以上所列出的事項最好在懷孕前便達成，讓自己的健康維持在良好的狀況下，就不必擔心會對胎兒造成危害。如果以上問題還沒解決，那麼，最好還是先避孕。

## 尋求專業的建議

　　懷孕前，最好先找好醫師，最好也能夠找一位親友，以便在懷孕後能照顧妳。懷孕之前，妳可以先跟醫師約診，做一次徹底的全身健康檢查，再與醫師討論妳的懷孕計畫。如此一來，妳就可以知道，什麼時候最適合懷孕了。

　　懷孕前，妳可能有些宿疾必須治療，如果沒有先處理好，可能會影響受孕的能力。因此，在嘗試懷孕之前，需要改變服用的藥物，或者可能要徹底改變生活型態。

### 必要的檢驗

　　懷孕之前最好先做一次全身健康檢查，以免懷孕後才發現有病要治療。健康檢查包括子宮頸抹片以及乳房檢查。懷孕前做的化驗項目包括德國麻疹、血型及RH因子等。如果妳已超過35歲，那麼最好再做乳房X光攝影。

　　如果妳曾與愛滋病患或肝炎患者有過親密接觸，最好請醫師安排相關檢驗。如果妳的家族有遺傳疾病，如糖尿病，最好也請醫師安排檢查，確認是否罹病。如果妳原本就有一些慢性病，如貧血或習慣性流產等，醫師可能會建議妳做一些特殊的檢驗。

### X光檢查及其他影像檢查

　　如果妳已經安排使用放射性檢查，一定要在檢查之前確認沒有懷孕。這些檢查包括照X光、電腦斷層掃描及核磁共振造影等。妳可以將這些檢查，安排在經期過後立刻做，就可以不必擔心懷孕了。如果妳必須接受一連串的這類檢查，那麼最好持續避孕。（參見懷孕第14週）

## 孕婦的檢查及化驗項目

**檢查項目：**
· 子宮頸抹片檢查。
· 乳房檢查。（35歲以上還要做乳房X光攝影）

**化驗項目：**
· 德國麻疹。
· 血型及RH因子檢驗。
· 愛滋病檢驗。（高危險群者必須做，參見88～90頁）
· 肝炎。（高危險群者必須做，參見46頁）

　　除了以上的檢查與檢驗外，醫師還會參考妳的家族病史及最近常見的疾病等，安排其他的檢查項目。

## 病史

　　產前檢查（產檢）是妳和醫師討論問題最好的時間。妳可以告訴醫師過去的病史，或是討論再懷孕時，會出現哪些問題。也可以請教醫師該注意什麼，以免重複發生過去的問題，如：子宮外孕、流產、剖腹，或其他合併症等。

　　如果妳曾與性病或其他傳染病患者有過親密的接觸，或曾經暴露在高危險環境下，也可以在產檢時提出來。如果妳曾經動過大手術或動過婦科手術，也應該一併提出來討論。如果妳正在治療某種疾病，更不可隱瞞，最好能在懷孕之前，就先跟醫師商量出一個安全的服藥及治療計畫，以免危及胎兒。

## DOCTOR SAY

　　有些第一次來門診的病人告訴我，在懷孕一、二個月的時候，曾經照過X光。例如蘇珊，她第一次來產檢時，已經懷孕八週。她告訴我，三週前因為腸道的問題，照了幾張X光片，她很擔心，想知道會不會影響到胎兒。我不能作任何保證，因為誰也沒有辦法知道，照X光會不會對胎兒造成傷害。因此，最好在檢查以前，能先確定自己沒有懷孕。

 ## 停止避孕

　　在妳為懷孕生子做好萬全準備之前，最好還是避孕。如果妳正在治療某種疾病，或將要做某項檢查，這時最妥當的做法，是先將整個療程結束，或是先將檢查做完，之後再考慮懷孕（如果此時不避孕，可能會意外懷孕）。當妳停止長期的避孕時，最好還是配合使用保險套、殺精劑、避孕棉或子宮帽等避孕器避孕，等到月經週期回復正常幾個月以後，再嘗試懷孕。

### 口服避孕藥

　　當妳打算懷孕時，大多數醫師會建議先停止服用避孕藥，等兩、三個月經週期都正常了以後再懷孕。如果在停用避孕藥以後立刻懷孕，那就不容易估算正確的懷孕日期，更沒有辦法正確估算預產期。現在妳或許覺得這並不重要，但懷孕以後，尤其是在懷孕晚期，預產期就變得非常重要了。

### 子宮內避孕器

　　如果妳原來使用子宮內避孕器（IUD）避孕，在想要懷孕之前，必須將避孕器取出。如果有發炎的跡象，一定要先治療好再懷孕。取出子宮內避孕器的最佳時間，是在經期當中。

### 易貝儂

如果妳裝的是易貝儂（Implanon NXT®，一種皮下植入避孕藥），一定要在取出後，再經過兩、三個正常的月經週期以後再嘗試懷孕。取出易貝儂後，可能要過好幾個月，才能恢復正常的月經週期。如果取出易貝儂之後立刻懷孕，就無法知道懷孕的確實日期及計算預產期。

### 荷爾蒙注射避孕藥

如果妳是注射狄波（Depo-Provera）這種荷爾蒙避孕的話，也應該先停止注射三到六個月，然後再等待兩、三個正常的月經週期過後再懷孕。

 ## 目前的健康狀況

在懷孕以前，先檢視一下自己的生活形態、飲食狀況、運動情形，以及是否有高血壓或糖尿病等慢性病。如果有上述問題，在懷孕前後就需要特別的照顧。如果最近曾服用任何藥物，一定要告訴醫師。如果最近計畫做檢查（例如照X光），或曾經治療某種疾病，也都應該詳細告訴醫師。在懷孕之前，這些問題、治療及併發症都很好解決，一旦懷孕，再要處理就棘手得多了。

### 貧血

貧血是指體內血紅素不足，以致無法將氧氣運送到全身的細胞。貧血的症狀包括虛弱、疲倦、呼吸短促及皮膚蒼白。妳在懷孕前也許一切正常，沒有貧血，不過懷孕後，卻可能出現貧血的現象，這是因為胎兒會從母體吸取大量的鐵質。如果懷孕前，母體內的鐵質就不夠，懷孕後更會破壞體內的平衡，造成貧血。因此，妳可以在懷孕前，要求醫師在體檢時，順便做血球計數（CBC）的檢查。

如果妳有鐮狀細胞貧血（sickle-cell anemia）或地中海型貧血（thalassemia）等家族性的貧血疾病，在妳準備懷孕之前，一定要先告訴醫師（參見懷孕第22週）。

### 氣喘

約有1％的孕婦患有氣喘，這些患有氣喘的孕婦當中，約有一半在整個懷孕過程中並沒有特殊的變化。另外有四分之一，氣喘的症狀會獲得改善，其餘的四分之一則會更加惡化。

多數治療氣喘藥物不會對懷孕造成不良影響，不過，妳所服用的任何藥物，都應該詳細告知醫師。大多數罹患氣喘的人，都知道哪些東西會引發氣喘。因此，從想懷孕開始，一直到懷孕過程結束，都應該盡量避免接觸這類東西。當然，最好能在懷孕之前，先將氣喘的毛病好好控制住。（關於氣喘對懷孕的影響，參見懷孕第28週）

### 膀胱或腎臟的問題

膀胱感染常被稱為泌尿道感染，在懷孕期間更容易發生。如果放任泌尿道感染而不治療，可能會造成腎臟發炎，即腎盂腎炎。

泌尿道感染及腎盂腎炎都可能會引起早產。如果妳曾得過腎盂腎炎，或泌尿道曾反覆感染，必須在懷孕前再詳細檢查。

腎結石也會在懷孕期間造成問題，因為腎結石會引起疼痛，因此很難分辨到底是腎結石引起的疼痛，或其他的問題所造成。此外，腎結石也會使罹患泌尿道感染及腎盂腎炎的機會增加。

如果妳的腎臟或膀胱曾動過手術、曾患有嚴重的腎臟疾病，或已經知道自己的腎臟功能較差時，一定要告訴醫師，在懷孕之前，需做一些腎臟方面的檢驗來評估它的功能。如果妳只是曾偶爾膀胱發炎，不必緊張，醫師會根據情況，決定妳是否需要做進一步的檢查。（參見懷孕第18週）

## 癌症

如果妳曾得過癌症，不論是哪一種癌症，都應該在計畫懷孕之前，先告訴婦產科醫師，否則，也要在發現懷孕以後，盡快告訴醫師。醫師可能會斟酌狀況，在懷孕過程中給予妳特別的照顧。（參見懷孕第30週）

## 糖尿病

糖尿病在懷孕期間會造成非常嚴重的影響。過去，罹患糖尿病的婦女不容易懷孕；現在，在良好的控制之下，患有糖尿病的婦女一樣可以產下健康的寶寶。

如果妳患有糖尿病，可能不容易懷孕。流產、胎死腹中及產下畸形兒的機會，也會大幅增加。不過，只要能在懷孕期間好好控制血糖，就會減少這些風險。

如果妳的糖尿病沒有獲得良好控制，那麼懷孕再加上糖尿病，就會對妳及腹中的胎兒造成極大的危險。糖尿病所造成的問題及傷害，大多發生在懷孕的第一個三月期，即懷孕的前13週；如果沒有控制好，整個懷孕的過程都會受到不良的影響。

懷孕對糖尿病人造成的影響，是讓身體對胰島素的需求大量增加，胰島素的作用在於讓身體能夠有效利用糖類。因此，大多數醫師認為，最好在懷孕之前先將糖尿病好好的控制兩、三個月以後，再嘗試懷孕。在醫師斟酌胰島素的量以便控制妳的糖尿病時，需要在一天之內抽好幾次血以檢驗血糖值。

如果妳有糖尿病的家族病史，或懷疑自己患有糖尿病，最好能在懷孕之前先徹底檢查，這樣就能減少流產以及產生其他問題的機會。如果在懷孕前沒有糖尿病，但在懷孕後漸漸地發展出糖尿病，稱為妊娠糖尿病。（參見懷孕第23週）

## 癲癇與發作

癲癇症有幾種不同的形式，有的嚴重，有的輕微。罹患癲癇的孕婦，約3％會產下有癲癇疾病的孩子，胎兒出現先天畸形的機會

也很大，這可能跟媽媽懷孕時服用抗癲癇藥有關。

如果妳正在服用藥物治療癲癇，在懷孕之前，一定要先告訴醫師，並將所服用的藥物種類及劑量詳細告知醫師。有些藥物在懷孕時服用是安全的，因此，當妳想要懷孕時，醫師會將妳的藥物，改為可以在懷孕期間繼續服用的苯巴比妥之類的藥物。

癲癇發作對孕婦及胎兒都非常危險，因此，一定要按時照劑量服用，千萬不可以擅自減少劑量或停藥。

### 心臟病

懷孕期間心臟的工作量約增加50％。因此，如果妳的心臟有任何問題，務必在懷孕前就告訴醫師。僧帽瓣脫垂（mitral-valve prolapse）等心臟疾病，在懷孕期間，病況可能會更嚴重，分娩時也要同時服用抗生素。而先天性心臟病等心臟的問題，可能會嚴重影響妳的健康，因此，醫師並不贊成患有先天性心臟病的婦女懷孕。總之，如果有任何心臟方面的疾病，一定要先告知醫師，最好能在懷孕前先妥善處理及治療。

### 高血壓

高血壓會對孕婦及腹中的胎兒造成許多傷害。對孕婦來說，可能會造成腎臟損傷、中風及頭痛；對發育中的胎兒來說，母體血壓太高，會使流到胎盤的血液減少，造成胎兒瘦小或產生胎兒生長遲滯（IUGR）。

如果在懷孕之前就有高血壓，懷孕後應該更密切監控血壓。醫師可能會要求妳同時看內科，以協助控制高血壓。

有些抗高血壓藥物在懷孕期間服用是安全的，有些則非如此。千萬不可任意停藥或減少藥量，這是非常危險的！如果妳想懷孕，可以請醫師改開在受孕期及懷孕期間都安全的藥物。

## 全身性紅斑狼瘡

全身性紅斑狼瘡（SLE）是一種自體免疫的疾病，即身體會製造抗體來對付自己的器官，這些抗體除了摧毀或損傷器官，還會破壞器官的功能。全身性紅斑狼瘡會侵犯身體許多部位，包括關節、腎臟、肺臟及心臟。

這種疾病很難診斷，在美國，15～64歲的女性中，全身性紅斑狼瘡的罹病率約為七百分之一。黑人女性的罹病率曾高達二百五十四分之一。20～40歲的女性，罹患全身性紅斑狼瘡的比率更大於男性。

目前仍無法完全治好全身性紅斑狼瘡，治療的方式也因人而異，通常需要服用類固醇。如果妳曾經突然發病，那麼最好暫時不要懷孕。罹患全身性紅斑狼瘡的婦女，流產及死產的風險會大幅增加，因此整個孕期都要非常小心照顧。

患有全身性紅斑狼瘡的孕婦所產下的嬰兒，可能會出現紅疹、心臟傳導阻斷及心臟缺損等現象。也容易早產或出現胎兒生長遲滯的現象。因此，如果妳已罹患全身性紅斑狼瘡，最好在想要懷孕前，先與醫師做詳細討論。（參見懷孕第27週，可以更了解孕期全身性紅斑狼瘡的相關資訊。）

## 偏頭痛

約有15％～20％的孕婦有偏頭痛的情形，不過，許多婦女發現，懷孕時會改善偏頭痛的症狀。如果懷孕期間需要服用藥物來治療頭痛，最好先請醫師看看所服用的藥物是否安全。

## 甲狀腺問題

甲狀腺激素分泌過多或過少都不正常，甲狀腺激素分泌過多，叫做甲狀腺機能亢進（hyperthyroidism），會使新陳代謝的速度加快，稱為格雷夫斯氏病（Graves' disease），即凸眼性甲狀腺腫，通常需要開刀或服用藥物，來減少體內的甲狀腺激素。如果在懷孕期間未能適當治療，可能就會早產或導致新生兒體重偏低。如果必須

在懷孕期間繼續服藥，可以選擇安全的藥物。

　　甲狀腺激素分泌過少，稱甲狀腺機能不足（hypothyroidism），這通常是自體免疫出現了問題，亦即甲狀腺被自身的抗體破壞所致。醫師通常會讓病人補充甲狀腺激素。如果不治療，可能會造成不孕或流產。如果妳有甲狀腺方面的問題，應該在懷孕前做甲狀腺激素檢驗，以確定適當的藥量。不過，懷孕也會改變對藥物的需求量，因此懷孕期間還是要再做檢驗。

### 其他問題

　　還有許多特殊的慢性病，也會對懷孕造成影響。如果妳有任何慢性病或必須長期按時服用某些藥物，一定要先和醫師討論。

 ## 最近使用的藥物

　　每當醫師開立處方箋或者囑咐妳服用某些藥物時，妳都應該考慮到妳可能隨時會懷孕。一旦真的懷孕了，藥物的使用更要注意。

　　有些藥物在未懷孕時服用是安全的，但是懷孕後仍繼續服用就會有害。我們無法保證哪些藥物在懷孕時服用一定安全無虞，但在妳改變任何藥物之前，一定要先詢問醫師。（有些藥物及化學物質的作用，將會在懷孕第4週討論）

　　胎兒的大多數器官是在懷孕的第一個三月期發育完成，因此，這段期間非常重要，最好盡量避免讓胎兒暴露在不必要的藥物中。如果懷孕之前能好好控制藥物的服用，懷孕後就會覺得比較舒適。

　　有些藥物原本就只供短期服用，如治療感染的抗生素；有些藥物則是用來治療慢性病或需長期服用，如治療高血壓及糖尿病的藥物。有些藥物在懷孕時服用是安全的，有些甚至還能有助於懷孕，不過，還是有些藥物不適合在懷孕時服用。下面的專欄列舉了常見的藥物，請牢記在心，另外，在66頁也有一些特殊藥物的資料與用藥安全可供參考。

# 懷孕與藥物

　　我們先假設妳的懷孕是正常的。因此，在想懷孕前，請先考慮以下的藥物使用指引。

・除非妳想懷孕，否則不要輕易停止避孕。
・按時並準確服用處方藥。
・如果妳懷疑自己可能懷孕了，或醫師開藥時妳並沒有避孕，請提醒醫師。
・不要自行診斷、自行服藥或吃以前剩下的藥物。
・不要吃別人的藥。
・如果妳對藥物的服用有疑問，吃藥前先向醫師確認。

 ## 疫苗

　　疫苗注射的禁忌與照X光一樣。當妳接種疫苗後，最好能確實避孕，因為有些疫苗對懷孕是安全的，某些則否。根據經驗，最好在注射疫苗三個月以後，再開始準備懷孕，因為注射疫苗造成的傷害，多半發生在懷孕的第一個三月期，所以最好避開這段時間再懷孕。

> 根據經驗，最好在注射疫苗三個月以後，再開始準備懷孕。

 ## 遺傳諮詢

　　如果妳是第一次懷孕，妳或許還不會想到做遺傳諮詢。不過，

遺傳諮詢的分析能讓妳及配偶更深入了解，未來在生兒育女時可能會出現哪些問題。

遺傳諮詢是由妳、配偶及一位或一組遺傳諮詢人員，一起諮商

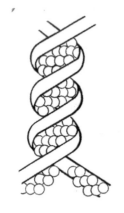

及討論。任何妳所提供的資料及諮詢人員所做的結論，全都列為機密。遺傳諮詢可能只需做一次，也可能需要多次討論。

透過遺傳諮詢，妳及配偶可以了解，哪些因素可能會影響懷孕？下一代發生某種疾病的機率又有多大？不過，由此所獲得的資訊，並不是百分之百確定，而是「發生的機率」。

遺傳諮詢人員不會為妳做任何決定，但可能會建議妳做某些檢驗，並將檢驗的原因及結果，及其所代表的意義告訴妳。在妳與遺傳諮詢人員討論時，不要隱藏任何資料，也不要認為有些事難以啟齒而隱匿不談。資料愈詳盡，分析的結果也就愈準確。

如果需要做遺傳諮詢，妳可以先問問醫師。事實上，大多數需要做遺傳諮詢的夫婦，在懷孕之前都不知道要做，通常都是等到生下了有缺陷的孩子以後，才發現有遺傳方面的問題。如果妳有下列狀況，可能就需要做遺傳諮詢：

- 分娩時超過35歲。
- 曾產下先天缺陷的孩子。
- 自己或配偶有先天缺陷。
- 妳或配偶的家族，曾有唐氏症、智能不足、纖維囊泡症、脊柱裂、肌肉萎縮、出血性疾病、頭骨或骨骼問題、侏儒症、癲癇、先天性心臟缺損，或有失明的家族病史。
- 妳或配偶有遺傳性耳聾，即是由connexin-26基因缺陷所造成的先天性耳聾（可以在產前檢查中發現，並可能有機會立刻處理）。
- 妳及配偶有血緣關係。

- 曾習慣性流產（流產三次或三次以上）。
- 配偶年齡超過四十歲。根據最近的醫學報告指出，父親年齡超過四十歲時，生下先天畸形兒的機率大增。（參見25頁）

　　事實上，有些重要的資料，妳及配偶確實不易完全清楚。例如，當妳們是被人收養時，妳對家族病史或許只能知道一點點，甚至於完全不知道。這時，最好在懷孕前先跟醫師討論一下。如果妳在懷孕前就知道很有機會出現某些問題，就可以預先做好準備，不必等到懷孕後再被迫選擇。遺傳諮詢的主要目的與其他檢查一樣，就是希望能夠早期診斷，並且防患於未然。

# 三十五歲以後才懷孕

　　現在許多婦女選擇在事業有成以後才結婚，有更多夫婦在結婚多年後，才決定生兒育女。因此，醫師們發現，第一次懷孕的高齡產婦愈來愈多，不過，與過去相比，現在的高齡產婦多半都能平安度過懷孕期，並產下健康的寶寶。

　　我們發現，高齡婦女在懷孕時，有兩個最大的顧慮：一是懷孕會對自己造成什麼影響，一是自己的年齡會對懷孕造成什麼樣的影響。當母親年齡較大時，母親及孩子發生合併症的機會，確實會稍微提高。

　　超過35歲的高齡產婦，容易出現以下狀況：
- 產下唐氏症的孩子。
- 高血壓。
- 子癇前症（pre-eclampsia）。
- 剖腹產。
- 多胎妊娠。
- 胎盤早期剝離。
- 出血及其他合併症。
- 早產。

・骨盆腔壓力增加或者骨盆腔疼痛。

高齡產婦，可能還必須處理一些年輕產婦不會碰到的問題。簡單來說，20歲年輕女孩的懷孕能力，確實比40歲強。其次，40歲的妳，可能已經有工作或其他的大孩子，這些都會瓜分妳的時間。等到懷孕後，妳將發現比較沒有足夠的休息、適當的運動及飲食。

任何會隨著年齡提高發生率的疾病，都有可能會出現在孕婦的身上。超過35歲的高齡產婦，最常出現的懷孕併發症就是高血壓（參見懷孕第31週），另一個高發生率的疾病是子癇前症（參見懷孕第31週）。高齡產婦出現早產、骨盆腔壓力增加及骨盆腔疼痛等問題及異常的機率，也比正常年齡的產婦高。

孕婦罹患糖尿病的機會，也會隨著年齡漸長而增加，糖尿病所產生的併發症也是如此。根據研究顯示，35歲以上孕婦併發糖尿病的人數也增加了兩倍。

高血壓及糖尿病，是過去孕婦最難處理的併發症，不過，隨著醫療進步，現在已經能夠順利處理這兩種棘手的併發症了。

## 唐氏症

醫學研究顯示，高齡產婦產下唐氏症寶寶的機率很高，而且最後很多都是流產或死產。高齡產婦可進行一些檢驗，以提早得知胎兒是否有唐氏症，例如經由羊膜穿刺術抽取羊水，檢查胎兒的基因是否有缺陷，是最普遍的方式。（參見懷孕第16週，有關「羊膜穿刺術」的詳細資料。）

產下唐氏症寶寶的機率，與母親生產年齡成正比，統計數值如下：

・25歲時，產下唐氏症寶寶的機率為 $\frac{1}{1300}$。

・30歲時，機率為 $\frac{1}{965}$。

・35歲時，機率為 $\frac{1}{365}$。

- 40歲時，機率為 $\dfrac{1}{109}$。

- 45歲時，機率為 $\dfrac{1}{32}$。

- 49歲時，機率為 $\dfrac{1}{12}$。

　　當然，妳也可以用比較正面的角度來看這些統計數值：如果妳45歲，那麼有97%的機會不會產下唐氏症的孩子；如果妳已經49歲，有92%的機會不會產下唐氏症寶寶。如果妳還是因為自己高齡或家族的因素而擔心，建議妳還是先跟醫師詳談。

## 準爸爸的年齡

　　研究顯示，準爸爸的年齡也是十分重要的。據統計，高齡的準媽媽加上40歲以上的準爸爸，產下染色體先天異常孩子的機會非常大。55歲以上的男性，產下唐氏症孩童的機率比年輕男性大兩倍。準爸爸的年齡增加時，染色體異常的機率也同時增加。部分學者建議，男性最好在40歲以前完成生兒育女的責任，不過，這項論點仍有爭議。

## 妳的健康狀況

　　如果妳是屬於高齡產婦，最好在懷孕前先仔細的評估幾個關於自身健康的重要問題。妳適合懷孕嗎？如果已經年齡不小了，那麼更應該在懷孕前，盡量將身體維持在最佳的健康狀態，以增加成功孕育健康寶寶的機會。

　　多數學者建議，最好能在35歲前，做一次基本的乳房X光攝影檢查，並且最好在懷孕以前完成。在準備懷孕時，飲食及健康的照顧也要多加留意。

## 懷孕前的營養

多數人只要營養均衡，身體就可保持健康，工作也就能稱心如意。最好能在懷孕之前，就開始計畫良好的飲食習慣，並且徹底執行，以確保胎兒在最初的幾週或幾個月裡，能夠獲得良好的營養。

一般婦女通常都要等到確定懷孕後，才開始注意自己的健康。如果能夠預先計畫，寶寶就能在九個月的孕期中，全程處於健康的環境，而不只是六、七個月。當妳完成營養計畫，就表示準備好一個供寶寶發育及成長的美好環境了。

### 體重管理

在嘗試懷孕前，應該先注意體重：不要過重，也不要過輕。因為過重與過輕，都容易導致不孕。

懷孕及開始嘗試懷孕時，千萬不要節食。如果妳沒有確實避孕，也不要吃減肥藥。如果妳正採取某種特殊飲食以增加體重或減輕體重，那麼，當妳想要懷孕時，一定要先跟醫師討論，因為節食可能會發生某些妳及胎兒所需要的維生素及礦物質的暫時性缺乏症狀。

> 正準備懷孕或是已經懷孕的婦女，千萬不要節食。

### 注意維生素、礦物質及中藥的攝取

不要自行購買綜合維生素、礦物質或中藥來吃，因為妳可能會用藥過量。如果維生素A等某些特定的維生素服用過量，會造成胎兒先天畸形。

一般來說，最好在懷孕三個月以前，就要停止服用所有營養補

充劑，開始攝取營養均衡的天然食物，並且每天服用一顆由醫師指定的孕婦專用綜合維生素。

## 葉酸

葉酸是維生素B群的一種，對健康的懷孕有幫助。如果準媽媽能在懷孕的三或四個月以前，就開始每天吃0.4毫克葉酸，可使胎兒不易罹患脊柱及神經管缺陷等大腦先天缺陷。

脊柱裂是一種神經管的缺陷，這種先天缺陷形成於懷孕最初的幾週。研究顯示，有75％的病例可以事先預防，只要準媽媽在懷孕過程服用葉酸就行了。因此，當妳計畫懷孕時，記得請醫師開葉酸給妳服用。

許多食物都含有葉酸，只要不偏食，廣泛攝取各種食物，葉酸就不虞匱乏。下列食物都含有葉酸：蘆筍、鱷梨、香蕉、黑豆、花菜、柑橘、蛋黃、麵包、穀片、綠色葉菜、扁豆、肝、豌豆、芭蕉、菠菜、草莓、鮪魚、小麥胚芽、優格等等。

## 開始培養良好的飲食習慣

在懷孕以前養成的飲食習慣，通常會延續到懷孕後。現在女性非常忙碌，多半吃得匆忙，也不太注意到底吃下哪些東西。如果妳沒有懷孕，或許並不要緊，但是懷孕之後，妳自己及發育中的胎兒對營養的需求會迅速增加，這時，就不能再忽視了。

要維持良好的營養，關鍵就在飲食均衡。對維生素過度的依賴或偏食，對自己及胎兒都會造成傷害，甚至會讓妳在懷孕期更覺疲累。

> 要維持良好的營養，關鍵在於飲食均衡。

## 特殊的考量

還有一些特殊的因素，必須在懷孕以前就加以考量，例如：懷孕前是不是吃素？平日的運動量有多大？三餐是否定時？是否想減肥或增重？有哪些特殊的飲食需求及禁忌等等。

如果妳因為健康因素必須採取特殊的飲食型態，最好先告訴醫師。妳也可以從醫院或醫師那裡，得到一些良好飲食的相關資料。

有些較為極端的飲食型態，例如斷食，或許孕婦本身可以忍受，但是卻會對胎兒造成傷害。因此，最好能在懷孕之前就與醫師討論，不要等到懷孕8週後，才發現自己營養不良。

### 如何避免害喜

根據研究指出，婦女在懷孕的前一年，如果吃了過多富含飽和脂肪酸的食物（如起司及紅肉等），懷孕時便可能會害喜得很厲害。因此，如果妳希望懷孕期間不要害喜，最好趁早少吃這些食物。

## 懷孕前的運動習慣

不論是否懷孕，運動都對妳有益。運動的好處包括能控制體重、讓妳感覺舒暢，還可以增加體力與耐力，這點在懷孕後期就會顯現出它的重要性。

最好在懷孕前，就養成規律的運動習慣。只要將生活型態稍加調整，加入規律的運動習慣即可。這不但對現在的妳有很大的好處，對懷孕期的體重控制也會有幫助。

不過，運動不可以過度，否則就會出現問題。當妳想懷孕時，不要過度鍛鍊身體，也不要突然增加運動量，更不宜從事高度競技的運動。

找一種妳喜歡、能持續、適合任何季節的運動，最好同時能夠強化背部及腹部肌肉，這對懷孕有很大幫助。

如果妳對懷孕前後的運動還有疑慮，不妨請教醫師。懷孕前妳

做得很好、很容易就做到的運動，懷孕以後可能會變得困難。大部分的大型醫院會針對懷孕前後的婦女，提出一些運動的指導方針，或是以錄影帶教導懷孕及產後的婦女如何做運動。本書第53～57頁也針對孕婦，提供許多運動相關資料，包括一些指導方針、建議及可能發生的問題等。

　　規律而適度的運動能讓妳感覺舒適，也讓妳感覺比較輕鬆，並能提供健康的環境給胎兒。

## 懷孕的叮嚀

　　雖然妳還沒有懷孕，也應該要調整身心，為懷孕作好準備，尤其要維持正確的飲食習慣、適當的運動，並且避免接觸有害物質。

## 孕前應避免的事

　　過去，對於藥物及酒精的濫用並不了解，對於已經成癮的人也束手無策。而今，醫療環境及醫護人員已經能對藥物及酒精成癮的人，提供建議及良好的醫療照顧。如果妳有酒癮或嗑藥的問題，一定要告訴醫師，不要隱瞞，也不要不好意思，因為醫師不只要考慮妳，還要顧慮到妳腹中的胎兒。

　　近年來，我們學到了不少關於藥物及酒精的使用，以及對它們懷孕的影響。一般認為，為了懷孕的安全，最好要遠離藥物及酒精等物質。

　　最好能在懷孕之前，先將這些問題解決。因為當妳知道懷孕的時候，通常已經

> 　　如果妳有酒癮或嗑藥的問題，一定要讓醫師知道，不要隱瞞，因為醫師不只要考慮妳的問題，還要顧慮到妳腹中的胎兒。

懷孕8～10週了，而胎兒發育最重要的時刻，就是在懷孕的前13週。在這段極為重要的時間，妳可能不知道自己已經懷孕而服用藥物。因此，最好在準備懷孕的三個月以前，就停止服用任何非必要的藥物。

一項持續的研究指出，孕婦濫用藥物或酗酒，會影響孩童的智商，造成注意力不集中及學習能力低落。但直到今天，仍然無法找到這些物質的安全值範圍。

有些孕婦在懷孕前就已濫用藥物，這是非常嚴重的問題，所幸現在已有很好的方法可以治療。不過，最好還是能在懷孕之前戒除。對妳及配偶來說，生育孩子或許是個讓你們戒除癮頭的好理由。

## 常見的藥物及菸酒

### 菸草

過去就已知抽菸會影響胎兒的發育，孕婦吸菸很容易導致新生兒體重過低，也可能造成胎兒發育遲緩。因此，最好在懷孕前就自行戒菸，或是請醫師協助妳戒菸。（參見43頁「戒菸小祕訣」）

### 酒精

過去有些人認為，懷孕時喝點小酒不會有什麼大礙。但事實上不管多麼少量的酒，對懷孕都不安全，因為酒精會通過胎盤，直接影響胎兒。懷孕時，如果大量喝酒，可能會造成胎兒酒精症候群（fetal alcohol syndrome，FAS），這會在下一個章節中詳細討論。

### 古柯鹼

古柯鹼不只會影響懷孕的前三個月，甚至在整個懷孕過程都對胎兒有害。在懷孕初期的12週，吸食古柯鹼的婦女，流產比率都相當高。此外，古柯鹼也會造成胎兒先天畸形。在懷孕的任何階段吸食古柯鹼，都會造成胎兒先天畸形。

懷孕時吸食古柯鹼的婦女所產下的嬰兒，經常會有智能不足的現象，或發生嬰兒猝死症（SIDS），死產的機率也隨之大增。

古柯鹼同樣也會傷害母親。它是一種興奮劑，會讓吸食者的心跳加快、血壓上升。孕婦嗑藥會增加胎盤早期剝離（胎盤提早從子宮壁剝落）的機率。因此最好在停止避孕以前先戒除毒癮。事實上，古柯鹼的毒害可以追溯到受孕的第三天。

## 大麻

大麻會直接通過胎盤，進入胎兒體內，因此，懷孕時使用大麻是非常危險的。胎兒如果曾暴露在大麻的環境裡，可能就會出現長期的不良影響。研究顯示，如果母親在懷孕期曾吸食大麻，可能會影響孩童認知的能力、決定的能力以及計畫的能力。此外，語言能力、推理能力及記憶力，也會大受影響。

## 工作與懷孕

當妳計畫懷孕時，可能還需要考慮到自己的工作。許多婦女在懷孕之初，通常自己都不知道，等到知道懷孕時，都已經過了好幾週了。因此，最好能夠有計畫的懷孕，並且了解工作環境中有沒有化學物質存在。

有些工作對孕婦並不適合，可能有危險或造成傷害。當妳工作時，可能會暴露在某種有害的物質中，如某種化學物質、吸入劑、放射線物質或溶劑等，這些物質都可能會對懷孕造成傷害。本書大部分章節，都在討論妳的生活型態及該如何照顧自己，不過，妳也

應該將工作及工作環境一併列入生活型態來考量。在確定自己的工作環境安全無虞之前，最好繼續避孕。

還有，工作時需要長久站立的婦女所產下的嬰兒，體重通常比較輕。如果妳曾經早產或曾有過子宮頸閉鎖不全的情形，當妳再度懷孕時，就應該避免長時間站立的工作。妳也可以跟醫師討論妳的工作環境及工作情形。

## 性病

經由性行為的接觸，將感染或疾病傳給他人，稱為性傳染病，或簡稱性病。性病會影響受孕能力，也可能傷害胎兒。而妳所採取的避孕方式，也會影響染病的機率。例如，保險套及殺精子軟膏可以降低得到性病的危險。另外，如果妳的性伴侶不只一位，得到性病的機會就會大增。

### 骨盆腔感染

有些性病非常嚴重，而且會造成骨盆腔感染（PID）。骨盆腔感染是一種嚴重的疾病，因為它會經由陰道及子宮頸向上延伸，感染整個子宮、輸卵管及卵巢，會使輸卵管形成疤痕組織，引起阻塞，導致受孕困難，也容易造成子宮外孕。

### 如何避免感染

計畫懷孕及準備懷孕時，一定要保護自己，避免感染性病。建議如下：
- 使用保險套（不管妳用哪種避孕方式，都要併用保險套）。
- 限制性伴侶的人數。
- 不要與有多重性伴侶的男性有性接觸。

如果妳覺得自己可能感染性病，最好立刻找醫師治療。

## 懷孕紀要

### 體重

最近的體重：＿＿＿＿＿＿＿＿＿　　理想體重：＿＿＿＿＿＿＿＿

### 營養

健康飲食計畫：＿＿＿＿＿＿＿＿＿＿＿＿＿＿＿＿＿＿＿＿＿＿

＿＿＿＿＿＿＿＿＿＿＿＿＿＿＿＿＿＿＿＿＿＿＿＿＿＿＿＿＿

改變飲食習慣：＿＿＿＿＿＿＿＿＿＿＿＿＿＿＿＿＿＿＿＿＿＿

＿＿＿＿＿＿＿＿＿＿＿＿＿＿＿＿＿＿＿＿＿＿＿＿＿＿＿＿＿

### 醫療檢查與檢驗

未來一年內應完成的檢查項目或疫苗注射：＿＿＿＿＿＿＿＿＿

＿＿＿＿＿＿＿＿＿＿＿＿＿＿＿＿＿＿＿＿＿＿＿＿＿＿＿＿＿

＿＿＿＿＿＿＿＿＿＿＿＿＿＿＿＿＿＿＿＿＿＿＿＿＿＿＿＿＿

預定檢查項目及日期：＿＿＿＿＿＿＿＿＿＿＿＿＿＿＿＿＿＿＿

＿＿＿＿＿＿＿＿＿＿＿＿＿＿＿＿＿＿＿＿＿＿＿＿＿＿＿＿＿

＿＿＿＿＿＿＿＿＿＿＿＿＿＿＿＿＿＿＿＿＿＿＿＿＿＿＿＿＿

預定注射疫苗的項目及日期：＿＿＿＿＿＿＿＿＿＿＿＿＿＿＿＿

＿＿＿＿＿＿＿＿＿＿＿＿＿＿＿＿＿＿＿＿＿＿＿＿＿＿＿＿＿

＿＿＿＿＿＿＿＿＿＿＿＿＿＿＿＿＿＿＿＿＿＿＿＿＿＿＿＿＿

產檢時與醫師討論的問題及疑慮：_____

_____

_____

_____

_____

_____


## 藥物及酒精

懷孕前應該戒除的項目：

⊘ 抽菸

⊘ 喝酒

⊘ 嗑藥（包括每天服用的藥物，包括咖啡）

⊘ 其他：_____

懷孕會改變我的哪些事（如學業、事業、旅行、生涯規劃等）：

_____

_____

_____

_____

_____

# 懷孕筆記

## 懷孕第1、2週　剛剛懷孕

如果妳才剛剛發現自己懷孕，妳可以從前一章開始讀起。

　　這是多麼令人驚喜的時刻——當妳發現有個小生命在妳的肚子裡孕育，啊！真是美好！本書能幫助妳了解懷孕，讓懷孕的過程更舒適愉快。透過本書，妳可以知道自己體內發生了什麼變化，並了解寶寶的生長及改變。

　　本書的重點之一，在於讓妳了解，妳的行為及活動如何影響自己及腹中胎兒的健康。如果妳能早點知道，在某個特殊的時段做某種特殊的檢查（如照X光），會對胎兒造成多大的影響，妳一定會更改檢查時間。如果妳早知道，服下某些藥物會對胎兒造成多大傷害或長期的不良影響，妳絕對不會去碰那些藥。如果妳早知道，吃下那些沒有營養的食物，不但會讓腸胃不舒服，還可能會讓胎兒生長遲緩的話，妳絕對會選擇營養的食物。如果妳早知道，妳的行為舉止會深深影響懷孕的話，在做任何事之前，就一定會深思熟慮了。只有小心謹慎，才能讓妳不至於擔憂，並安然度過懷孕期。

　　本書依懷孕的週數來分章節。附錄的圖表能讓妳清楚看到每週自己及胎兒的改變及生長。每一週的主題包括描述胎兒的大小、孕婦身體的改變以及妳的行為如何影響寶寶等。

　　本書內容雖豐富，但並不代表書中的資訊就可以完全取代妳和醫師的討論。有問題及疑慮時，一定要去看醫師。不過，妳可以根據書中的資料，作為和醫師討論的起點，也可以幫助妳闡述自己的問題及症狀。

## 懷孕的徵兆及症狀

懷孕會出現許多症狀及徵兆，但大多數症狀也可能是其他原因所造成。如果妳覺得自己出現了以下症狀，就應該找醫師檢查及確認。

| 懷孕的徵兆及症狀 | 其他可能的原因 |
| --- | --- |
| 月經過期 | 體重突然改變（過重或過瘦）、壓力過大、疲倦、荷爾蒙（激素）的問題、驟然停止避孕、哺乳、焦慮。 |
| 噁心、反胃，或嘔吐 | 胃腸障礙、食物中毒、壓力過大。 |
| 疲倦 | 壓力過大、沮喪、感冒或是流行性感冒、貧血。 |
| 乳房變化或有脹痛的感覺 | 荷爾蒙分泌不平衡、開始吃避孕藥、生理期快到了。 |
| 頻尿 | 糖尿病、泌尿道感染、攝取過多的利尿劑（如咖啡）。 |

妳注意到哪個狀況最早出現？事實上，每位婦女都不一樣，不過月經延遲通常是最初的徵兆。

## 預產期

受孕的日子應該由最後一次生理期開始的日子算起，也就是說，按照醫師計算的日期來看，受孕日期應該比醫師給的日期早兩週。下文會再進一步詳細解釋計算預產期的方法。

## 時間的定義

**懷孕週數**（月經週數）：這是從最後一次生理期開始的那一天算起的算法，這種算法要比真正的受孕日早了兩週，大多數醫師也都是根據這種算法與孕婦討論懷孕的，而這種算法的懷孕期則為40週。

**排卵週數**（受孕週數）：這是從真正受孕的日子開始計算週數，因此，孕期平均為38週。

**三月期**：每一個三月期大約有13週，整個懷孕過程包含三個三月期。

**陰曆月數**：以陰曆每月為28天來算的話，懷孕過程平均為10個月。

### 預產期的計算

　　大多數婦女，並不知道自己受孕的確實日期，但多數都記得自己最後一次生理期開始的日子，因此，可以藉此推算受孕日。預產期之所以重要，主要是因為它可以幫助醫師決定何時需要做哪些特殊檢查，或協助醫師安排常規檢查。預產期的計算也有助於估算寶寶的生長及大小，還能指出是否懷孕時間過長。多數婦女的受孕時間（即排卵日）大約是兩次生理期之間，也就是下一次生理期往回推算2週，就是排卵日。

　　整個懷孕期由最後一次生理期開始算起，大約是280天（或40週）。妳可以根據最後一次生理期開始的日期，加上280天，就是預產期。或者從最後一次生理期往回數3個月再加上7天，也可以算出最接近的分娩日。例如說，最後一次生理期從2月20日開始，預產期就是11月27日。

　　利用這種方法計算出來的懷孕期，叫做懷孕週數或月經週數，這也是大多數醫師及護士所記載的懷孕期。這種計算方法與排卵週數或受孕週數有些差距，後兩者短少兩個星期，因為是從實際受孕

日開始算起。

　　許多人用週數來計算懷孕期，這也是一種簡單的方法，但因為這種算法也是以生理期為計算基準，而實際的受孕時間應在兩週後，因此有時還是會搞不清楚。舉例來說，如果醫師說妳已經懷孕10週（從最後一次生理期開始的日子算起），但實際上，妳只懷孕8週。

　　妳可能還聽過以三個月為一期來區隔懷孕階段的方法。三月期（trimester）的計算方法是將懷孕期區分為三段，每一段是一個三月期，大約是13週，這種區分法的好處是將各個發育的階段集中。例如胎兒軀體的結構及器官系統的發育，大都是在第一個三月期進行，流產也大多發生在這段期間。到了第三個三月期，大多數因懷孕引起的疾病，例如妊娠高血壓或子癇前症等，則多發生在這個時期。

> 妳應該將預產期當作是一個目標——一個令人期待且能讓妳充分做好準備的日子。

　　妳可能還聽說過陰曆的算法，這種算法是藉著月亮的週期來計算，每個月有28天。從最後一次生理期開始那一天算到預產期是280天，因此這種算法的懷孕期，有10個月之久。

## 40週的算法

　　本書是以40週的算法來計算懷孕期。使用這種算法時，實際的懷孕期始於第3週，因此，關於懷孕的各種討論及細節，都是由第3週開始逐週敘述；預產期則在第40週尾。

　　每週的討論範圍包括胎兒的實際週數，例如，在懷孕第8週的章節當中，妳會看到：

> 懷孕第8週（懷孕週數）╱胎兒週數：6週（受孕週數）

　　由此，妳可以在任何一段懷孕期間，知道胎兒的實際週數大小。

　　妳必須建立一個正確的觀念，預產期只是粗略估算出來的，並不是確切的日子。只有5%的產婦會在預產期當日生產。因此，妳

不能認為那一天一定會生產，否則，妳可能會眼睜睜看著時間漸漸地逼近又過去，而寶寶卻完全沒有動靜。妳應該把預產期當成目標，一個令人期待且讓妳能充分準備的日子。所以知道懷孕期的計算方式及懷孕的進展，對妳都有幫助。

不論妳用哪一種方法來計算懷孕的過程，懷孕所需的時間是不會改變的。上帝創造的奇蹟正在發生，一個美好的新生命正在妳的體內孕育茁壯，好好珍惜這段美好時光吧！

### 妳的月經週期

月經是一種正常的週期性變化，定期將子宮腔內的血液、黏液及細胞碎片排出。月經週期通常是28天，但也可能差異很大（有人約35天），都屬於正常範圍。經期（生理期）持續的時間、出血量也往往各有差異，一般來說，通常會持續4～6天。

事實上，同時有兩種重要的週期循環，一個是卵巢週期，另一個是子宮內膜週期。卵巢週期提供卵子（通常是一個）來受孕；子宮內膜週期，則在子宮內提供一個適合的環境，讓受精卵著床。子宮內膜的週期變化通常由卵巢所分泌的荷爾蒙來控制，因此，這兩種循環息息相關。

卵巢週期會提供一個卵子來受孕。每一名女嬰出生時，體內大約有200萬個卵子。卵子數目會隨時間遞減，到了青春期之前，大概就只剩下40萬個了。事實上，女嬰出生前所擁有的卵子數是最多的，女性胚胎在5個月大時（出生前4個月時），體內約有680萬個卵子。

有四分之一的女性在排卵的時候，會感覺腹痛或不舒服，稱為排卵痛或經間痛（mittelschmerz）。一般認為，這種現象可能是因為卵泡破裂時所產生的液體或血液刺激所導致，但是並不能只憑這種現象判定是否排卵。

> 一般藥房所賣的驗孕劑，檢驗的結果都很準確，有些甚至早在懷孕第十天（亦即預定月經要來之前4天左右），就能檢驗出陽性的反應。

# 健康狀況會影響懷孕

　　妳的健康是懷孕期間最重要的。良好的營養、適度的運動、充分的休息及能否好好的照顧自己,都會影響懷孕。本書提供了一些實用的資訊,包括妳可能會服用的藥物、可能要做的醫學檢驗、藥房哪些東西很好用、哪些事情可能會引起妳的困擾等,以便讓妳明瞭,哪些行為會影響到自己及肚子裡胎兒的健康。

　　妳是否受到良好的健康照護,會影響到妳的懷孕品質。良好的健康照護,對妳及寶寶都同樣重要。

## 溝通的重要性

　　最好能在產前跟醫師溝通良好,這是非常重要的。每個人的懷孕及分娩過程各不相同,因此,當妳有疑慮時,一定要與醫師討論。例如下列問題:

- 自然分娩的過程如何?醫師能夠配合嗎?
- 我所做的醫療措施,是每位產婦都必須接受的醫院常規嗎?是不是每位產婦都需要接受胎心音監測及其他措施?
- 主治醫師下班或休假時,哪一位醫師會接手照顧我呢?
- 我需不需要與醫院裡其他醫師見個面,會不會有其他醫護人員也一起照顧我?

　　妳應該將心中的疑慮及最在意的部分告訴醫師。妳的主治醫師或許已經接生過成千上百個寶寶,他一定會利用豐富的經驗,盡心盡力照顧妳。不論妳提出的要求有多麼奇怪,他也一定會為妳及胎兒做最好的考量。因此,不必擔心妳的問題

很怪異，也許他早就聽過千奇百怪問題，妳的問題根本不足為奇。而且可能因為妳事先提出事實上是錯誤或容易造成傷害的想法，反而可以防患於未然。如果妳的要求是可行的，妳就可以和醫師一塊兒計畫如何完成妳的願望。

## 如何選擇醫院？

**當妳選擇醫院時，要考慮下列條件：**
・醫院是不是就在附近？
・醫院對配偶的規定有哪些？分娩時，他可不可以在旁陪伴？
・如果妳必須剖腹產時，配偶能不能陪同？
・醫院有沒有設置樂得兒病房？
・是否為健保特約醫療院所？

## 影響胎兒的事項

　　愈早知道妳的行為及活動會影響腹中胎兒的發育愈好。許多物質在平常使用時沒有問題，卻會對胎兒造成傷害，包括藥物、毒品、菸草、酒精及咖啡因等。下文針對抽菸及飲酒有詳細的說明（藥物的濫用說明則請參見65～67頁），因為這些行為都會對胎兒的發育造成莫大傷害。

### 抽菸

　　抽菸對懷孕也會造成傷害，菸草的煙霧中含有許多有害的物質，例如尼古丁、一氧化碳、氰化物、焦油、樹脂及一些致癌物質等，這些物質，或單獨或共同傷害著胎兒。
　　科學研究證實，懷孕時期抽菸確實會使胎兒受到傷害，或使胎

死腹中的機率增加，抽菸也會妨礙孕婦對維生素B、C及葉酸的吸收。而缺乏葉酸會使胎兒發生神經管缺陷，還會使孕婦產生併發症的機率增加。

**尼古丁貼片及尼古丁口香糖**

　　許多研究指出，懷孕時抽菸確實會產生許多害處。但是使用尼古丁貼片及尼古丁口香糖來戒菸，對胎兒會不會產生不良影響，目前還不清楚。因此，如果妳已經懷孕，專家建議最好還是避免使用這些東西來戒菸。

## 戒菸小秘訣

- 列出幾個能夠取代抽菸的活動，特別是需要動手的工作，例如拼圖或刺繡。
- 列出幾樣想買給自己及寶寶的東西，也在旁邊寫下花在買菸的錢，然後比較兩者。
- 檢視所有會促使妳萌生抽菸念頭的事物：什麼樣的情形會讓妳想抽菸？想辦法避免這些情形，或想其他辦法解決。
- 戒掉飯後一根菸的習慣，刷刷牙、洗洗碗或散個步。
- 如果妳習慣在開車時抽菸，將車子內外清洗乾淨，再使用車內芳香劑。開車時跟著收音機或CD唱歌。也可以暫時不要自己開車，搭巴士或暫時與人共乘。
- 多喝水。

　　根據二十多年來的統計，抽菸的母親產下的嬰兒，出生時體重比平均體重約少了200公克。即將分娩的孕婦，抽菸量的多寡直接反映在胎兒的出生體重過低上。還好，這個不良影響不會出現在下一胎，只要她在懷下一胎時不要抽菸即可。這是抽菸與新生兒出生體重過低有關係的直接證據。

　　抽菸的孕婦所產下的孩子，比不抽菸孕婦的孩子智商低，產生閱讀障礙的機率較大，出現過動傾向的比率也高。

懷孕時抽菸的婦女，其流產、死產及嬰兒出生後立刻猝死的機率也較大，這些機率也跟抽菸的量有直接關係。每天抽菸超過一包時，發生這些問題的機率甚至會增加35％。

不但如此，抽菸對母體也會造成許多嚴重的併發症。最明顯的例子，就是胎盤早期剝離，這在懷孕第33週的章節中會再詳細討論。與不抽菸的孕婦相比，中等程度抽菸的婦女胎盤早期剝離增加的比例約25％；而菸癮極大的孕婦，比例就增加到65％。

前置胎盤的情形也發生在抽菸的孕婦身上，這部分會在懷孕第35週的章節中討論。中等程度菸癮的孕婦，發生前置胎盤的機率會增加25％，菸癮極重的孕婦甚至會增加90％。

已知或懷疑抽菸會對身體健康造成危害的部分，還有下列幾項。也可能因為抽菸，增加下列疾病的罹患率：

- 肺臟的疾病，例如慢性支氣管炎、肺氣腫及肺癌。
- 心血管疾病，例如缺血性心臟病、周邊靜脈血管疾病或動脈硬化等。
- 膀胱癌。
- 消化性潰瘍。

此外，抽菸者的死亡率比不抽菸的人增加30％～80％。

看到這些可怕的敘述，妳怎麼辦？答案很簡單，但是做起來卻不容易，就是戒菸（參見43頁的「戒菸小秘訣」專欄）。吸菸的孕婦，不論是在懷孕前或懷孕後，只要能夠減少菸量甚至戒除，都能得到莫大的好處，胎兒當然也不例外。還有些研究指出，不抽菸的孕婦及胎兒，如果暴露在二手菸（周圍有人抽菸時）的環境下，一樣會吸入尼古丁及其他有害物質。

或許懷孕也能成為促使家人戒菸的最好動機。

## 飲酒

孕婦飲酒也會有危險。中度飲酒孕婦的流產機率可能會增加；酗酒孕婦的胎兒常常出現畸形；慢性飲酒的孕婦，可能會導致胎兒發育異常，產生胎兒酒精症候群（fetal alcohol syndrome，FAS）這

種疾病。

罹患胎兒酒精症候群的胎兒，不論出生前後都會有生長遲滯的情形，還常常出現四肢及心臟的缺陷，臉上也會有特殊的表徵：鼻樑較短、鼻頭朝上（酒糟鼻）、上頷骨扁平、眼睛看起來和正常人不同等。患有酒精症候群的孩子，還可能會出現行為上的問題。

患有酒精症候群的孩子，語言表達能力不佳，精細動作及粗動作的表現也很差。患有酒精症候群的胎兒在分娩前後（分娩前、分娩時及產後）的死亡率高達15％～20％。

許多研究指出，懷孕婦女每日飲酒量達到4、5杯時，就可能會出現胎兒酒精症候群。事實上，每天只要喝兩杯酒，就可能會出現一些輕微的先天畸形。這些輕微的缺陷，都是因為胎兒處於含有酒精的環境之下所致。因此，許多專家認為，懷孕期間事實上並沒有安全飲酒量。

如果以酒配藥，也會對胎兒造成傷害，尤以服用止痛劑、抗抑鬱劑、鎮痙攣劑等藥物最危險。有些專家則懷疑，在懷孕之前，準爸爸如果酗酒，可能也會造成胎兒酒精症候群。而準爸爸喝酒，恐怕與胎兒出現生長遲滯也有關係。

特別要注意的是，藥房裡賣的一些咳嗽糖漿及感冒糖漿等藥品都含有酒精，有些藥品的酒精含量甚至高達25％。

有些人想知道，如果只是在社交場合喝一點酒，究竟有沒有關係？關於這一點有很大爭議，就像前文所說，懷孕時並沒有安全飲酒量，何必冒這個險呢？為了胎兒的健康，最好在懷孕期間滴酒不沾。保護胎兒並避免發生這些問題的責任，就在準媽媽的身上。

**烹調用酒**

許多孕婦都知道，懷孕時要避免喝酒。不過，很多菜餚都要加酒料理，怎麼辦？最好的方法，就是將加了酒的食物烘烤或燉煮一小時以上，因為經過長時間烹調，食物中所含的酒精，應該都已經蒸發了。

## 妳的營養

如果懷孕前妳的體重正常，就應該在懷孕期間增加熱量的攝取。在第一個三月期間（前13週），應該每天攝取約含2200卡熱量

的食物。在懷孕的第二個及第三個三月期間，每天應該再多加300卡熱量，這些額外的熱量，能提供妳及胎兒生長的所需。寶寶能夠利用這些能量，製造及貯存蛋白質、脂肪及醣類，這些能量也能讓胎兒身體的功能正常運作。這些額外的熱量，還能供給妳身體變化的所需，例如，子宮會增大，血液量會增加約50%。

只要吃均衡、多變化的食物，就足夠應付妳對營養的需求了，不過，熱量的「質」也很重要。如果這些食物來自大地及樹上（意思就是天然且新鮮的），要比來自盒子或罐頭的食物好得多。

至於額外增加的300卡就要小心了，並不是要妳將蛋白質的量加倍，事實上，一個中等大小的蘋果及一盒低脂優格，加起來的熱量就超過300卡了。

## 其他須知

### 懷孕時期的肝炎

肝臟感染一種濾過性病毒，就會引發肝炎，這是懷孕期間所感染的疾病中最危險的一種。在美國境內的肝炎病例中，幾乎有一半都是B型肝炎，B型肝炎是透過性行為及

> **FOR PAPA**
>
> 多擁抱妳的另一半，許多孕婦都很喜歡被撫愛及擁抱。

重複使用注射器來傳染的。

　　曾經使用空針注射毒品、曾患性病、曾與B型肝炎患者密切接觸，以及曾經接受B型肝炎患者的血液製品的人，都是B型肝炎的高危險群。B型肝炎可以透過胎盤，垂直傳染給胎兒。

　　肝炎症狀如下：

- 噁心。
- 症狀類似流行性感冒。
- 黃疸（皮膚偏黃）。
- 小便呈暗褐色。
- 肝臟或者肝臟周圍部位疼痛，或右上腹部疼痛。

　　肝炎診斷必須驗血，許多國家的婦女在懷孕初期，必須做肝炎篩檢檢查。如果檢驗的結果，確定已經感染，新生兒必須注射免疫球蛋白（對抗肝炎的抗體）。甚至還有專家建議，所有新生兒都應該立刻接種肝炎疫苗。妳可以請教醫師，看看是否有這個需要。

　　雖然這本書的設計，是為了方便妳隨著孕程的進展逐週查閱。不過，妳還是可以隨時查詢想要知道的特殊資訊。因為這本書畢竟無法滿足每個人的需求，因此，妳可以查閱書本最後的索引，找到想要查詢的主題。例如，懷孕早期妳想知道什麼樣的點心是健康的，查閱索引就可以找到相關資料。類似主題本書可能放在較後幾週再討論。

　　在台灣，所有的新生兒都會接受肝炎疫苗注射，如果孕婦有B型肝炎的s抗原及e抗原，則還會加上免疫球蛋白注射。

# 第一個三月期紀要

### 運動

要開始做哪些運動，以及可以繼續做的運動（包括有氧運動及強化肌肉的運動）：

_____

_____

懷孕期間，可能會感興趣的運動：

_____

_____

可以利用哪些時間做運動：

_____

_____

下一次產檢時，想要問醫師的問題：

_____

_____

_____

_____

_____

## 記錄懷孕所增加的體重

| 週數 | 產檢時的體重（公斤） | 增加的重量（公斤） |
|------|------|------|
| 4 | _____ | _____ |
| 8 | _____ | _____ |
| 12 | _____ | _____ |
| 16 | _____ | _____ |
| 20 | _____ | _____ |
| 24 | _____ | _____ |
| 28 | _____ | _____ |
| 32 | _____ | _____ |
| 34 | _____ | _____ |
| 36 | _____ | _____ |
| 37 | _____ | _____ |
| 38 | _____ | _____ |
| 39 | _____ | _____ |
| 40 | _____ | _____ |

體重總共增加：_____（公斤）

# 懷孕第3週　　胎兒週數：1週

如果妳才剛剛發現自己懷孕，妳可以從前面的
章節開始讀起。

 ## 寶寶有多大？

此時，妳腹中的胚胎還非常小，只是一群快速分裂及生長的細胞。胚胎的實際大小有如針尖一般，大約只有0.15公釐長，肉眼勉強看得見，這群細胞看起來一點也不像胎兒（52頁）。

 ## 妳的體重變化

在懷孕第3週，大部分的婦女根本還感覺不到任何改變，只有極少數知道自己懷了孩子，因為這時甚至還沒有到下一次生理期。

 ## 寶寶的生長及發育

懷孕是世間最奇妙的奇蹟，即使剛懷孕也是如此。卵巢位於骨盆腔內，緊靠著子宮及輸卵管。排卵時，輸卵管的末端會靠近卵巢。有些學者認為，輸卵管的繖狀開口會在排卵時，將卵巢排出卵子的部位整個包住，卵子即位於卵巢的卵泡（stigma）。

性交時，大部分精液會流出陰道外，只有少量（2～5cc）左右會留在陰道內，每cc精液中約有2000萬個精子。因此，每次射出的精液中，約含有4000萬～1億個精子，但只有約200個精子，能夠到達輸卵管的卵子處。其中也只有一個精子能與卵子結合，這個過程稱為受精。

## 卵子的受精

受精現象多半發生在輸卵管中段（通常在外三分之一段和中三分之一段交界處），而不是子宮。精子向上游出子宮腔，進入輸卵管，並與卵子相遇。

當精子與卵子相遇時，精子必須先穿透卵子最外面的輻射狀冠層（corona radiata），然後溶解卵子的透明放射狀區層（zona pellucida）。雖然此時還有許多精子想穿透卵子表層，但通常只有一個精子能順利通過，進入卵子，並與之結合。

精子穿透並進入卵子後，其頭部會附著在卵子內側表層，精子的薄膜與卵子的薄膜會互相融合，並在同樣位置形成另一層薄膜。精子進入後，卵子表面會立刻起變化，以阻止其他精子進入。

精子一旦進入卵子，就會將尾巴丟掉。精子的頭部會增大，形成精原核（male pronucleus）與卵原核（female pronucleus）的染色體交融。當這種情形發生時，來自雙親、非常微小的資訊及特徵，也會因此交互融合。來自父母雙方的染色體，賦予胎兒獨特的特性。人類染色體的數目，正常為46個，父母雙方分別提供23個。也就是說，寶寶體內的染色體及特徵來自於雙親。

> **男孩或女孩？**
> 寶寶的性別，在受精的那一剎那，就已經由精子決定了。帶著Y染色體的精子，孕育出的寶寶就是男孩；帶著X染色體的精子，孕育出的寶寶就是女孩。

## 胚胎期開始

這一團發育中的細胞群，叫做受精卵。受精卵會邊分裂邊慢慢移動，通過輸卵管進入子宮。此時，這些細胞又叫做胚葉細胞（blastomere）。當胚葉細胞繼續分裂，會漸漸形成實心的球狀，叫

做桑椹體（morula）。桑椹體內的液體也會漸漸積聚，形成胚胞（blastocyst），不過此時胚胞仍非常小。

　　接下來的這個星期，胚胞會由輸卵管繼續行進到子宮腔（約是在輸卵管中受孕後3～7天）。當胚胞進入子宮腔時，仍然會持續生長及發育。受孕後一週，胚胞就會附著在子宮壁上（稱為著床），細胞會鑽進子宮內膜的內層。

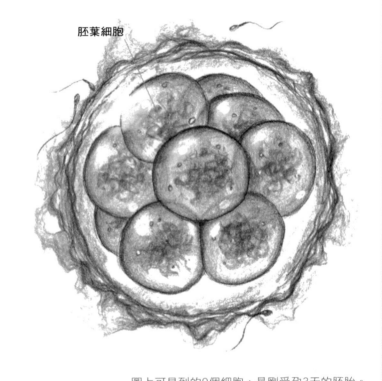

胚葉細胞

圖上可見到的9個細胞，是剛受孕3天的胚胎。
胚胎由許多胚葉細胞所組成，胚葉細胞集合形
成胚胞。

## 妳的改變

有些婦女在排卵的時候，自己會有感覺，例如腹部可能會輕微疼痛，或陰道分泌物增加。當受精卵在子宮腔內著床時，有些婦女會有微量出血的現象。

不過，這些變化對妳來說，似乎都還嫌太早。妳的胸部還沒有開始變大，任何懷孕跡象似乎都還沒有出現。（關於懷孕的徵兆及症狀，參見37頁）

> **運動**
>
> 運動是許多婦女生活中重要的一部分，愈了解健康的重要，也就愈了解規律運動的重要。規律的運動能減少婦女罹患下列疾病的機率：心血管疾病、骨質疏鬆症、沮喪、經前症候群（PMS）及肥胖等。
>
> 有許多類型的運動很適合懷孕前、中，以及生產後的婦女，它們各有好處。對於想塑身、維持身材的婦女來說，有氧舞蹈是最受歡迎的；而鍛鍊肌肉的運動，也能夠增加體力，因此也愈來愈受歡迎。

### 有氧運動

有氧運動是最能促進心肺功能的活動。要達到最佳效果，每週最少要做3次有氧運動，每次心跳維持在每分鐘110～120下，並且至少持續做15分鐘。每分鐘心跳110～120下的目標，不分年齡，是適合一般人的粗估目標。

### 懷孕時最適合的有氧運動

- 快步走。
- 健身腳踏車。
- 游泳。
- 其他為孕婦設計的有氧舞蹈。

如果妳在懷孕前就有做有氧運動的習慣，懷孕後當然可以繼續做，但最好降低

運動的速度。如果發現出血或有提前分娩的徵兆，就應該改選其他運動。

## 心跳速率的正常參考值

| 年齡 | 心跳速率的正常參考值<br>（每分鐘的次數） | 最大心跳速率<br>（每分鐘的次數） |
|---|---|---|
| 20 | 120～150 | 200 |
| 25 | 117～146 | 195 |
| 30 | 114～146 | 190 |
| 35 | 111～138 | 185 |
| 40 | 108～135 | 180 |
| 45 | 105～131 | 175 |
| 50 | 102～131 | 170 |

懷孕後並不適合開始學習新的有氧運動課程或增加訓練的內容。如果懷孕前並沒有做劇烈運動的習慣，懷孕後最好選擇散步或游泳等較和緩的運動。

在妳開始做運動前，最好先將要做的運動告訴醫師，並詢問醫師的意見。參考最近的健康狀況及原來的運動習慣，找出最適合妳的運動。

> 如果懷孕前沒有做劇烈運動的習慣，那麼懷孕後最好選擇散步或游泳等較和緩的運動。

### 塑肌運動（鍛鍊肌肉強度）

有些婦女喜歡從事鍛鍊肌肉的重量訓練。要鍛鍊肌肉，必須先做抵抗肌力的動作。一般來說，肌肉的收縮方式有三種：等張收縮、等長收縮及等同運動。

• 等張收縮運動是指做拉緊的動作時，肌肉會縮短，如舉重。

- 做等長收縮運動時肌肉會收縮，但肌肉長度不變，如用力推一面牆。
- 等同運動力的運動指肌肉以恆定的速度運動，如游泳。

一般來說，無法同時強化心肌與骨骼肌。要強化骨骼肌，必須以舉重物的方式來鍛鍊，但是我們無法舉起足夠的重物以鍛鍊心肌。

負重運動對增加骨質密度非常有效，也能避免罹患骨質疏鬆症。運動可增加身體柔軟度與協調能力，還可以改善情緒及增加靈活度。運動前後，必須好好的伸展身體及熱身，以增加身體柔軟度，避免運動傷害。

## 懷孕期間可以運動嗎？

當妳懷孕後，可能會對運動產生疑慮。到底能不能做運動？應不應該做運動？

事實上，孕婦更要加強心血管機能。身體健康的婦女，更能勝任生產的辛勞。不過，懷孕時運動還是有風險，一旦發生下列情況，就會對胎兒造成傷害：

- 體溫升高。
- 進入子宮的血流減少。
- 可能傷害到母親腹部時。

不過，妳還是可以謹慎挑選適合的運動，不要讓體溫增加到攝氏38.9度以上。有氧運動很容易使體溫上升，甚至超過上述溫度，因此必須特別小心。脫水也容易使體溫上升，因此天氣太熱時，不要運動太久。

從事有氧運動時，血液通常會集中到運動的肌肉或皮膚等部位，使得流向子宮、肝臟或腎臟等部位的血流減少。因此一般都建議，懷孕時應該從事較和緩的運動，以免出問題。懷孕時也不適合創新紀錄，當然也不適合跑馬拉松囉！懷孕後，運動時的心跳最好不要超過每分鐘140下。

## 運動可能出現的問題

如果出現下列狀況，請立刻停止運動並找醫師：

- ·運動時，陰道突然出血或流出大量液體。
- ·呼吸急促。
- ·暈眩。
- ·劇烈腹痛。
- ·任何疼痛或不適。

如果妳曾經出現下列狀況，或妳知道自己有下列毛病，運動前一定要先經過醫師同意，並要在嚴密的監督下進行：

- ·心律不整。
- ·高血壓。
- ·糖尿病。
- ·甲狀腺疾病。
- ·貧血。
- ·其他慢性病。

如果妳曾有下列病史，一定要經過醫師的許可才能做運動：

- ·曾經流產三次或三次以上。
- ·有子宮頸閉鎖不全的先例。
- ·曾經早產。
- ·懷孕時曾經有不正常的出血。

### 運動的一般準則

- ·在開始任何運動課程前，先把以前懷孕時曾經出現過的問題，提出來與醫師討論。
- ·最好在懷孕之前就開始妳的運動計畫。

- 逐步運動，開始時每運動15分鐘休息5分鐘。
- 每15分鐘量一次脈搏，不要讓心跳每分鐘超過140下。有個簡單的方法：測量頸部或手腕的脈搏，計算15秒的心跳次數再乘以4，大約就是每分鐘的脈搏數。如果脈搏跳動超過每分鐘140下，就必需稍事休息，直到脈搏降回90以下。
- 運動前後充分做好暖身及舒緩動作。
- 運動時，穿著冷暖適中的舒適衣物，還要穿上舒服的鞋子。
- 不要讓自己過熱。
- 運動最好合乎一般標準，適度就好。
- 不要做危險的運動，如騎馬或滑水。
- 妳開始運動時，就要開始增加熱量的攝取。
- 懷孕後，做起身及躺下的動作時，要特別注意。
- 懷孕4個月後（16週），運動時不要平躺，因為平躺的姿勢，會使流到子宮及胎盤的血量減少。
- 運動完最好左側臥，休息15～20分鐘。

 ## 妳的哪些行為會影響胎兒發育？

### 服用阿斯匹靈

懷孕時，不論服用任何藥物，或多或少都會影響到胎兒，當然也包括阿斯匹靈這種用途很廣的藥，不管是服用阿斯匹靈或服用含阿斯匹靈的複方藥物都一樣。

> 懷孕後，如果妳要開始運動，最好先跟醫師討論。如果妳在懷孕前就有運動的習慣，懷孕後最好將運動量減少到八成就夠了。

服用阿斯匹靈會容易出血，因為阿斯匹靈會改變血液中血小板的功能，而血小板是促使血液凝固的重要因子。因此，如果懷孕期間出血或當妳已經接近分娩，服用此藥更要特別注意。雖然如此，還是可以服用低劑量的阿斯匹靈，但一定要經過醫師同意。

當妳服用任何藥物，最好先詳讀藥物的標籤，看看是否含有阿斯匹靈。在懷孕期間，最好避免服用任何含阿斯匹靈的藥品，除非妳得到醫師許可。

　　如果妳需要服藥止痛或退燒，可以問醫師是否有其他藥物可取代，例如不需醫師處方就能在藥房買到的普拿疼，暫時用來退燒及止痛都很好用，也不會造成出血等問題。關於懷孕時能否服用成藥，在懷孕第17週的章節，會有進一步說明。

 ## 妳的營養

　　葉酸（即維生素B₉）對孕婦非常重要，最近的研究指出，懷孕時服用葉酸，或許能降低胎兒發生神經管缺陷的機率。神經管缺陷指懷孕早期，胎兒的神經管未能適時關閉所導致，包括脊柱裂、先天無腦無脊髓畸形及腦膨出等。脊柱裂是脊柱未能閉鎖，以致脊髓和神經外露。先天無腦無脊髓畸形，指新生兒缺少大腦和脊髓。腦膨出，就是頭顱有缺口，使大腦組織從缺口膨出。

　　葉酸缺乏也會造成孕婦貧血。多胎妊娠、患有克隆氏病（Crohn's disease）或酗酒的孕婦，都必須補充葉酸。孕婦專用的維生素，每一錠都含有0.8～1毫克葉酸，對一般正常的孕婦是足夠的。學者認為，如果從懷孕前就開始每天服用0.4毫克葉酸，並持續到懷孕13週，應該就能避免胎兒罹患脊柱裂。這項建議適用於所有孕婦。孕婦的體內雖會分泌3～4次正常需求量的葉酸，但因為葉酸無法在體內貯存很久，因此還是必須每天補充。

　　現在許多麵粉、早餐穀類片、麵條等製品都添加有葉酸，

> 因為葉酸無法貯存在體內太久，因此必須每天補充。

如果早餐吃一碗牛奶加穀片，再喝一杯柳橙汁，就已經攝取所需葉酸的量的一半了。許多食物也含有葉酸，例如水果、豆類、啤酒酵母、豆漿、全麥製品及深色葉菜類等等。均衡的飲食有助於獲得足夠的葉酸，在27頁，妳可以找到哪些食物富含葉酸。

 ## 其他須知

### 懷孕期出血

如果懷孕期間發現陰道出血，必定會引起妳的焦慮。懷孕的第一個三月期若出血，妳一定會擔心胎兒的健康，也會害怕引起流產。（關於流產，參見懷孕第8週）

事實上，懷孕期出血並非個案，根據研究人員估計，每五個孕婦當中，就有一個曾在懷孕的第一個三月期發生出血的現象。儘管這種現象確實會令人擔憂，但不是所有出血的孕婦都一定會流產。

著床時引起的出血現象，已經在53頁有詳細說明。受精卵著床時，囊胚會鑿穿且附著在子宮內壁，這時，妳可能不知道自己懷孕了，因為還不到下一次生理期，出血會讓妳以為是月經提早來了而已。

懷孕繼續進行，子宮也持續生長，胎盤及血管的連接逐漸完成時，也可能會引起出血。其次，劇烈的運動或性交，也可能引起出血。發現出血時，最好立刻停止活動，讓醫師檢查看看，醫師會指導妳該如何做。

> **FOR PAPA**
>
> 偶爾帶一束花回家吧！鮮花會令人感到愉悅，帶來好心情，但要注意孕婦是否會對花粉過敏。

如果出血嚴重，醫師可能會安排妳做超音波。有時候，超音波檢查或許能找出出血的原因，但因為這時還是懷孕早期，因此，多半無法找出確實的原因。

大多數醫師建議，在懷孕

早期出現出血情形時，最好是多休息，減少活動，避免性交。外科手術及藥物的治療，在此時的幫助並不大。

如果懷孕期出現出血的現象，最好立刻去看醫師，醫師會告訴妳該如何做。

 ## 懷孕的好處

- 懷孕時，可能會改善過敏和氣喘等舊疾。因為懷孕時，身體可能會分泌自然的類固醇，讓症狀減輕。
- 懷孕能降低罹患乳癌、卵巢癌及子宮內膜癌的機率。第一次懷孕的年齡愈低、懷孕次數愈多，愈少罹病。
- 到了懷孕第二個及第三個三月期，偏頭痛的情形通常會消失。
- 懷孕期間月經暫停，自然不會再有痛經，通常生產以後也不會再發生經痛。
- 有些罹患子宮內膜異位症（子宮內膜組織附著在卵巢及子宮以外的地方）的婦女，骨盆腔會劇烈疼痛、大量出血，還可能引發其他問題。懷孕能使這些異位的子宮內膜組織停止生長。

懷孕筆記

# 懷孕第4週　　胎兒週數：2週

如果妳才剛剛發現自己懷孕，你可以從前面的章節開始讀起。

 ## 寶寶有多大？

這時，腹中的胎兒還非常小，身長約0.3～1公釐。

 ## 妳的體重變化

這時，妳也還沒有顯現出懷孕的樣子：體重還沒有開始增加，體型也沒什麼改變。63頁的圖解可以讓妳了解腹中胎兒的大小。事實上它非常小，小到妳根本就不會注意到有任何改變。

 ## 寶寶的生長及發育

在這個懷孕初期，胎兒持續發育，許多重大的變化也在此刻發生。植入的胚胞，此時埋在子宮深層的更深處，羊膜腔也在此時開始形成。負責生產荷爾蒙、運送氧氣及養分的重要器官胎盤，以及胎盤與母體之間的血管網絡，也開始形成及建立。

### 胚層

不同的層葉細胞開始發育。胚層會發育成胎兒體內各個特殊的部位（如器官）。一般來說，胚層有三層：外胚層、內胚層及中胚層。

外胚層會演變為神經系統（包括大腦）、皮膚及毛髮；內胚層會演變為胃腸道的內襯組織及肝臟、胰臟和甲狀腺；中胚層則會演變為骨骼、結締組織、血液系統、泌尿生殖系統及大部分的肌肉。

 ### 妳的改變

這個禮拜結束前，妳可能還在等待月經的來臨。當月經沒來，妳可能就會想到：是不是懷孕了？

### 黃體

排卵時，卵子會離開卵巢，卵子離開的部位就叫做黃體（corpus luteum）。如果卵子受孕了，這時就稱做妊娠黃體（corpus luteum of pregnancy），這個看起來像個囊狀的部位會充滿液體，迅速形成血管，並準備生產荷爾蒙，例如黃體激素。黃體激素會提供懷孕早期所需要，直到胎盤發育完成來接替這個任務為止。

黃體的重要性，至今仍有許多爭論。懷孕早期，因為它會產生黃

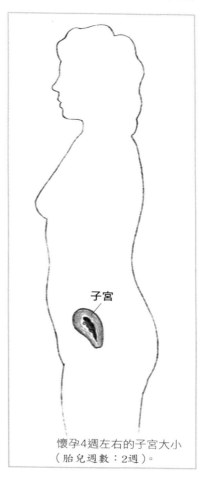

子宮

懷孕4週左右的子宮大小
（胎兒週數：2週）。

體激素，所以很重要，但這項功能會在懷孕8到12週之間，由胎盤所取代。隨後，黃體就會漸漸縮小，到6個月左右便消失不見。不過，也有直到孕期結束黃體仍然存在的例子，醫學上也曾發現，在生理期過後20天，大約是著床的時間，卵泡囊才破裂排出黃體，仍然懷孕成功的例子。

##  妳的哪些行為會影響胎兒發育？

懷孕時，幾乎所有的準父母都會擔心孩子是否健康。其實，大家都多慮了。據估計，新生兒中只有不到3％會出現重大的先天畸形。而在這些畸形兒當中，能不能找出形成畸形的原因？能不能事先避免及預防？

### 胚胎的異常發育

畸胎學（teratology）是一門專門研究胚胎發育異常的學科。在所有造成胚胎畸形發育的案例中，只有一半找得到原因。婦產科醫師及其他照顧懷孕婦女的各科醫師，都常被問到：什麼樣的東西及物質，可能會傷害孕婦及胎兒，這些造成畸胎的物質，我們稱為畸胎原（teratogen）。有些我們覺得有害的物質，研究人員還沒有辦法證明其危險性，有些物質則已經被證實是有害的。

如果在某個重要的時間，接觸了某種特定物質，就會造成胎兒重大的先天畸形。不過，換個時間接觸，可能就不會造成那麼大的傷害。胎兒體內重要的器官，大約在懷孕13週左右就已經大致完成。主要器官發育完成後，接觸這些特定物質所造成的傷害，可能就只會造成生長遲滯或使某種器官的發育較差，但比較不會造成嚴重的構造缺陷。以德國麻疹來說，如果胚胎在懷孕的前三個月感染了德國麻疹，會造成心臟畸形等許多嚴重的畸形，但如果在懷孕晚期感染，傷害就會小得多。

### 接觸後的結果

　　對某些特殊物質而言，結果與所接觸的劑量因人而異，例如酒精。大量的酒精，對某些胎兒沒有影響，有的胎兒卻只要接觸一點點酒精，就造成很大的傷害。

　　動物實驗提供了我們很多關於有害物質的資訊，這些資訊確實很有幫助，不過，卻不一定能直接套用在人類身上。還有一些資料是來自於一些並不知道自己已經懷孕，卻不幸仍暴露在有害物質中，或原先並不知道這些物質有害而接觸。當然，這些案例也並不表示就能直接套用來解釋某個懷孕的例子。

二手菸對不抽菸的孕婦及胎兒，都會造成傷害。懷孕時，最好要求周邊的人禁菸或戒菸。

　　66頁的表單是詳列出已知的畸胎原，及其對胚胎或胎兒可能造成的影響。如果妳接觸了其中任何一項物質，務必立刻與醫師連絡，並告知詳情。如果醫師認為必要，會再安排進一步的檢查。

### 藥物的使用及濫用

　　關於某種特殊藥物會對懷孕造成何種影響的資料，主要是來自於不知道自己懷孕，卻仍接觸藥物的孕婦。這些案例雖然有助於研究人員了解藥物可能對孕婦及胎兒造成的傷害及影響，但畢竟仍嫌不足。因此，不容易也不可能針對某種特定藥物及影響，下確切的定論。67頁表列出一些藥物可能對懷孕造成的影響。

　　如果妳正在服用某種藥物，一定要確實告訴醫師。關於藥物的使用及疑問，也一定要問清楚。因為服用藥物的後果，往往要胎兒來承擔。藥物可能會造成極嚴重的後果，如果醫師能預先知道情況，或許還來得及治療及處理。

# 各種物質對胎兒的影響

有許多物質會影響胎兒的早期發育，下表所列出常見的處方藥、化學物質和常見的毒品及其影響，讓妳了解這些東西對胎兒造成的傷害。關於某些物質使用的進一步資料，請參見29頁。

## 常見的處方藥和化學物質

| 藥物或化學物質 | 對胎兒的影響 |
| --- | --- |
| 男性荷爾蒙（雄性素） | 生殖器發育異常到性別不明（嚴重程度視藥物劑量及服藥時間而定） |
| Anticoagulants（抗凝血劑） | 骨骼與手部異常、胎兒生長遲滯、中樞神經系統異常、眼睛異常 |
| 抗甲狀腺藥物（甲狀腺抑制劑、碘化物） | 甲狀腺機能不足、胎兒甲狀腺腫 |
| 化學藥物（抑癌劑或鎮痛解熱劑氨基比林aminopterin） | 增加流產機率 |
| 動情激素（Diethylstilbestrol，DES） | 女性性器官異常、女性及男性不孕 |
| Accutane（治療痤瘡的皮膚用藥） | 流產機率增加、神經系統缺陷、臉部缺陷、顎裂 |
| 鉛 | 流產與死產的機率增加 |
| 鋰鹽 | 先天性心臟病 |
| 有機汞 | 大腦萎縮、智能不足、癲癇、抽搐、失明 |
| Dilantin（抗癲癇藥） | 胎兒生長遲滯、智能不足、小頭 |
| 鏈黴素 | 失聰、顱內神經損傷 |
| 四環素 | 牙齒琺瑯質發育不良、永久齒脫色 |
| 沙利竇邁（Thalidomide，一種鎮靜劑） | 嚴重的四肢殘缺 |
| Trimethadione（抗痙攣劑） | 兔唇、顎裂、胎兒生長遲滯、流產 |
| Valproic acid（抗驚厥劑） | 神經管缺陷 |
| X光檢查 | 小頭畸形、智能不足、白血病 |

# 濫用藥物

| 藥　　物 | 對胎兒可能產生的影響 |
| --- | --- |
| 酒精 | 胎兒畸形、胎兒酒精症候群（FAS）、胎兒酒精暴露（FAE）、胎兒生長遲滯 |
| 巴比妥鹽 | 可能出現先天缺陷、戒斷症候群、餵食困難、抽搐 |
| 苯化重氮（精神安定藥物，如煩寧及利眠寧） | 先天畸形的機率增加 |
| 咖啡因 | 出生體重過低、小頭、呼吸出現問題、難以入睡、失眠、躁動不安、恐慌、鈣的代謝困難、胎兒生長遲滯、智能不足、小頭畸形、其他各種嚴重的畸形 |
| 古柯鹼 | 流產、死產、先天缺陷、胎兒嚴重畸形、智能不足、嬰兒猝死症 |
| 大麻 | 注意力缺損障礙、過動、記憶力障礙、無法判斷、缺乏決斷力 |
| 尼古丁 | 流產、死產、神經管缺陷、出生體重過低，智商過低、閱讀困難、過動兒 |
| 類鴉片化合物（如嗎啡、海洛因等） | 先天畸形、早產、胎兒生長遲滯、新生兒出現毒癮戒斷症候群 |

# 妳的營養

懷孕後，要開始準備增加體重，這對妳及胎兒的健康非常重要。無需天天看著體重計，盯著它上升，但也不能放任不管。妳可以小心的吃、吃得營養，來控制體重。

多年以前，不允許孕婦增加過多體重，有時候，整個懷孕期甚至只增加了5.5～7公斤。今天，我們覺得這個增加幅度對寶寶及媽媽的健康都不好。

孕婦體重應該慢慢增加，不要拿懷孕當藉口來放任自己，或許是一人吃兩人補，但並不表示，妳就可以吃雙份。

懷孕以後，妳也不能隨心所欲的吃，除非妳沒有體重過重、熱量過高的問題，不過，這種人畢竟是少數。即使是這樣的人，還是應該慎選食物，注意營養，吃得健康。少吃多糖高脂的垃圾食物，多吃新鮮的蔬果。可能的話，不要喝咖啡。後面幾週，我們會繼續討論這些主題。

---

**準爸爸的健康**

準爸爸的健康情形及是否嗑藥或酗酒，對胎兒的健康，會不會有不良影響？

近年大家愈來愈注意準爸爸在懷孕過程中所扮演的角色。雖然現在還沒有足夠證據來證明前述論調，但我們認為，準爸爸如果超過40歲，生出唐氏症孩子的機率也會大增。如果受孕的期間，準爸爸染有毒癮，極有可能會對懷孕造成不良影響。

## 懷孕時要避免接觸的污染源

### 鉛

幾百年前就已經知道鉛有毒。過去，鉛的污染來源大多來自大氣層；今天，鉛似乎無所不在，汽油、水管、銲錫、蓄電池、建築材料、油漆、染料及木頭防腐劑等都可能含鉛。

鉛很容易透過胎盤進入胎兒的體內，並早在懷孕第12週就出現其影響——導致胎兒鉛中毒。懷孕時盡量避免與鉛接觸。如果妳的工作環境可能含有鉛，趕快與醫師商討對策。

### 水銀（汞）

很早以前就發現汞對懷孕婦女造成的潛在毒害。過去的報告指出，孕婦食用遭汞污染的魚後，會對胎兒造成傷害，這些症狀多半與腦性麻痺及小頭畸形有關。

### 多氯聯苯

我們的周遭環境，有許多地方都已被多氯聯苯（PCBs）所污染。多氯聯苯是由許多種化學物質所組成。大多數魚類、鳥類及人類的身體組織裡，都能檢測出數量可觀的多氯聯苯。因此，有些專家認為，懷孕的婦女最好少吃魚（避免接觸汞及多氯聯苯等有毒物質），特別是工作場所可能含有多氯聯苯的婦女。

### 殺蟲劑及除草劑

人類使用各種殺蟲劑及除草劑，來除去不想要的動植物。也因為大量而廣泛的使用這些藥劑，造成人類普遍暴露在這些有毒的物質中。這些危險的物質包括：氯苯乙烷（DDT）、氯丹（chlordane）、七氯四氫甲印（heptachlor）、林丹（lindane）等。

## 其他須知

### 環境污染原對懷孕的影響

環境中的某些污染物質,會對胎兒的發育造成傷害。因此,為了胎兒的健康,應該盡量避免接觸如下頁列出的有害物質。

### 妳該怎麼辦?

我們周遭充斥各種化學物質,最安全的做法,就是盡量避免接觸或暴露其間。不過,儘管再小心,還是無法不接觸所有的化學物質,因此最好在吃東西前,先將雙手洗淨。此外,最好不要抽菸。

大多數化學物質,在影響胎兒之前多半已經先讓母親發病。因此,只要是對孕婦健康的環境,對胎兒也多半安全無慮。

> **FOR PAPA**
>
> 養成習慣隨手翻閱幾本關於懷孕的書,例如本書,並跟準媽媽一起閱讀,關心並了解懷孕每週的變化。

# 懷孕筆記

## 懷孕第5週　　胎兒週數：3週

如果妳才剛剛發現自己懷孕，妳可以從前面的章節開始讀起。

### 寶寶有多大？

本週，妳腹中的胎兒還不是很大，大約只有1.25公釐長。

### 妳的體重變化

這個時候，孕婦本身還沒有太大改變。即使妳已經察覺，自己似乎懷孕了，不過，要讓親友都發覺到妳的體型改變，似乎還早得很呢！

### 寶寶的生長及發育

這一週雖然仍屬懷孕早期，但是將來會發展成心臟的胚層，卻已經開始發育了。中樞神經系統（大腦及脊髓）、肌肉及骨骼等都已經開始成形。寶寶軀幹的骨架，也在這週開始發展。

## 妳的改變

　　本週會開始出現許多變化，有些改變妳可能已經感覺到了，但有些變化，則需要經過檢查才能確認。

### 驗孕

　　驗孕試劑的敏感度（正確性）愈來愈高，因此可以檢查出非常早期的懷孕徵兆。驗孕主要是偵測是否有人類絨毛膜促性腺激素（human chorionic gonadotropin，HCG），這種荷爾蒙出現在懷孕早期。現在的驗孕試劑，能在下一次生理期之前，就顯示出懷孕。許多試劑，甚至能在懷孕才10天（也就是預定月經該來之日的前4天），就能顯示出陽性（表示懷孕）的結果。不過，為了保險起見，最好還是等到下一次生理期沒來以後，再到醫院或診所檢查，或買試劑自己檢查，免得浪費金錢及心力。

　　驗孕試劑的價格，大約在150元左右。價位的高低，取決其試劑的準確性。不過，大多數醫院或診所，都提供免費的驗孕檢驗，能讓妳省點錢。

### 噁心及嘔吐

　　有些婦女懷孕後，最早出現的症狀是噁心，有時還會伴隨著嘔吐。這種現象叫「害喜」，常發生在早晨或稍晚。害喜的現象常出現在清晨，等到起床活動以後，就會漸漸改善。害喜多半出現在懷孕第六週，到了第一個三月期結束（約懷孕13週左右），就會漸漸消失。

　　許多婦女懷孕時會害喜，不過，大多數都不會造成很大的問題，也不需特別治療。但有些人會有孕婦劇吐症（劇烈的噁心及嘔吐），以致於發生孕婦營養不良及脫水的現象。如果出現這種情

形，通常就需要住院治療，以靜脈注射補充液體及藥物。也有使用催眠治療法，成功治癒這種症狀的例子。

一般害喜引發的噁心及嘔吐無法治療，也無須治療。事實上，沒有特別的藥物，能有效治療害喜。況且，這段時間對胎兒的發育來說非常重要，因此，最好不要亂吃宣稱能夠治療嘔吐的中藥、成藥或任何未經醫師許可的不明藥物及治療方法，以免傷害妳及腹中的胎兒。關於噁心及嘔吐的治療，最好請教醫師。

### 其他的變化

懷孕初期，妳可能會頻尿。頻尿的情形，常持續整個懷孕期，尤其是接近分娩的時候，會更困擾妳，這是因為子宮太大，壓迫到膀胱所致。

妳可能也注意到乳房的變化了。乳房及乳頭常會出現刺痛或疼痛，乳暈也可能會變黑，乳頭周圍的腺體也可能隆起。（關於乳房的變化，參見懷孕第13週。）

另一個懷孕初期常出現的症狀，就是容易感覺疲倦。疲倦的情形也常會持續整個懷孕期。要消除疲勞，可以服用孕婦專用維生素或醫師開的補充劑，最重要的，就是要有充足的睡眠及休息。如果妳覺得很疲倦，請少吃糖、少喝咖啡，因為這兩種東西不但不能消除疲勞，反而會讓妳覺得更累。

> 如果妳覺得疲倦，請少吃糖、少喝咖啡，因為這兩種東西不但不能消除疲勞，反而會讓妳覺得更累。

 ## 妳的哪些行為會影響胎兒的發育？

### 什麼時候該看醫師？

當妳發覺自己懷孕時，通常第一個問題就是：「什麼時候我該去看醫師？」

為了維護媽媽及寶寶的健康，必須有良好的產前照顧。因此，當妳懷疑自己懷孕了，最好盡早安排時間看診。即使是生理期才剛過幾天，也應該趕快檢查。

### 避孕期間懷孕，該怎麼辦？

如果妳一直避孕，卻意外懷孕了，請記得一定要告訴醫師。事實上，沒有任何一種避孕法，能夠百分之百避孕。即使是吃避孕藥，也偶爾會失敗。因此，當妳發現懷孕時，立刻停止服用避孕藥，並且馬上看醫師。如果意外懷孕了，也不必過度驚慌，趕快找醫師討論。

裝置了子宮內避孕器（IUD），卻仍然懷孕，這也是意外懷孕，請立刻去看醫師，討論是否需要將避孕器取出，或者暫時不去管它。大多數都會將避孕器取出來，因為避孕器暫留子宮，可能會使流產機率提高。

單獨使用殺精劑，或將殺精劑與保險套、避孕藥棉、子宮帽併用，都還是可能懷孕。不過，這些情況比較不會影響到胎兒的發育。

 ## 妳的營養

就像前面所說的，懷孕期間妳很可能會害喜。雖然並不是每個孕婦都會害喜，但還是有許多人會出現噁心及嘔吐。人類絨毛膜促性腺激素（HCG）這種荷爾蒙會讓驗孕試紙出現顏色變化，它也是引發害喜的元凶。HCG的數值，會在懷孕的第一個三月期結束時逐漸下降，讓妳不舒服的噁心及嘔吐，也會漸漸好轉。如果妳有害喜的現象，可以參考下列幾種方法來減輕不適：

・盡量少量多餐，不要讓胃撐得太

飽。

- 多補充水分或吃流質的東西。
- 找出哪種食物、哪些氣味及哪些狀況，會讓妳覺得噁心，並盡量避免。
- 盡量不要喝咖啡，因為咖啡會刺激胃分泌胃酸。
- 睡前吃一點高蛋白質的點心，讓血糖維持穩定。
- 有時候，可以在睡前吃一點高熱量的小點心。
- 請伴侶在妳早上起床前，先幫妳烤一片土司，吃完再下床。或在床邊放一些小餅乾或穀片等，早晨醒來時，先吃一點再下床。這些都有助於抑制胃酸。
- 臥室保持涼爽及通風。涼爽新鮮的空氣，會讓妳感覺比較舒適。
- 慢慢起身下床。
- 如果妳必須服用鐵劑，最好在飯前半小時或飯後兩小時。
- 咬一點生薑或喝一些薑湯。
- 鹹食能抑制某些人的噁心症狀。
- 喝檸檬水或吃西瓜，可能可以減輕症狀。

### 懷孕時增加的體重

　　孕婦在整個懷孕期間所增加的體重，個別差異很大，可以從體重不增反減，一直到增加大約23公斤，甚至更多。

　　併發症的發生，與體重的急速增加有絕對的關係，因此，很難界定到底應該增加多少才是「理想」的體重。孕婦增加的體重，與她懷孕前的體重關係密切。一般認為，懷孕20週以前，每週約增加0.3公斤，懷孕20～40週，每週約增加0.5公斤，是很理想的增加速率。

　　另一派則將孕婦區分為體重過輕、正常體重及體重過重三類，並建議體重的增加程度如下表。

　　如果妳對懷孕的體重增加有任何疑問，可以請教醫師，他會幫妳評估妳應該增加多少體重。

## 懷孕期平均增加的體重

| 體型 | 宜增加的重量（公斤） |
|------|---------------------|
| 體重過輕 | 13～18 |
| 正常體重 | 11～16 |
| 體重過重 | 9～11 |

　　如果為了產後容易恢復，而在懷孕時刻意節食，實在不是明智之舉，但是也不能毫無節制的吃。妳應該為了胎兒的健康，攝取營養的食物，足夠妳及胎兒所需。

 其他須知

## 子宮外孕

　　在懷孕第1及第2週的章節中曾說過，受孕是發生在輸卵管內。當卵子受精後，會由輸卵管移行到子宮，並在子宮腔著床，但如果受精卵著床在子宮腔外，就稱為子宮外孕。最常發生子宮外孕的部位，就是在輸卵管，機率約有95%（因此醫學上有「輸卵管妊娠」這個名詞）。除了輸卵管，子宮外孕還可能發生在卵巢到子宮頸的地方或腹腔某一個部位，下圖是可能的子宮外孕。

　　子宮外孕出現的機率，大約每一百名孕婦中會出現一個。如果曾經骨盆腔發炎或發生其他感染（如盲腸破裂），或曾經因腹部開刀而造成輸卵管損傷，子宮外孕的機會就會增加。如果之前曾經子宮外孕，再次發生的機會是12%。此外，使用子宮內避孕器避孕，子宮外孕的機會也會增加。

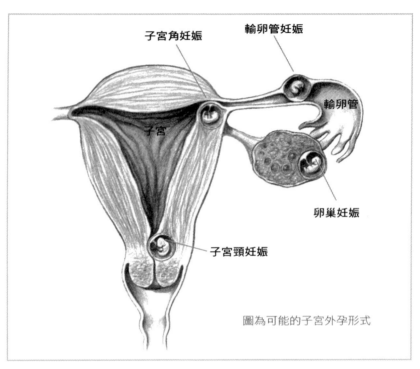

子宮角妊娠　　輸卵管妊娠

輸卵管

子宮

卵巢妊娠

子宮頸妊娠

圖為可能的子宮外孕形式

## 子宮外孕的症狀

　　子宮外孕的症狀包括陰道出血、腹部疼痛及乳房觸痛或噁心等症狀。不過，因為這些症狀與正常懷孕的症狀相同，因此不易診斷是否為子宮外孕。

## 子宮外孕的診斷

　　診斷子宮外孕時必需驗血作HCG定量檢查，即測量血液中的人類絨毛膜促性腺激素的量質。正常懷孕時，HCG的量迅速增加，約每兩天增加一倍。如果HCG數量並未如預期般增加時，就要懷疑懷孕是否正常。如果是子宮外孕，孕婦的HCG值可能會增高，但在子宮內部卻沒有任何懷孕的跡象。

超音波檢查也是診斷子宮外孕的利器（關於超音波檢查，參見懷孕第11週）。如果是輸卵管妊娠，超音波檢查時可以清楚看到。當子宮外孕的胚囊破裂時，醫師會見到腹腔內有積血，或會在輸卵管及卵巢周圍見到出血或是一團團組織塊。

現在，醫療更進步了，醫生可使用腹腔鏡來做腹腔鏡探查術，這種檢查更是大幅改善子宮外孕的診斷及治療。腹腔鏡探查術只需要在肚臍周圍及下腹腔做幾個小切口，醫師就可以將體型很小的腹腔鏡直接置入腹腔，清楚的觀察腹腔及骨盆腔內的器官，也可以立刻察覺是否子宮外孕。

子宮外孕發生在輸卵管時，必須儘早診斷及治療，以免輸卵管破裂受到損傷，導致必須將輸卵管整個切除。輸卵管一旦破裂出血，會造成體內大出血，因此需要早期診斷早期治療。

大多數子宮外孕都是在懷孕6～8週時檢查出來的。早期診斷的關鍵，主要在於妳及醫師對症狀的討論及溝通是否良好，其次，就是視症狀的嚴重程度而定。

> 千萬不要亂吃藥房裡賣的咳嗽藥水及感冒糖漿等成藥，因為，許多藥水都含有酒精。有時候，酒精的成分甚至高達25%！

## 子宮外孕的治療

發生子宮外孕時，醫師的治療原則就是盡量保住生育能力。如果需要開刀，就必須全身麻醉，再以腹腔鏡除去胚囊；或直接剖腹（切口較大，且不使用腹腔鏡）切除胚囊。兩者術後都同樣需要一段麻醉恢復期。不過，有許多子宮外孕必需將輸卵管整個切除，如此將影響日後的生育能力。

> **FOR PAPA**
>
> 要主動打掃房間。整潔的環境會令人心情穩定、開朗。

對於胚囊未破裂的子宮外孕，已有不需開刀的新療法：使用胺基甲基葉酸（methotrexate）這種治癌藥。這種藥物可以經由靜脈注射給藥，但由於此藥

由靜脈注射，危險性高，一般多用肌肉注射，有時也用經腹腔鏡或經陰道超音波導引下去，注射在外孕的地方，因此，必須在醫院或門診進行，並仔細觀察給藥過程。這種藥物是一種細胞毒素，能夠終止懷孕。治療之後，HCG值將會降低，意味著懷孕已經終止，症狀也會立即改善。

## 寶寶的性別

事實上，寶寶的性別在精子與卵子結合之際，就已經決定了。

不過，仍然有許多夫妻希望生兒子，或指定要個女兒。有些夫妻會因此去做精蟲分離術，將帶男性基因的Y精子與帶女性基因的X 精子離心分離，再以人工受精的方法，將指定精子置入子宮。這種方法並非絕對的安全，而且花費也很高，通常是用在有特殊家族病史或有血友病病史等性別遺傳問題的家庭。

# 懷孕筆記

## 懷孕第6週　　胎兒週數：4週

如果妳才剛剛發現自己懷孕，妳可以從前面的章節開始讀起。

 **寶寶有多大？**

　　本週胎兒從頭頂到臀部，長約2～4公釐。這種測量方式，比從頭頂量到腳跟的方式普遍，因為胎兒大多雙腿彎曲，因此，很難測量頭頂到腳跟的長度。

　　有時候，透過超音波可以在本週清楚聽見胎兒的心跳。關於超音波檢查，會在懷孕第11週的章節詳細討論。

 **妳的體重變化**

　　這時，妳的體重可能會增加1～2公斤。不過，如果妳有噁心的現象，又吃得不好，體重可能不增反減。妳已經懷孕一個月了，應該開始注意到自身的變化了。如果妳是第一次懷孕，體型或許還不會有什麼很大的變化，妳可能開始覺得，衣服腰身變得有點緊，大腿稍微變粗。

　　如果妳在此時作骨盆檢查（內診），醫師通常就能摸到子宮，也會注意到子宮大小似乎有了改變。

## 寶寶的生長及發育

　　本週是胚胎期的開始，胚胎期指懷孕6～10週或胚胎發育4～8週。胚胎期是胎兒發育最重要的時期，胚胎在這段時間對會影響發育的因素非常敏感，畸胎的產生也大多發生在這段最重要的時期。

　　如下圖，胚胎的軀幹大致已定，頭、腳的部位也已經顯現。在這段期間，神經溝會漸漸關閉，開始形成早期的大腦腔室，雙眼也在此時開始成型，四肢芽則隱約可見。此時，心臟管已融合，開始收縮，產生心跳。心跳的情形，在超音波檢查時可以看得見。

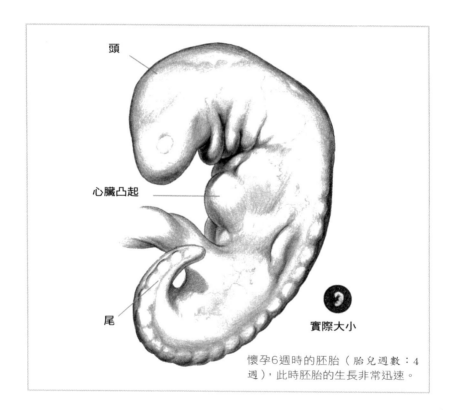

懷孕6週時的胚胎（胎兒週數：4週），此時胚胎的生長非常迅速。

## 妳的改變

**胃灼熱**（溢胃酸）

胃灼熱是懷孕時最常見的不適。胃灼熱的現象，可能在懷孕初期就出現，而且日益嚴重，因為胃及十二指腸的內容物會逆流到食道，造成灼熱與不適的感覺。懷孕期之所以常出現胃灼熱，原因之一是食物通過小腸的速率減緩，原因之二則是因為子宮變大，上升至腹腔，造成胃部受壓，導致內容物逆流。

大多數孕婦的症狀都不會很嚴重，只要少量多餐或避免彎腰及平躺等姿勢，多半就能改善。也就是說，如果妳剛吃完一頓大餐立刻躺下，就一定會發生這種現象。（事實上，任何人都會這樣。）

有些制酸劑能夠改善大部分症狀，包括氫氧化鋁、三矽酸鎂及氫氧化鎂。如果要服用這些藥物，最好遵照醫師指示或藥品包裝上對孕婦的指示。千萬不要服用過多的制酸劑，也不要服用重碳酸鈉類的藥物，因為它們含有過多的鈉成分，會使體內的水分滯留。

**便祕**

懷孕時，妳的排便習慣可能會改變。多數孕婦會因腸蠕動較慢而使排便習慣變得不規律，導致有點便祕，也常會出現痔瘡。（參見懷孕第14週）

懷孕時，多喝水、多運動能避免便祕。便秘時，許多醫師會建議孕婦服用鎂乳等緩瀉劑或飲用乾梅汁。糙米及乾梅等食物能增加食物中的纖維質，也有助於減輕便祕。

除非得到醫師的許可，否則不要自行服用瀉藥。如果便祕一直沒改善，最好去看醫師。解便時，不要用力過度，否則會導致痔瘡。

凱西第一次懷孕，因為胃灼熱不舒服而夜裡睡不好。她和丈夫羅比，常在下班後一起外出吃飯。在和他們討論後，發現他們並不是很晚才吃晚餐，也沒有吃完東西後立刻躺下。因此，我建議凱西少量多餐，一天吃5或6次，每次吃少量的食物，可能會有效。我也建議凱西偶爾吃些制酸劑。

妳可以試著找出，吃哪些食物或吃多少量，會讓胃感覺最舒服，但是也要適可而止。例如妳發現喝巧克力麥芽感覺不錯，能讓胃很舒服，但是，也不可以每餐都喝。

##  妳的哪些行為會影響胎兒發育？

懷孕時，如果感染性病，就會傷害到胎兒。因此如果罹患性病，必須盡快治療好。

### 生殖器單純性疱疹

懷孕時出現的疱疹感染，通常都是再度感染，而不是原發性的感染。母親感染疱疹時，胎兒出現早產及出生體重過低的情形也會增加。嬰兒也可能會在通過產道時，感染到疱疹。此外，當羊膜破裂後，疱疹也可能會上行感染到子宮。

懷孕期間對生殖器疱疹，並沒有安全的治療方法，如果在懷孕後期，疱疹的感染嚴重，最好剖腹產。

### 念珠菌陰道炎

孕婦罹患念珠菌感染的情形很普遍，相較之下，未懷孕的婦女，罹病的比率就小得多。念珠菌感染對懷孕並不會造成很大的不

良影響，但會讓人感覺很不舒服或焦慮。

懷孕時，念珠菌感染很難控制，且常會復發，治療的時間也比較長（一般人只需治療3～7天，孕婦就必須治療10～14天）。使用的藥膏對孕婦來說很安全，配偶也不需要接受治療。

新生兒通過已經受到感染的產道時，很容易罹患鵝口瘡，可以抗生素來治療，不過有些抗生素可能對孕婦不安全，所以要經過醫師處方。

## 滴蟲陰道炎

滴蟲感染對懷孕不會造成不良影響，不過有些醫師認為，治療滴蟲感染的口服藥不應該在懷孕之初的三個月使用。過了第一個前三個月期後，醫師仍然可以開藥來治療感染嚴重的孕婦。

## 尖銳濕疣

尖銳濕疣又稱生殖器疣，俗稱菜花，是一種性病。孕婦如果罹患了大範圍的生殖器疣，就必須考慮剖腹產，以免大量出血。

濕疣的根部在懷孕時會變大，甚至有的在快分娩時，將陰道出口阻塞住的案例。此外，新生兒也可能因此罹患喉頭刺瘤（一種生長在聲帶上的良性瘤）。

## 淋病

淋病對孕婦、配偶及通過產道的嬰兒，都會造成很大的危害。胎兒通過產道時，可能會感染淋病性眼炎，這是一種非常嚴重的眼睛感染。因此，所有新生兒一出生就必須立刻點眼藥水，來預防所有的感染。事實上，就算在懷孕期間，淋病也是一種很容易治療的疾病，只需使用盤尼西林或者其他安全的藥物即可來治療。

# 梅毒

　　梅毒的篩檢檢驗，對孕婦、配偶及胎兒，都非常重要。幸好這種少見的感染還是可以治療的。如果妳在懷孕時期，發現生殖器附近有開放性潰瘍時，一定要立刻請醫師檢查。盤尼西林或者其他安全的藥物都可以治療梅毒。

# 披衣菌

　　妳可能聽過披衣菌。披衣菌感染是一種經由性行為傳染的疾病，美國每年大約有300萬～500萬人感染此病。感染時由於沒有什麼症狀，可能不容易察覺。此疾病通常是因為某些特定的細胞被細菌入侵而感染，而且多是經由口交或其他性行為感染。

　　性行為活躍的女性，約有20％～40％曾經遭到感染。披衣菌感染如果不治療，後果可能十分嚴重，但經過適當治療後則無大礙。

　　性伴侶不只一個的人，最容易感染披衣菌。染有其他性病的女性，也很容易同時感染披衣菌。有些醫師則認為，服用避孕藥的婦女更是感染披衣菌的高危險群。性行為時，最好使用保險套或子宮帽，併用殺精劑，可能較能避免披衣菌的感染。

　　披衣菌感染最主要的症狀是骨盆腔炎，這是一種上生殖器的嚴重感染，感染的範圍很廣，包括子宮、輸卵管，甚至上行至卵巢。骨盆腔發炎時，偶爾會覺得骨盆腔疼痛，有時則不會出現任何症狀。當然，骨盆腔裡受到任何感染，如果不治療，都會造成骨盆腔發炎，但披衣菌感染通常是最主要的致病原因。如果披衣菌感染長久不癒或再度復發，生殖器官、輸卵管及子宮都會受到傷害，形成嚴重的粘黏，有時候甚至會需要開刀來剝除粘黏的部位。如果輸卵管受損，形成了

> 如果在兩次產檢期間，有任何問題都可以打電話問醫師，或詢問產科的衛教護士。事實上，醫師也希望妳來電以得到更多知識。只有當疑問獲得解答，妳才不會感覺焦慮。

疤痕組織，就很容易造成輸卵管妊娠等子宮外孕。

### 懷孕時感染披衣菌

感染披衣菌的孕婦，分娩時，很容易經由產道將病菌傳染給寶寶。如果母親感染了披衣菌，寶寶有20％～50％的感染機會。一旦感染此菌，會使新生兒的眼睛受到感染，所幸這還算容易治療。但若發生肺炎等嚴重的併發症則沒有這麼幸運，一旦感染肺炎，新生兒就必須住院治療。

研究發現，子宮外孕可能也與披衣菌的感染有關。一項研究結果顯示，在研究的婦女當中，有70％的子宮外孕併同有披衣菌感染。當妳想懷孕時，最好先做性病篩檢，其實治療並不困難。

### 感染披衣菌的檢查與治療

要檢查是否感染披衣菌，必須做細菌培養。只是如前面所說的，因為沒有症狀，一半以上的人根本不知道自己已經受到感染。不過，有時候會出現生殖器部位搔癢或灼痛、陰道分泌物出現異常、頻尿或解尿會疼痛，以及骨盆腔疼痛等；男性也可能出現這些症狀。一般診所也可以進行披衣菌的檢查，而且有時當天就能判讀結果。

披衣菌感染常用四環黴素來治療，不過這種藥物不適於孕婦使用。懷孕時，只能用紅黴素來治療。療程結束後，醫師會再做一次細菌培養，以確認感染已經痊癒。如果妳懷疑自己可能感染披衣菌，告訴醫師，醫師會安排檢查及治療。

## 愛滋病

感染人體免疫缺陷病毒（HIV）的各種族群當中，婦女人口是成長最快速的，而且其中大多數是育齡婦女。

人體免疫缺陷病毒是造成愛滋病（後天免疫不全症候群）的原因。曾經感染人體免疫缺陷病毒的確實人數，至今仍不清楚。

當海倫來我的門診，要求做HIV檢驗時還沒有懷孕，但她準備在半年內懷孕。我告訴她，能夠在懷孕以前先做HIV檢驗，比懷孕以後再來做更好。她的檢查結果呈陰性，因此，她能更安心準備懷孕。

人體免疫缺陷病毒入侵後，免疫系統會逐漸衰弱，此時就稱為愛滋病。罹患愛滋病之後，就更容易遭受其他感染，而且無法抵抗。

容易罹患愛滋病的高危險群婦女，包括經常由靜脈注射毒品者、性伴侶以靜脈注射毒品，以及雙性戀等。此外，得過性病的婦女、曾經從事性交易，以及曾經接受未經篩檢血液的人，都是罹患愛滋病的高危險群。如果妳是愛滋病的高危險群，可以考慮到醫院做愛滋病的篩檢檢驗。

感染HIV的婦女，不一定會出現症狀。病毒可能要經過數週或數個月才能檢驗出來。大多數病例在接觸病源6～12週後，會開始出現抗體，有些病例的潛伏期則可能長達18個月。但是從證實感染到出現症狀的時間因人而異，而在所有愛滋病患者中，有的人在初期不會出現症狀。

到目前仍沒有證據顯示，愛滋病會透過水、食物或環境的表面感染。也沒有證據顯示，病毒會藉著RH免疫球蛋白傳播（參見懷孕 第16週）。不過，孕婦則可能在分娩前或分娩時，將人體免疫缺陷病毒傳播給胎兒。

懷孕可能會隱藏愛滋病的一些症狀，使得愛滋病的診斷更加困難。由於愛滋病會對胎兒造成嚴重的威脅，因此，多次諮詢及心理的支持非常重要。

對罹患愛滋病的婦女，這兒還有一些好消息。如果屬於罹病早期，通常還是可以順利懷孕及分娩。不過，寶寶在懷孕、分娩及哺乳期，還是有可能被感染。近來，研究人員發現，罹患愛滋病的婦女將病毒傳染給胎兒的機率，已經大幅降低。如果在懷孕期服用

AZT，並採取剖腹產，傳染給胎兒的機率就降到2%。

**愛滋病檢驗**

　　愛滋病的檢驗有兩種：酶免疫吸附法（ELISA）及西式墨跡試驗（Western Blot test）。ELISA是一種篩檢，如果檢查的結果呈陽性，就需要再做西式墨跡試驗確認。這兩種檢查，都是計算血液中的抗體，而非對病毒本身做檢驗。不管其他檢查結果如何，都必須再做西式墨跡試驗才能確認，因為這項檢查的敏感性及準確性高達99%。

## 妳的營養

　　懷孕時，為了得到所需的營養，妳必須慎選食物，不能隨心所欲，必須吃得適當吃得好，並且最好有個飲食計畫。妳應攝取富含維生素及礦物質的食物，特別是鐵質、鈣、鎂、葉酸及鋅。此外，妳還需要補充纖維質及液體，以減輕便祕的問題。下圖顯示妳一天所需食物的種類及所需的量。往後

脂肪、甜點以及其他
僅含糖分的食物2～3份

乳製品3～4份

肉類及其他蛋白質
來源2～3份

蔬菜4份

水果3～4份

麵包、穀類、麵條、米飯
6～11份

幾週，我們會繼續討論如何從每一種食物，得到足夠的營養，並會在每週的營養提示加以提醒。

 ## 其他須知

**第一次產檢**

　　第一次產檢所需的時間最久，這是因為必須進行許多檢查。如果在懷孕前曾做過健康檢查，那麼，妳或許已經跟醫師討論過其中某些問題了。

　　妳可以先請教醫師，然後觀察他的解答或建議是否符合妳的需要。這一點非常重要，因為在懷孕過程中，妳及醫師之間需要有良好的互動及相互的信任。懷孕期間，妳會跟醫師交換許多的意見及想法，醫師提出的建議，妳也要仔細思考。妳的感覺及想法，需要與人分享，而醫師的豐富經驗，對妳來說，也是非常具有價值的。

> 懷孕時，妳會跟醫師交換許多意見及想法，醫師所提的建議，妳也要仔細思考。

　　第一次產檢會做些什麼呢？首先，醫師會詳細詢問病史，內容包括一般疾病以及與婦科或產科相關的病史等。月經的週期如何？最近是用哪一種方法避孕？如果妳曾經墮胎或流產、曾經開刀或因為其他原因住院，這些重要的資訊，也一定要誠實告知。如果妳有舊的病例，最好也隨身帶著。

　　醫師要知道妳曾經吃過哪些藥、對哪些藥物過敏。此外，家族病史也很重要，例如家族中有沒有糖尿病或其他慢性病等。身體檢查則包括骨盆腔的檢查（內診）及子宮頸抹片檢查，這些檢查能摸得出子宮大小是否與懷孕週數相符合。

　　第一次產檢時，可能會做許多醫學檢查，這些也可能在後續的產檢中完成。

　　如果妳對這些檢查有任何疑問，可以問醫師。如果妳認為自己

可能是高危險妊娠，也要提出來與醫師討論。

大多數產婦，在懷孕的前七個月，每四週產檢一次；第八及第九個月，每兩週做一次產檢；最後一個月則需要每週檢查。如果有問題，產檢的次數就會增加。

**FOR PAPA**

下了班，帶一些太太喜歡吃的東西回家，或者親自下廚煮頓晚餐給她吃。

# 懷孕筆記

# 懷孕第7週　　胎兒週數：5週

如果妳才剛剛發現自己懷孕，妳可以從前面的章節開始讀起。

 ## 寶寶有多大？

　　妳的寶寶在本週有驚人的成長！本週剛開始時，寶寶從頭頂到臀部的長度約只有4～5公釐，大小約相當於一顆BB彈。到了本週末，寶寶就會長到約11～13公釐。

 ## 妳的體重變化

　　儘管妳急著向全世界宣布懷孕的喜訊，但目前可能還沒有太大變化。不過別著急，接下來的改變就不小了。

 ## 寶寶的生長及發育

　　胎兒腿部的芽胞開始出現，外觀有如魚的短鰭。寶寶的發育情形可以參考95頁的圖，手臂的芽胞長得比較長，將來會成長為手及臂兩個部分。手和腳的部位會出現指狀的突起，將來會發育成手指及腳趾。

軀幹上凸起的位置是心臟，心臟會在這個時期分裂成左右兩腔。大支氣管已經開始出現，支氣管是空氣在肺臟裡的主要通道。將來組成整個大腦的兩個大腦半球也在此時形成。眼睛及鼻孔也開始發育。

　　小腸開始發育，闌尾（盲腸）漸漸出現。製造胰島素的胰臟也開始成形。小腸會有一部分突起，變成臍帶，等到胎兒發育後期，臍帶就會縮回腹部裡面。

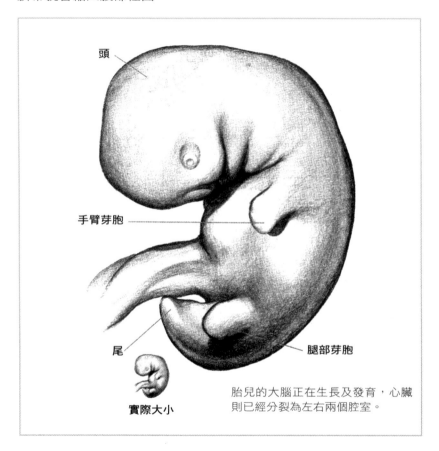

頭

手臂芽胞

尾

腿部芽胞

實際大小

胎兒的大腦正在生長及發育，心臟則已經分裂為左右兩個腔室。

## 妳的改變

　　妳其實也漸漸改變，不過，如果妳不主動告知，別人不會發現妳已經懷孕了。妳的體重或許也增加了一些，但可能只增加1～2公斤而已。

　　有時候，妳的體重非但沒有增加，甚至還可能減少，這也還算正常。在未來幾週，體重就會逐漸回升。不過，妳可能開始害喜，也會出現一些懷孕的早期症狀。

 ## 妳的哪些行為會影響胎兒發育？

### 服用成藥與配方藥物

　　許多人並不把成藥及配方藥物當作是藥，也不管是否懷孕，都照吃不誤。因此有研究人員認為，孕婦服用非處方藥、成藥及各類藥物的比例，有增加的趨勢。

　　事實上，懷孕時服用成藥有時並不安全。不管是服用成藥或其他藥物，都要非常小心。有些配方藥中，有多種不同成分的藥物，舉例來說，止痛藥裡可能就同時含有阿斯匹靈、咖啡因及非那西汀（phenacetin）等多種成分，而咳嗽糖漿或安眠藥裡，成分中可能就

## DOCTOR SAY

　　凱薩琳是我的病人，因為膝蓋長期有問題，所以常服用阿斯匹靈來止痛及消腫。她打電話問我，懷孕以後能不能繼續服用阿斯匹靈。

　　我告訴她，不建議在懷孕時服用全劑量的阿斯匹靈，因為可能造成出血。如果因為服用藥物，造成懷孕期或分娩時出血，對母體及胎兒都會很危險。雖然在最密的監控之下，可以服用少劑量的阿斯匹靈，不過，還是必須先跟醫師討論，得到許可後才能服用。

含有25％的酒精，吃下這些藥物，就跟喝烈酒或啤酒沒兩樣。

布洛芬（ibuprofen，異丁苯丙酸）是一種常見的處方及非處方藥，用來鎮痛解熱，也需要特別注意。這種藥使用許可的時間還很短，關於懷孕期間服用的相關資料並不充足，不過，在懷孕時服用，似乎是有害無益，甚至已經有報告指出，服用這種藥物可能會對孕婦造成傷害，所以不需要冒這個險。

naprosyn（Aleve）及ketoprofen（Orudis）等藥也常用來退燒及止痛，孕婦服用這些藥物的成效及傷害，目前仍然資料不足。若要服用這些藥物，一定要得到醫師許可，並且密切監督。

孕婦在服用任何藥物之前，一定要先取得醫師許可。其次要詳細閱讀藥物標籤

> 不要自行服用成藥超過48小時。如果超過這個時間還不能解決問題，醫師會改採其他治療方式。

及服藥指南，幾乎所有藥物都附有相關的資訊以供參考。有些制酸劑含有碳酸氫鈉，會增加鈉的攝取量（如果妳已經有體內水分滯留的問題，服用這種藥會造成更多問題）。此外，還可能引起便秘或腹脹（有些含鋁的制酸劑會造成便秘，或妨礙磷酸鹽等礦物質的吸收）。服用過多含鎂藥物，可能會造成鎂中毒。

有些成藥及配方藥，只要使用得當，並不會對孕婦造成傷害。如下所列：

- 部分鎮痛劑，如普拿疼。
- 部分制酸劑，如鎂乳。
- 部分喉片。
- 部分消除充血腫脹的藥物。
- 部分止咳藥（如諾比舒咳）。

如果妳覺得症狀特別嚴重或非常不舒服，最好立刻去看醫師。懷孕期間，最好遵循醫師的指示服藥治療，好好照顧自己。盡可能維持適當的運動，攝取營養豐富的食物，抱持正向愉悅的態度，來度過懷孕期。

**妳的營養**

乳製品是孕婦最重要的營養來源。乳製品富含鈣，對妳及胎兒非常重要。食品包裝都會標示營養成分，妳可以注意其中鈣的含量。下面列舉一些妳可能常見的乳製品，以及妳應該攝取的量。這些產品包括鮮乳、布丁、乳酪、牛奶、優格等。

如果妳必需限制熱量，最好選擇低脂的乳製品，如脫脂牛奶、低脂優格、低脂乳酪等。這些低脂乳製品裡仍然含有豐富鈣質。

> 不要喝未殺菌的牛奶或製成品。此外，未煮熟的禽肉、紅肉、海鮮及熱狗常含有李氏桿菌。因此，所有的肉類都必須煮熟再吃。

### 需要額外補充礦物質嗎？

一般飲食只要能提供孕婦足夠熱量，使體重穩定增加，其中所含的礦物質大致就足夠了（鐵質除外）。

懷孕時，鐵質的需求量會增加。一般人體內的鐵質，都不足以應付懷孕所需。況且，正常懷孕時，血液容積量會增加約50％。因此，需要大量鐵質來製造這些額外增加的血球細胞。

懷孕後期，鐵質更形重要。大多數孕婦，在懷孕的最初三個月，還不太需要補充鐵劑。事實上，如果在這時服用鐵劑，反而更容易造成噁心及嘔吐。

孕婦專用維生素裡所含的鐵劑，也會刺激胃部，更容易便秘。因此，最好在懷孕三個月以後，再開始補充鐵劑。

有些醫師會開鈣片給孕婦，以補充鈣質。鈣質對所有孕婦都很重要，因為鈣能幫助胎兒建造強壯的骨骼及健康的牙齒，也能強化孕婦的骨質。孕婦每天需攝取鈣質1200～1500毫克，約等於3～4杯脫脂牛奶。

# 孕婦專用維生素

　　醫師通常會開孕婦專用維生素給孕婦，有些婦女則希望服用一段時間後再準備懷孕。這種維生素除了每天必需的維生素以外，還包括孕婦所需的額外礦物質。

　　孕婦維生素與一般的綜合維生素最大的不同，就在於鐵質及葉酸的含量。懷孕時期補充孕婦專用維生素非常重要，最好在吃飯時同時服用，或睡前吃。

　　孕婦維生素包含許多胎兒發育必需的物質，也包含許多能讓妳維護良好健康的物質。因此最好持續補充，直到胎兒出生。以下是常見的孕婦維生素及其功能：

- **鈣**：除了能構築胎兒牙齒及骨骼外，還能增強妳的牙齒及骨骼。
- **銅**：預防貧血，協助骨骼形成。
- **葉酸**：減少胎兒發生神經管缺陷的機率，協助血球細胞形成。
- **碘**：協助控制新陳代謝。
- **鐵**：預防貧血，有助於胎兒血液系統的發展。
- **維生素A**：強健身體及促進體內的新陳代謝。
- **維生素$B_1$**：強健身體及促進體內的新陳代謝。
- **維生素$B_2$**：強健身體及促進體內的新陳代謝。
- **維生素$B_3$**：強健身體及促進體內的新陳代謝。
- **維生素$B_6$**：強健身體及促進體內的新陳代謝。
- **維生素$B_{12}$**：促進血液形成。
- **維生素C**：幫助身體吸收鐵質。
- **維生素D**：強化胎兒的骨骼及牙齒，有助於妳吸收磷及鈣。
- **維生素E**：強健身體及促進體內的新陳代謝。
- **鋅**：協助妳體內液體的平衡，幫助神經系統及肌肉系統正常運作。

鈣對血壓的控制也有幫助，不但能降低高血壓，也能減少罹患子癇前症的機率。不過，有些物質會干擾身體對鈣的吸收，因此，含鈣食物最好不要與鹽、蛋白質食物、茶、咖啡及未發酵的麵包等一起吃。

　　研究人員還發現，鋅這種礦物質對於過瘦或體重不足的孕婦，也有很大助益。一般認為，鋅能夠幫助較瘦的孕婦，產下健壯的健康寶寶。

　　至於氟化物及氟的補充劑對孕婦是否有好處，至今仍沒有定論。有些人認為，懷孕時補充氟劑，能讓孩子的牙齒更健康，但是並非所有人都同意這個觀點。孕婦補充氟，還不至於會傷害胎兒，有些孕婦維生素中就已經含有氟劑。

## DOCTOR SAY

　　安雅第二次來產檢時，顯得十分沮喪，一邊哭一邊說：「陶德不再愛我了，自從我懷孕以後，我們就不再同房了。」一邊陪同的陶德則連聲否認。他覺得，妻子懷孕後更漂亮了，但他怕性行為會傷害到胎兒，因此不敢與妻子同房。

　　我對他們解釋，懷孕期的愛撫及性行為，都是正常而且安全的。只要安雅懷孕正常，沒有不良的併發症，性行為並不會傷害到胎兒。

 ## 其他須知

### 懷孕期的性行為

　　許多夫妻質疑，懷孕時行房是否安全。事實上，只要孕婦健康，與配偶之間行房是沒有問題的。不過，如果有流產或早產的徵兆，就必須避免性行為。

偶爾買個小禮物送給另一半及寶寶，表示對她們的關愛。

有些醫師建議，在懷孕的最後4週停止性行為，但並不是所有醫師都覺得有必要。有的醫師認為，懷孕9個月之後，正常的胎兒已在2500～3000公克左右，即使生下來也都不必保溫了，因此其實沒有必要刻意停止性生活。妳可以跟醫師討論這個問題。

# 懷孕第8週　　胎兒週數：6週

如果妳才剛剛發現自己懷孕，妳可以從前面的章節開始讀起。

 ## 寶寶有多大？

懷孕8週時，寶寶由頭頂到臀部的長度約1.4～2公分，大小有如一顆花豆。

 ## 妳的體重變化

此時，妳的子宮雖持續長大，不過還是不足以讓妳去炫耀。如果妳是第一次懷孕，子宮就更小了。不過，妳可能會發現，腰圍開始有些變化，衣服也變緊了。妳在做骨盆腔內診時，醫師也會發現，妳的子宮已經開始變大了。

 ## 寶寶的生長及發育

在懷孕的最初幾週裡，胎兒持續生長且快速的改變。將懷孕8週的胚胎（參見103頁圖）與懷孕7週（參見95頁）的圖相比較，妳是否可以看出兩者之間驚人的變化？

眼皮的皺摺開始出現，也已經看得到鼻尖了，內耳及外耳也已開始成形。

　　心臟的主動脈瓣及肺動脈瓣已經清晰可見。從喉嚨位置延伸到肺臟的管狀物，也已經開始分支，有如樹木的分岔。身體的軀幹也漸漸變長且挺直。

　　手肘的部位已經出現，手臂跟腿也開始向前伸展。手臂長得比腿快，因此顯得較長。手肘微彎，彎曲的部位稍微超過心臟。指狀凸起，開始出現一條條凹痕，它們即將發育成為手指。腳趾的線條凸起也已出現在腳上。

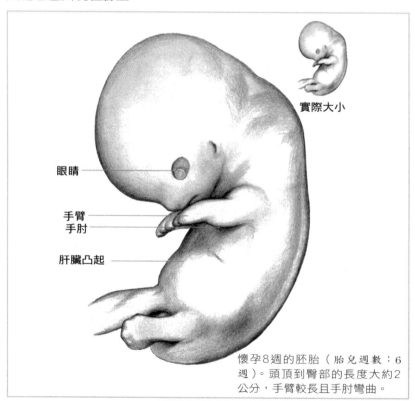

實際大小

眼睛

手臂
手肘

肝臟凸起

懷孕8週的胚胎（胎兒週數：6週）。頭頂到臀部的長度大約2公分，手臂較長且手肘彎曲。

## 妳的改變

### 子宮的變化

在懷孕之前，妳的子宮約像拳頭一般大。懷孕6週後，已長到有如葡萄柚。子宮生長時，妳的下腹部或腰側，有時會有些絞痛或些微疼痛，有些人則會感覺到子宮緊縮。

這種子宮緊縮或收縮的感覺，通常會持續整個懷孕期。如果妳沒有這些感覺，也不要緊，但如果收縮還伴隨陰道出血，就要立刻去看醫師了。

### 坐骨神經痛

有些婦女在懷孕期間，可能會有坐骨神經痛，這是一種非常難以忍受的疼痛，通常由臀部向下，沿著大腿後側或外側分布。坐骨神經主要經由子宮背後到骨盆腔，再延伸到大腿。一般認為，主要是因為子宮漸漸長大及擴張，造成對坐骨神經的壓迫而導致疼痛。

治療坐骨神經痛最好的辦法，就是躺臥時以不疼痛的部位接觸床面。這種姿勢最能減輕對坐骨神經的壓迫。

 ## 妳的哪些行為會影響胎兒發育？

# 流產

當胚胎或胎兒還不足以自行在子宮外獨立存活時，懷孕突然終止稱為流產。幾乎所有孕婦都會擔心流產，但事實上，約只有15％的胚胎會流掉。

### 流產的原因

導致流產的原因不明，但早期流產最主要的原因，可能是胚胎

早期發育異常所致。根據懷孕早期流產的資料顯示，約有一半以上的流產都是因為胚胎染色體異常。

此外，許多因素也會影響到胚胎及胚胎所處的環境，包括放射線、化學物質（毒品及藥物）及感染等。這些因素稱為畸胎原，會造成胚胎畸形；這在懷孕第4週已有詳盡的說明。

此外，孕婦發生問題也是流產的主因。例如感染李氏桿菌、弓蟲病及梅毒等，與流產都有關。

**DOCTOR SAY**

露比第一次來產檢時已懷孕8週，神情似乎很苦惱。原來她前一胎懷孕到了第八週不幸流產，因此她非常擔心這一次會和上一次一樣流產。我向她保證，這一次到目前為止，還沒有發現流產跡象。因此，她放心的離開，並期待下一次產檢，因為下一次產檢時，或許可以聽得到胎兒心跳了。

並沒有足夠的證據證明，如果某種特定營養素攝取不足，或所有營養素都普遍缺乏，則容易引發流產。不過，孕婦抽菸及飲酒，確定會增加流產的機率。

如果懷孕時發生嚴重的外傷或進行大手術，可能會增加流產的機率，不過這一點也未完全證實。懷孕三個月以上流產的最主要原因，就是子宮頸閉鎖不全（參見懷孕第24週）。此外，還有許多孕婦將流產歸咎於情緒低落或外傷，不過這也還未經證實。

下文探討流產的類型及肇因，如果妳出現類似的徵兆，或有任何疑問時要趕快詢問醫師。

> 幾乎所有孕婦都會擔心流產，但事實上，大約只有15%的胚胎會流掉。

### 迫切性流產

一般將懷孕前半期陰道出血的現象稱為迫切性流產（或稱先兆

性流產）。這種出血可能持續數天甚至數週，也可能伴有腹部絞痛，但也可能沒有任何痛感。腹部絞痛通常就和生理期的疼痛一樣，或者只出現輕微的背痛。這時，**繼續活動雖然還不至於會造成流產，但最好還是多休息。沒有任何藥物或措施，能避免流產。**

迫切性流產的例子是常見的現象，約有20％的婦女，曾在懷孕期間出血，但並不是所有出血都會造成流產。

### 不可避免性流產

羊膜破裂、子宮頸擴張，血塊甚至胚胎組織由陰道排出時，稱為不可避免性流產。如果發生這些狀況，胎兒就保不住了。此時，子宮通常會開始收縮，將胚胎及懷孕的相關產物一起排出去（因為這種流產不一定會見到胚胎或成形的胎兒）。

> 多洗手，特別是處理過生肉或如廁後。這個小動作，能防止許多病菌及病毒的散播，減少感染機會。

### 不完全性流產

發生不完全性流產時，懷孕組織不一定會一次排出，可能部分組織排出後，部分子宮內還留有部分組織，因此可能會造成大量而持續的出血，直到整個組織排除乾淨為止。

### 過期流產

過期流產是指胚胎在懷孕早期就已經死亡，但並沒有立刻排出。這時可能沒有任何症狀，也沒有出血，因此，常在懷孕終止後數週，才發現早已胎死腹中。

### 習慣性流產

習慣性流產通常是指三次或三次以上連續流產。

## 出現問題時該怎麼辦?

當妳出現疑似流產的徵兆時,不要猶豫,立刻去看醫師!通常最先是陰道出血,接著就是腹部絞痛。不過,此時還要考慮到會不會是子宮外孕。因此,必須抽血做HCG定量檢查,來幫助醫師診斷。但是如果只做一項檢查,是不足以作為診斷的依據,所以,醫師可能還會陸續安排其他檢查。

如果懷孕已經超過5週,超音波檢查也會有很大幫助。有時雖然可能還有出血,但只要能在超音波檢查時,看到胎兒心跳及正常的胚胎組織,多少還是能讓妳感覺心安。如果超音波檢查無法得到結果,醫師可能會要求妳7~10天後再做一次超音波檢查。

如果持續出血及腹部絞痛,胎兒可能就保不住了。等到子宮內的胚胎組織完全排出,出血也停止後,表示已經流產了。如果子宮內的東西沒有完全排除淨,可能就需要做子宮頸擴張與刮除的手術(D&C,即墮胎手術),將子宮內的東西刮除乾淨。這個手術能讓出血停止,使妳不至於貧血或感染細菌。

有些醫師會給孕婦服用黃體激素來安胎,但黃體素是否真能防止流產仍有爭議。因此,並不是所有醫師都同意這種治療,對其療效也有不同意見。

## RH因素與流產

如果妳的血型屬於RH陰性,又曾流產,妳必須接受RhoGAM的治療。這種治療在保護妳,使妳不至於對RH陽性的血液產生抗體。(參見懷孕第16週)

## 如果流產了

流產對孕婦來說,是個不小的打擊,但也只能解釋為湊巧或運氣不好罷了。

因此,對於二度流產的婦女,醫師大多還不會建議進一步檢查以找出流產原因,除非第三度或有三次流產紀錄,醫師才會安排做染色體及其他檢查,以確定是否罹患某些感染,或是糖尿病、紅斑

狼瘡等疾病。

　流產時，千萬不要自責，也不要遷怒配偶，更無需回溯以往，
嘗試找出流產的原因。如果想藉著找出曾做過什麼、吃過什麼、曾
暴露在何種環境下以致流產，無異於海底摸針，是徒勞無功的。

 ## 妳的營養

　妳可能無法每天準確的攝取足夠的營養素，因此，下表是常見
食物的營養成分，可以參考攝取。孕婦維生素並不能取代食物，所

## 食物的營養來源

| 營養素（每日的需要量） | 食物來源 |
| --- | --- |
| 鈣（1200毫克） | 乳製品、深色葉菜類、乾豆類、豌豆、豆腐 |
| 葉酸（0.4毫克） | 肝、乾豆與豌豆、蛋、青花菜、全麥穀類製品、柳橙及柳橙汁 |
| 鐵（30毫克） | 魚、肝、肉類、禽肉、蛋黃、乾豆及豌豆、堅果、深色葉菜、乾燥水果 |
| 鎂（320毫克） | 乾豆及豌豆、可可粉、海鮮、全麥穀類製品、堅果 |
| 維生素$B_6$（2.2毫克） | 全麥穀類製品、肝、肉 |
| 維生素E（10毫克） | 牛奶、蛋、肉類、魚、玉米脆片、葉菜、植物油 |
| 鋅（15毫克） | 海鮮，肉類、堅果、乾豆及豌豆 |

以，不能完全靠它來供給身體所需的維生素及礦物質，食物才是最重要的營養來源。

 ## 其他須知

### 醫師可能會安排妳做的檢查

在第一或第二次產檢時，需要做一些常規的檢查。醫師會檢查骨盆腔及內診，順便做子宮頸抹片檢查。其他包括抽血做全血球計數（CBC）、採尿做尿液分析及細菌的培養、梅毒檢驗（包括VDRL或ART）及陰道細菌培養等。有些醫師也會檢查血糖值，看看是否有糖尿病。此外，還會抽血檢查是否有德國麻疹抗體、妳的血型及是否為Rh陰性等。

上述檢查通常都在第一次產檢時完成，往後只在需要時再做。肝炎的檢驗，現在也被列為常規的檢查了。

#### FOR PAPA

如果家裡飼養寵物，太太懷孕時，你最好接手照顧。換貓砂（千萬不要讓孕婦清理貓砂）、蹓狗（狗鏈的拉扯可能會傷到她的背）、購買寵物食物及其他必需品（不要讓大包的狗食傷了她的背）、帶寵物上獸醫院，這些工作你要一手包辦。

### 弓漿蟲病

如果妳養貓，要小心罹患弓漿蟲病。這種疾病多半是因為食用生的或受污染的肉類，或直接接觸到病貓的排泄物所致。這種原蟲會通過胎盤，直接侵犯胎兒，母體則通常沒有症狀。

如果在懷孕時感染，可能會引起流產，胎兒也會受到感染。這種病可以用紅黴素等抗

生素來治療，但是最好的治療就是預防，養成良好的衛生習慣，避免散播及感染。

　　盡量避免接觸到貓的排泄物（請別人清理貓砂或處理貓的排泄物）。跟貓玩耍後，記得要洗手，不要讓貓爬上餐桌。處理過肉類或摸過了泥沙後，記得要將雙手洗乾淨。肉類最好煮熟再吃。

# 懷孕筆記

# 懷孕第9週　　胎兒週數：7週

如果妳才剛剛發現自己懷孕，請從前面的章節開始讀起。

## 寶寶有多大？

本週，由胚胎頭頂到臀部的長度，長約2.2～3公分，約等於一顆中等大小的橄欖。

## 妳的體重變化

因為有寶寶在子宮內快速生長，因此，妳的子宮成長速度也極快。本週妳會發現自己的腰身明顯粗了一圈，如果做骨盆腔內診，妳會發現子宮有如一個葡萄柚般大小。

## 寶寶的生長及發育

如果能看到子宮內部，妳就會發現寶寶改變很多。113頁的圖片，顯示了其中的部分改變。

寶寶的手臂和腿，長長了不少。手腕微彎，手臂在胸前伸展，雙手在心臟前微微交叉。手指明顯變長，指尖有點腫腫的，這是因

為指尖的**觸摸墊**正在發育。雙腳接近**軀幹**的中線位置，而且已經幾乎能相互碰觸了。

頸部更加發達，使頭更容易豎起。眼皮幾乎能夠覆蓋整個眼睛了，在此之前，眼睛還無法闔上。外耳已經發育完全，清晰可見。此時胎兒已經會扭動身體及四肢，並可透過超音波清楚的顯現這些動作。

胎兒雖然還很小，但是看起來比較像個人了。不過，因為外生殖器都非常類似，要再等幾週以後，才可能清楚辨識出性別。

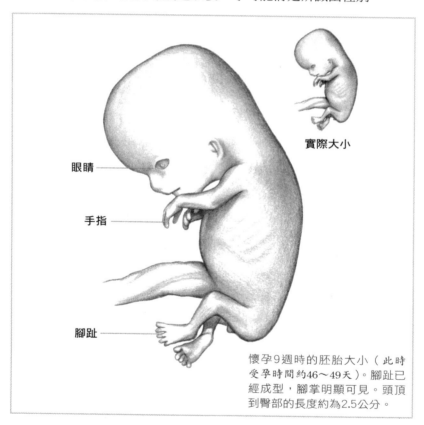

實際大小

眼睛

手指

腳趾

懷孕9週時的胚胎大小（此時受孕時間約46～49天）。腳趾已經成型，腳掌明顯可見。頭頂到臀部的長度約為2.5公分。

**妳的改變**

### 體重

　　大多數婦女對於自己在懷孕期間體重的改變，無時無刻不在意，而體重的增加也是監測胎兒發育及健康的重要指標。妳或許只增加一點點重量，但是體內胎兒的改變卻不小。

## 懷孕增加的體重如何分布？

以下以12公斤為例，體重分布如下：

約3.3公斤 ………………母親本身貯存（包括脂肪、蛋白質及其他營養成分）

約1.8公斤 …………體液容積增加的量

約900公克 …………增大的乳房組織

約900公克 …………子宮

約3400公克 ………胎兒

約90cc……………羊水

約800公克 …………胎盤（連接母親與胎兒間的組織，用來運送養分及排除廢物。）

### 血液容積量增加

　　懷孕期間，母體血液系統的改變非常大。血液容積會大量增加，約比懷孕前多50％。不過，每個人增加的量並不相同。

　　血液容積量增加對懷孕非常重要，所增加的血液容積，主要是供給子宮生長需求。而這些增加的血液，並不包括胚胎的血液，因為胚胎的血流與母親的血流，是各自獨立運作的。這種分開運作的功能，能保護寶寶，使他不致因為妳改變姿勢（躺下或站立）而受到影響。這項功能也能保護寶寶，使他不至於因母親生產失血而受到傷害。

血液容積量早在懷孕的第一個三月期就已經開始增加了，在第二個三月期間增加最快，至第三個三月期漸趨減緩。

　　血液是由血漿及紅血球、白血球等血球細胞所組成，在身體的功能運作上，兩者都扮演極為重要的角色。

　　血漿與血球增加的程度不同。通常是血漿的容量先增加，然後才是紅血球數目的增加。紅血球的數目增加，使妳體內對鐵質的需求也隨著增加。

　　懷孕時，紅血球及血漿都會增加，但相較之下，血漿增加較多，但也很容易因此造成相對性貧血。如果懷孕期間貧血，妳可能會覺得很容易疲倦，或者感覺病厭厭的。（參見懷孕第22週有關貧血的內容）

##  妳的哪些行為會影響胎兒發育？

### 洗三溫暖及泡澡

　　有些婦女擔心洗三溫暖、泡熱水澡及做水療，會對胎兒造成傷害。

　　胎兒依賴母親維持正常的體溫。如果在胎兒發育的關鍵時刻，母體體溫持續升高，就可能傷害胎兒。因此，懷孕時最好不要洗三溫暖或泡熱水澡，除非有醫學證明不會對胎兒造成危險。

### 使用電毯

　　懷孕時是否可使用電毯，至今仍有爭議。有不少人反對，電毯的安全性也常受質疑，有些專家甚至懷疑電毯可能會影響健康。

　　電毯會產生低週率電磁波，發育中的

　　有人說懷孕時燙頭髮，很可能會燙不捲，對此仍無法證實，但重點是如果燙髮及染髮所產生的煙霧及氣味，會讓妳聞了不舒服，那麼最好不要染燙髮。另外，如果頭皮有傷口（受傷或洗頭抓得太用力），最好也不要燙頭髮，以免藥劑進入體內，引起不適。

胎兒和成人不一樣，胎兒對電磁波比較敏感。

　　孕婦及胎兒到底可以承受多少程度的電磁波，至今仍無定論。因此，為了安全起見，懷孕時最好不要用電毯，妳可以使用羽毛被或羊毛毯等其他寢具來取暖。

### 使用微波爐

　　許多婦女對微波爐的安全性有疑慮，擔心使用時會有輻射外洩。對忙碌的現在人來說，微波爐是很方便的烹調工具。但到目前為止，針對孕婦使用微波爐的研究報告並不多，因此無法做任何保證。

　　最早的研究指出，微波的作用對人體組織的發育，甚至胚胎組織的發育，都可能有不良影響。因此，使用微波爐時，一定要遵照使用書上的指示，不要太靠近，也不要站在爐子正前方。

## DOCTOR SAY

　　菲比有著一身古銅色肌膚。她告訴我，為了維持漂亮的古銅色，她每週都去日照艙照射日光。她想知道，懷孕後能不能維持日光照射。我告訴她，日照艙照射是否會對胎兒造成不良影響，目前醫學界尚無定論，但我還是勸她最好暫停這項活動。

## 妳的營養

　　蔬菜及水果對孕婦來說非常重要，蔬果富含各種維生素、礦物質及纖維質。只要均衡攝取，一般都能得到足夠的鐵質、葉酸、鈣質及維生素C。

　　每天至少應該吃一至兩份富含維生素C的水果及一份深綠色或深黃色蔬

菜，來補充額外的鐵、纖維質及葉酸。下文列舉常見蔬菜、水果及每份的量。

- 葡萄柚：$\frac{3}{4}$ 杯。

- 香蕉、柳橙、蘋果：1個。

- 水果乾：$\frac{1}{4}$ 杯。

- 果汁：$\frac{1}{2}$ 杯。

- 罐裝水果或煮熟的水果：$\frac{1}{2}$ 杯。

- 青花菜、胡蘿蔔或其他蔬菜：$\frac{1}{2}$ 杯。

- 馬鈴薯：1個。

- 綠色葉菜：1杯。

- 蔬菜汁：$\frac{3}{4}$ 杯。

> **苜蓿芽**
> 　　吃苜蓿芽時要特別注意。根據最近的研究報告指出，免疫系統較弱的人，吃苜蓿芽比較容易引發感染。

 ## 其他須知

### 生養兒女花費高

　　每對夫妻都想知道，生養一個孩子到底要花多少錢，以生產來說，則因妳選擇的生產方式及醫療院所而有不同。不過，大部分的費用都將由健保給付。但還有幾項問題可能需事先了解：

- 健保給付的範圍包括哪些？
- 產婦的福利有哪些？

- 剖腹產是否給付？
- 高危險妊娠的給付包括哪些範圍？
- 是否需自費？費用多少？
- 給付上限是多少？
- 健保給付是否限制病房等級、能不能選擇產兒護理中心或產房？
- 住院以前，是否要辦理什麼程序或手續？
- 懷孕期間哪些檢查有給付？
- 分娩及生產時所做的檢查是否給付？
- 分娩及生產時，哪一種麻醉方式有給付？
- 可以住院多久？
- 哪些情況或服務不給付？
- 寶寶出生後的給付包括哪些？
- 寶寶可以住院多久？
- 根據保險規定，寶寶是否還有其他額外的花費？
- 寶寶如何加入健保？

產檢及生產的費用，大部分由健保給付。詳細情形可以請教醫師、醫院及健保局。

## FOR PAPA

有些體貼的準爸爸會盡可能每次都陪太太產檢。如果做不到，你也可以問清楚每次產檢的日期及時間，多表示關心與體貼。

懷孕筆記

# 懷孕第10週　　胎兒週數：8週

如果妳才剛剛發現懷孕，你可以從前面的章節開始讀起。

## 寶寶有多大？

到了懷孕第10週，胎兒頭頂到臀部的長度約3.1～4.2公分，從本週起可以開始估量胎兒的體重。在此之前，胎兒實在還太小，無法每週去比較其體重。本週起，胎兒開始有些分量，因此體重的估量也就開始列入參考。這時胎兒約重5公克左右，大小約等於一個小西洋梨。

## 妳的體重變化

妳的改變較緩慢且不明顯，這時妳可能會開始想穿孕婦裝，但並不是非穿不可。

### 葡萄胎妊娠

如果妳在懷孕期間體重增加得又急又快，可能罹患了葡萄胎妊娠（GTN，即妊娠滋養層贅瘤，或稱水囊狀胎塊）。只要檢查孕婦血液中的人類絨毛膜性腺激素值，就能夠早期發現及診斷此症（參見懷孕第5週），並以藥物或手術來治療。

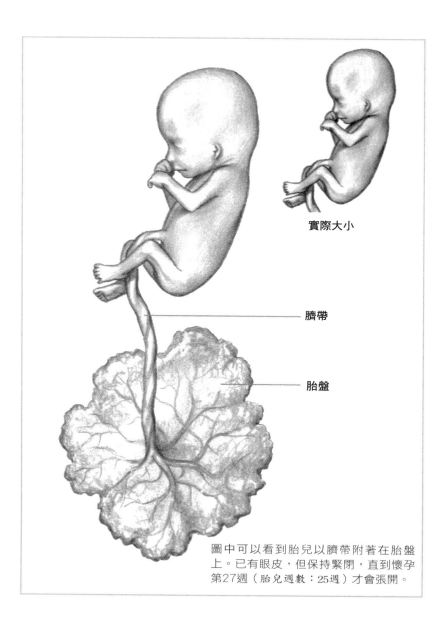

實際大小

臍帶

胎盤

圖中可以看到胎兒以臍帶附著在胎盤
上。已有眼皮，但保持緊閉，直到懷孕
第27週（胎兒週數：25週）才會張開。

發生葡萄胎妊娠時，胚胎通常就不會發育了。葡萄胎妊娠時，胎盤內的異常組織會迅速生長。最常出現的症狀，是在懷孕的前三個月出血，並出現與懷孕週數不相稱的體重過重或過輕。有一半的病例體重過重，但也有四分之一的孕婦體重過輕。此外，還伴有劇烈的噁心與嘔吐，卵巢也會出現囊腫。

診斷葡萄胎妊娠最有效的方法，就是超音波檢查，會出現有如「雪花片片」的圖樣。葡萄胎妊娠診斷多半是在檢查不正常出血，或發現孕婦體重增加過速時，才意外發現的。

確定是葡萄胎妊娠後，通常會儘快的安排子宮頸擴張及刮除術等墮胎手術。處理完葡萄胎妊娠後，最好再避孕一段時間，以確保葡萄胎細胞已經徹底消滅。多數醫師都認為，至少避孕一年，然後才可以開始準備懷下一胎。

 ## 寶寶的生長及發育

懷孕第10週，胚胎期結束，進入胎兒期。此期因三層胚層已經完成，胎兒會快速生長（參見懷孕第4週）。在胚胎時期，胚胎很容易因各種因素受影響，並直接影響到其生長及發育。大多數先天畸形都發生在懷孕期前10週。過了10週以後，就算安然度過寶寶生長發育最重要的時期。

話雖如此，還是有少數幾種畸形發生在胎兒時期。壓力或放射線（X光）等藥物及有害狀況，在懷孕期任何一個階段都會摧毀胎兒的細胞。因此，懷孕期間要盡量避免接觸這些東西及狀況。

等到10週結束，胎兒的身體及器官、系統的發育，大致已有雛形。

> 已經安然度過寶寶最重要的發育期了。

## 妳的改變

### 情緒的變化

當妳檢查完、確定懷孕之後，妳的生活可能就會開始受到影響，懷孕也可能會改變妳的期待或前途。有人覺得懷孕讓自己成為完整的女人，有人認為懷孕是上蒼的恩賜，但有人認為懷孕是個大麻煩。

懷孕會讓妳的身體經歷很大的變化。妳也許會擔心懷孕讓自己失去吸引力，擔心另一半會不再愛妳（許多男性認為，懷孕的女性反而變得更漂亮、更吸引人）。妳的伴侶會幫忙嗎？此外，穿衣服也變成一門大學問。妳還能穿著得體嗎？妳能適應嗎？

如果妳得知懷孕後並不覺得興奮，沒有關係，很多人也有同樣的感覺。也可能因為妳對未來還無法掌握，才會覺得無所適從。

將胎兒視為是一個完整個體的時間，也因人而異。有些孕婦說，從一知道懷孕，他就將胎兒視為一個完整的人；有些孕婦必須等聽到胎心音（約懷孕12週）才有此種感覺；其他人則要等感覺到胎動（約懷孕16～20週）才有這種感覺。

有時候，妳會發現自己變得多愁善感，情緒不穩定，很容易對微不足道的事情掉眼淚。事實上，懷孕期間情緒總是比較容易起伏，這些都是正常的現象。

要如何處理自己的情緒變化呢？最重要的是好好照顧自己，遵照醫師的囑咐及建議按時產檢，與醫師及醫護人員建立良好的關係及溝通。如果有任何問題或困惑，請提出來與醫師或其他人討論。

**妳的哪些行為會影響胎兒發育？**

## 疫苗與免疫

　　許多疫苗有助於預防疾病，注射疫苗也能保護妳不受感染。疫苗通常由注射或口服的方法給服。

　　婦女在注射麻疹、腮腺炎及德國麻疹三合一疫苗（MMR）時，一定要確實避孕，而且注射疫苗後，至少繼續避孕3個月。其他如白喉、百日咳、破傷風的疫苗注射也非常重要。

### 罹病的風險

　　當妳猶豫是否要休假去旅遊時，不要忘記評估這趟旅行是否會讓自己增加罹病的風險。最好能盡量少接觸各種病源，減少罹病的風險。不要到疫區，也不要接觸患者，尤其是小孩子。

　　盡量少接觸各種病源。如果無法避免或不小心接觸了，只好注射疫苗。不過，注射疫苗可能也會有不良的影響或後遺症，妳必須在罹病與疫苗的後遺症間擇一為之。

　　注射疫苗後的確實療效，以及是否會對孕婦造成傷害，兩者間

的取捨確實困難。注射疫苗是否會對胎兒造成傷害，相關的研究資料仍然不足，一般說來，利用死菌作成的疫苗比較安全。

　　孕婦絕不能接受麻疹活體疫苗注射。白喉、百日咳、破傷風三合一疫苗是懷孕期間唯一能接受的疫苗，麻疹、腮腺炎、德國麻疹三合一疫苗則一定要在懷孕前或分娩後，才能注射或給服。孕婦最好也不要輕易接種小兒麻痺疫苗，除非是高危險群才可以給服，而且只能給已死病毒製成的疫苗。

> 懷孕時，乳房可能會感覺有些刺痛或腫脹，這也是懷孕的早期症狀之一。

## 感染對胎兒的影響

　　如果孕婦罹患疾病或受到感染，也會影響到胎兒的發育。下文列舉一些感染及疾病，以及可能對胎兒造成的影響。

| 感染 | 對胎兒的影響 |
|---|---|
| 巨細胞病毒 | 小頭畸形、大腦損傷、聽覺喪失 |
| 德國麻疹 | 白內障、耳聾、心臟缺損，甚至可能影響全身器官 |
| 梅毒 | 胎兒死亡、皮膚缺陷 |
| 弓漿蟲病 | 可能影響所有器官 |
| 水痘 | 可能影響所有器官 |

### 罹患德國麻疹

　　懷孕前最好先檢查是否有德國麻疹抗體。如果懷孕後不幸罹患了德國麻疹，可能會造成流產或導致胎兒畸形。德國麻疹沒有適當的治療方法，最好的治療方法就是預防。

　　如果妳的體內沒有抗體，最好先避孕，然後趕快注射疫苗。千萬不可在懷孕前後接種德國麻疹疫苗，以免對胎兒造成莫大的傷害。

**妳的營養**

　　蛋白質提供胺基酸，胺基酸是一種非常重要的物質，能供給胚胎及胎兒、胎盤、子宮及乳房生長與修復所需。因此，懷孕時蛋白質的需要量會大增。在第一個三月期間，每天至少要攝取50公克蛋白質，在第二及第三個三月期間，蛋白質的量最好增加到每天60公克。不過，蛋白質所提供的熱量來源，最好占所有熱量來源的15％。

　　許多蛋白質來源中都富含脂肪，如果妳必須控制熱量攝取，最好選擇低脂食物，如禽肉、魚肉、紅肉、蛋、堅果、種子、乾豆及碗豆等食物。下文為常見的蛋白質食物及每份的量：

- 雞豆（鷹嘴豆）：1杯
- 鮪魚（罐裝水漬鮪魚）：約90公克
- 雞肉（烤的、去皮的）：半塊雞胸肉
- 漢堡肉（烤的，瘦肉）：約100公克
- 蛋：1個
- 牛奶：約240cc
- 花生醬：2大匙
- 乳酪：約30公克
- 優格：約240公克

> **頭好壯壯**
> 　　一般認為，膽鹼及多元不飽和脂肪酸（DHA）能夠促進胎兒及嬰幼兒的大腦發育。牛奶、蛋、花生、全麥麵包及牛肉都含有膽鹼，DHA則存在魚肉、蛋黃、禽肉、肉類、菜籽油、胡桃、小麥胚芽等食物內。如果妳在懷孕期及哺乳期間多攝取這些食物，就能幫助孩子獲得這些重要的物質。

### 懷孕時可以節食嗎？

　　懷孕時千萬不能節食減重！懷孕期應該增加體重，如果不增反減，會傷害到胎兒。前文

曾說明，整個懷孕期體重至少應該增加11～16公斤。醫師也會藉著觀察孕婦體重的增加程度，來確認妳及腹中胎兒的健康狀況。

懷孕時也不要嘗試各種減肥食物，或任意減少食物中的熱量。當然，妳也不能毫無節制的亂吃，只要保持適度的運動及適當的飲食，不亂吃垃圾食物，就能有效控制體重。

 ## 其他須知

### 絨毛膜採樣檢查

絨毛膜採樣檢查（Chorionic Villus Sampling，CVS）通常用來檢查胎兒是否有遺傳性先天畸形。採樣時機通常在懷孕早期，約懷孕9～11週之間。

這項檢查能夠檢測出胎兒是否有唐氏症等先天缺陷。與羊膜穿刺術相比，因為能在懷孕早期就做，且一週後就能得知結果，比羊膜穿刺術更安全。如果必須終止懷孕，也能夠儘早施行，對婦女也比較安全。

絨毛膜採樣檢查是經由子宮頸或腹部，利用儀器從胎盤上取下一點胎兒組織送檢。不過，這項檢查還是有危險性，也可能造成流產，因此，最好由經驗豐富的醫師來執行。

如果醫師建議妳做絨毛膜採樣檢查，最好先詢問危險性。一般而言，造成流產的機率很小，大約是1％～2％。

過去在台灣曾發生過做絨毛膜採樣，造成新生兒四肢末端缺損的情況，後來發現皆因在懷孕7、8週做的關係，現在建議懷孕10週之後才做，即不致造成缺憾了。

### 胚胎鏡檢查

胚胎鏡檢查提供直接觀察子宮內胎兒的機會，有時也可以由胚胎鏡直接看到胎兒的異常及問題，甚至可以藉由胚胎鏡直接進行子宮內的手術。

胚胎鏡檢查的目的是為了不讓病情更惡化，以免妨礙胎兒的正常發育。醫師經由胚胎鏡觀察胎兒，比使用超音波更直接且清楚。

這項檢查是將有如腹腔鏡或關節內視鏡的內視鏡由孕婦腹部置入，直接到達子宮。檢查的步驟與羊膜穿刺類似，但比羊膜穿刺使用的器具大。

如果醫師建議妳做胚胎鏡檢查，檢查之前最好先與醫師詳細討論，了解這項檢查的利弊與風險。這項檢查一定要由經驗豐富的醫師來執行，導致流產的機率約3％～4％，而且並不是每家醫院都提供這項檢查。

## FOR PAPA

你是不是也擔心懷孕時同房會傷害到胎兒。你的另一半可能也有同樣的疑問，因此不妨一起詢問醫師。只有極少數例子不能在懷孕時同房，大多數夫妻不需要有此禁忌，反而可以在此時更促進感情及發展親密關係。

懷孕筆記

##  寶寶有多大？

　　本週，胎兒頭頂到臀部的長度為4.4～6公分，胎兒體重約8公克。胚胎的大小，約等於一顆大檸檬。

##  妳的體重變化

　　這段期間，胎兒的變化非常大，妳的改變卻漸趨和緩。懷孕的第一個三月期即將結束，這段期間，妳的子宮跟胎兒一起成長，子宮幾乎充滿骨盆腔，妳或許可以在下腹部恥骨上方中央摸到子宮。

　　此時還不會感覺到胎動。如果妳有胎動的感覺，應該是腹部的脹氣，或是少算了幾週的懷孕時間。

##  寶寶的生長及發育

　　胎兒的生長非常快，從頭頂到臀部的長度，在未來三週裡將加倍成長。參見131頁圖示，妳可以發現胎頭幾乎占了身長的一半。

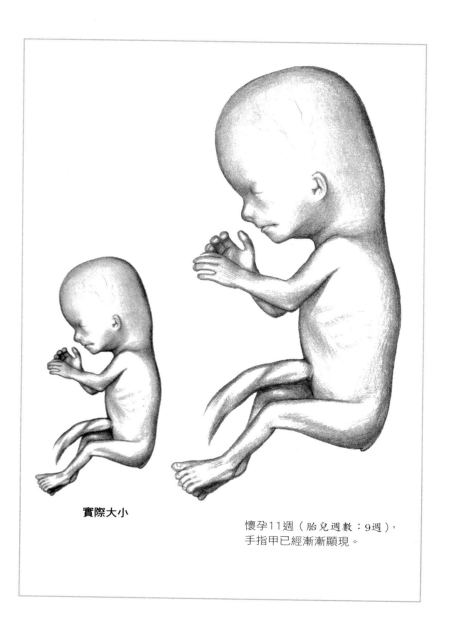

**實際大小**

懷孕11週（胎兒週數：9週），
手指甲已經漸漸顯現。

胎頭伸展時（即頭頂向後仰），下巴會從胸部抬起來，脖子也會伸展變長。手指甲也已經看得見了。

胚胎的外生殖器開始顯現特徵，3週內就可見分曉。如果不幸流產，也可以辨認出胚胎的性別。

所有胚胎一開始都極為類似，胚胎性別則早在受孕的一剎那，就已經由精子所攜帶的基因決定了。

## 妳的變化

懷孕後，有些婦女會感覺自己的頭髮、手指甲及腳趾甲發生變化：有些人覺得頭髮和指甲長得很快，有些人會掉頭髮。不過，並非每個人都會有這種感覺，如果有也不必擔心。

醫師認為，懷孕時會感覺頭髮及指甲快速生長，可能是體內新陳代謝速度加快的緣故，也可能是孕婦體內的荷爾蒙分泌改變所造成。也有醫師認為，這些變化是頭髮及指甲的正常代謝。不論如何，這些變化都只是暫時性的，不必處理。

## 妳的哪些行為會影響胎兒發育？

### 懷孕時旅行

旅行會不會影響到胎兒，是孕婦常問到的問題。如果懷孕過程正常，也不是高危險妊娠，旅行通常是安全的。不過最好在買機票及確定行程之前，先到醫院產檢比較好。

不論是搭乘汽車、巴士、火車或飛機，最好每2個小時站起來活動一下，並且定時去洗手間。

懷孕時旅行最大的危險，在於如果有突發狀況，沒有熟識的醫師及病歷在旁。如果妳確定要旅行，一定要有周全的計畫，不要太疲累，凡事放輕鬆。

如果妳計劃懷孕時搭乘飛機旅行，下列事情，最好牢記在心。

- 少長途飛行，因為長程飛機上氧氣較稀薄，會讓妳及胎兒的心跳增加，胎兒吸收的氧氣也會減少。
- 如果原本就有點水腫，最好穿上寬鬆的衣服及鞋子。事實上，這項建議適用於所有長途旅行者。不要穿褲襪、緊身衣、及膝的襪子或長統襪，也不要穿束腰的衣物。
- 如果需要的話，可以點選特別餐，如低鈉餐或素食。
- 在機上最好補充大量水分。
- 飛行途中多起身活動筋骨，最好每小時走10分鐘。至少要站起來動一動，以促進體內循環。
- 最好要求坐在走道邊靠近盥洗室的位置，以免妨礙他人。
- 小心機場內的X光掃描機。

## 懷孕時的乘車安全

有許多婦女會擔心，懷孕時開車或坐車時繫上安全帶，是否安全。事實上，如果懷孕過程正常，自己的感覺也不錯，懷孕時一樣能開車。

許多婦女擔心，懷孕時開車及繫安全帶會傷害到胎兒。下文是不繫安全帶常用的藉口及我們的答覆。

「繫上安全帶會傷害到寶寶。」沒有證據顯示，繫安全帶會傷害胎兒及子宮。繫安全帶所挽救的性命，遠勝於不繫安全帶所造成的傷害。事故發生時，如果安全帶能挽救妳的性命，遠勝對胎兒造成傷害還重要。

「如果車裡起火，我不希望被安全帶綁住而無法逃生。」事實上，車禍引發汽車著火並不多見，即使起火燃燒，只要神智清楚，妳還是可以解開安全帶逃生。在車禍死亡的例子中，高達25％是因為被彈出車子而摔死，所以還是應該繫上安全帶。

「我是個好駕駛。」自我辯解或許不是壞事，但對避免發生車禍卻沒有好處。

「我只去附近，距離很短，不需要繫安全帶。」大多數車禍，

都發生在離住家40公里的範圍內。

關於孕婦使用安全帶的研究並不多，美國加州某一項研究顯示，孕婦中只有14％會繫上安全帶，未懷孕的婦女則有30％會繫安全帶。事實上，不論是前座或後座的安全帶，都能維護孕婦安全，因此，為了自己及胎兒的安全，最好一上車就繫上安全帶。

**孕婦正確繫安全帶的方法**
　　正確繫安全帶的方法如下：將安全帶繞過胸前及大腿上方，繫上，並將安全帶調整到鬆緊合身及舒適的範圍。然後調整座椅，不要讓經過妳肩膀橫越胸部的安全帶卡在頸部，並將之置於乳房中間的位置。安全帶不可以太鬆，否則會從肩膀滑下。如果帶子太長，將它調整到適當的長度。

 ## 妳的營養

　　碳水化合物能提供胎兒發育所需要的大部分熱量，也能讓妳體內蛋白質的利用更有效率。碳水化合物種類很多，所以妳可以很容易就攝取足夠的分量。下文是常見的碳水化合物及每份的量：

- 玉米粉薄烙餅：大的1個
- **麵條、麥片或米飯**：半碗
- **沖泡式麥片**：約30公克
- **貝果**：半個
- **麵包**：1片
- **麵包捲**：中等大小1個

## 其他須知

### 懷孕期超音波檢查

　　本週，醫師可能會和妳討論超音波檢查。當然，妳也可能已經做過了。超音波檢查是評估懷孕狀況時最方便的方式。雖然有些醫師並不贊成超音波檢查，也不認為每位孕婦都需要做這項檢查，但事實上，超音波檢查確實對醫師助益良多，對孕婦健康的維護也貢獻卓著。超音波檢查最大的好處，在於它不具侵襲性且安全，到目前為止，還沒有發現會對胎兒造成任何傷害。

　　超音波檢查使用高頻率的聲波掃描，然後藉著電能轉換器將之轉換為影像。使用前，先在皮膚抹上一層潤滑劑，以滑潤掃描器與皮膚間的接觸。然後，將掃描器放在腹部子宮上方的位置，掃描器向腹部到骨盆腔發射聲波，聲波碰觸組織後，直接反彈回掃描器。這種反射作用，與飛機或船隻使用的聲波原理相同。

　　不同組織所反射的聲波各不相同，醫生可以藉此分辨，甚至可看出胎兒肢體的動作，因此可藉由超

> 做完超音波檢查後，醫師可能會給妳一張胎兒的影像照片，有些醫院或診所甚至還會提供胎兒的錄影帶。如果妳想要這些東西做紀念，可以在檢查前先告訴醫師。

音波詳細觀察胎兒的活動、心跳或其身上某個部位的動作。其實早在懷孕5或6週，就可以藉由超音波看到胎兒的心跳了。在懷孕6週時（胎兒週數4週），胎兒軀體及四肢的動作，已清晰可辨了。

　　在超音波檢查之前，通常會要求妳脹尿，因此會先讓妳喝許多水。因為膀胱位於子宮的前面，當膀胱排空時，子宮深藏在骨盆腔內，較不易看見，而且骨頭會阻斷超音波的訊號，使得影像難以辨認及解釋。膀胱脹滿時，子宮會由骨盆腔浮升出來，比較容易看得見。

　　有的醫療院所甚至還提供3D立體影像的超音波檢查，能更清楚見到胎兒，影像清晰的程度，就像是直接為胎兒照的相。檢查步驟大致相同，只是運用電腦軟體將影像轉換成3D立體影像，多半

## 超音波檢查

**醫師可能會因為下列原因而進行超音波檢查：**

- 於懷孕初期，確定是否懷孕。
- 顯示出胎兒大小及生長速度。
- 確認是否是多胎妊娠（如雙胞胎甚至多胞胎）。
- 測量胎兒的頭圍、腹圍及股骨的長度，來判斷懷孕的階段。
- 偵測胎兒是否罹患唐氏症。
- 偵測胎兒是否有水腦症或小頭畸形等先天畸形。
- 偵測胎兒的器官是否異常，例如腎臟或膀胱是否畸形。
- 計算羊水的量，以判斷胎兒是否健康。
- 確認胎盤的位置、大小及成熟度。
- 偵測胎盤是否異常。
- 偵測子宮是否異常或長瘤。
- 找到子宮內避孕器的位置。
- 診斷流產、子宮外孕及正常懷孕等狀況。
- 在做羊膜穿刺術、臍帶血採樣及絨毛膜採樣檢查時，導引醫師選擇正確的穿刺位置。

是懷疑胎兒有先天畸形時才使用，以方便醫師更清楚檢視。

　　陰道超音波檢查則是使用陰道探頭進行檢查，常用於懷孕初期，可以很容易觀察到胎兒及胎盤。探頭置入陰道後，可以另一種角度來觀察懷孕的過程。這種檢查不需要脹尿。

　　有些夫妻會要求做超音波檢查，以得知孩子的性別。如果胎兒的位置適當，生殖器也發育完成，胎兒的性別就很容易辨別。雖然超音波檢查並沒有什麼危險，但醫師並不贊成只為了判斷胎兒性別而做超音波檢查，因為有些孕婦檢查出不是自己想要的性別，就去做人工流產，或者不肯好好地注意營養，造成胎兒發育不良。

## FOR PAPA

　　除了害喜、頭痛、愈來愈粗的腰圍以外，懷孕確實是一項奇蹟！懷孕及生兒育女只有在生命的某段黃金時間內才能完成，等你回顧這段為人父母的時光，你可能會覺得「還不算太糟」。正因為如此，人們才會歡喜地面對懷孕生子一事。

# 懷孕第12週　　胎兒週數：10週

*Week*

 **寶寶有多大？**

此時胎兒重8～14公克，頭頂到臀部的長度約6.1公分。由139頁圖示，可發現寶寶過去3週幾乎長大了一倍，胎兒的身長也比體重更容易估算。

 **妳的體重變化**

到了12週末，子宮已經大到無法再藏身骨盆腔了。妳自己也能感覺到子宮已經由骨盆腔移到了恥骨上方。懷孕時，子宮的生長能力令人驚異，可以邊長大邊往上升，直到充滿整個骨盆腔及腹部。分娩後又能在幾週內，迅速恢復到原來的大小。

懷孕前，子宮幾乎是實心的，容積約只有10cc或更少。懷孕後，子宮壁會變得非常薄，卻強而有力，能容納胎兒、胎盤及羊水，容積足足增加500～1000倍。子宮的重量變化也很大，**寶寶出生後，子宮幾乎重達約1100公克**，比起懷孕前的70公克，真可謂天壤之別。

在懷孕的前幾個月，雌激素及黃體激素的刺激，促使子宮壁改

變。到了懷孕後期，胎兒及胎盤的快速成長，會讓子宮壁繼續伸展變薄。

## 寶寶的生長及發育

　　本週胎兒體內的構造都已大致完成，不過仍需繼續發育及成長。

　　懷孕12週左右產檢時，妳應該已經聽得到胎兒的心跳了。產檢時，醫生會利用都卜勒胎心音計（不是聽診器），將胎兒的心跳聲放大，使妳能清楚聽到胎兒的心跳。

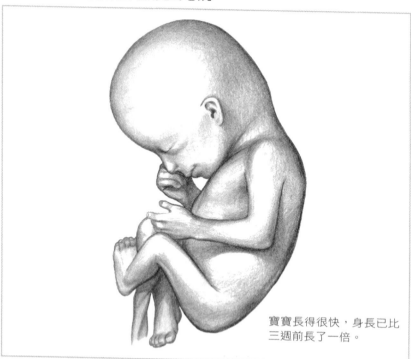

寶寶長得很快，身長已比三週前長了一倍。

此時，胎兒骨骼系統的大部分骨頭中心都開始骨質化（鈣化）。手指、腳趾開始分開，手指甲及腳趾甲也長了出來。身體表面看得見稀疏的毛髮。外生殖器特徵開始出現，可以分辨出性別。

消化系統（小腸）開始有收縮的動作，能將腸道內的食物往前推進，並有吸收糖分的能力。

位於寶寶大腦基部的腦下垂體，也在此時開始製造荷爾蒙。荷爾蒙是一種化學物質，由身體某一個部位分泌，經過血液循環運行，作用在身體的另一個部位上。

胎兒的神經系統也持續發育。他在子宮裡會動來動去，不過妳還感覺不到。如果此時刺激胎兒，他就可能會眯眼、張嘴、動動小指頭或腳趾頭。

羊水的量也持續增加，總量約50cc。此時羊水與母親的血漿很類似（不含血球細胞的血液），但蛋白質含量較少。

 **妳的改變**

由於害喜的現象已經改善，妳可能會覺得比較舒服。這段期間，可能是懷孕期感覺最舒適的時候，而且體型還不至於太臃腫，仍活動自如。

妳可能已經開始穿孕婦裝了。第一次懷胎的孕婦，可能還穿得下平常的寬鬆衣物，如果不是第一胎，可能早就穿上寬鬆舒適的孕婦裝了。

除了腹部開始隆起以外，身體的其他部位可能也開始變大。乳房漸漸變大，有時甚至會有點脹痛。臀部、大腿及側腰，也開始變胖。

## 妳的皮膚

### 皮膚的改變

懷孕時，妳的皮膚也會發生變化。許多孕婦的腹部中線會變黑或呈棕黑色，這一條黑色的直線，稱為妊娠黑線。

有時候，孕婦臉上及頸部，會出現褐斑（或稱妊娠斑），這是一塊不規則形狀的褐色斑塊。分娩後，這些黑斑就會消失不見或淡化。不過，服用避孕藥也常會產生類似的色素沉澱。

血管蜘蛛痣（又稱毛細管擴張或血管瘤）是一種小小的皮膚隆凸，外觀呈紅色，內有血管分支，一直延伸到皮膚的表面。懷孕時，有65%的白人婦女及10%的黑人婦女會出現這種症狀。

類似情形也發生在手掌，稱為手掌紅斑，約65%的白人孕婦及35%的黑人孕婦會出現。

血管蜘蛛痣及手掌紅斑通常會一起出現，但多半是暫時性的，分娩以後，通常就會迅速消失，主要是懷孕引起的雌激素量增加所導致。

### 妊娠紋

孕婦常會在腹部、胸部、大腿及臀部等部位出現妊娠紋，但程度各不相同。有人懷孕早期即出現，有人懷孕後期才出現。等到孕程結束後，妊娠紋也會褪色，回復到與周圍皮膚相同的顏色，但不會完全消失。

許多婦女都想知道，懷孕時要怎麼處理這些妊娠紋以避免惡化，甚至可以避免。最近有些新療法似乎有點效果。妳可以將Retin-A（維生素A酸）或Renova這兩種藥膏與乙醇酸併用，效果不錯。在美國，Retin-A與Renova需要醫師處方，皮膚科醫師可以開乙醇酸處方。Cellex-A與乙醇酸併用，對妊娠紋的外觀也有改善作用。當然，最有效的治療方法就是雷射治療，但是雷射治療所費不貲，而且仍要與上述藥物一起使用。上述療法，都必須在分娩後進行。如果懷孕時使用hydrocortisone或topicort等含類固醇軟膏來

治療妊娠紋，藥物會被皮膚吸收，直接進入胎兒體內，影響胎兒發育。因此，未經醫師許可，千萬不要在懷孕時使用這些軟膏。

## 皮膚的贅疣及黑痣

懷孕會讓皮膚上的贅疣及黑痣產生變化或變大。贅疣又稱皮角，是長在皮膚上的塊狀小組織，可能懷孕後才出現，也可能原本就有，但懷孕會變得更大。黑痣也是一樣，可能在懷孕後才出現，也可能是原有的痣，因懷孕變得更黑更大。不過，黑痣如果發生變化，最好還是請醫師檢查。懷孕前後出現的任何異常，最好都請醫師檢查一下。

## Accutane的使用

有些人懷孕時，臉上的痤瘡（青春痘）有改善的跡象，但不是每個人都如此。

Accutane是最常用來治療青春痘的藥品，但懷孕時千萬不能使用，如果在懷孕的前三個月使用，會使流產及產下畸胎兒的比例大增。

> ### 搔癢
>
> 搔癢症（孕婦搔癢症）是懷孕期常見的另一種症狀。皮膚沒有隆起，也沒有病灶，只是單純發癢。約20%的孕婦會在懷孕期出現搔癢的現象，尤其在懷孕的最後幾週更常發生，不過，懷孕期的任何時間，也都可能會出現搔癢。這種症狀與懷胎幾次無關，每次懷孕都可能出現搔癢症，但對妳或胎兒都無害。服用口服避孕藥的婦女，也常發生搔癢的現象。
>
> 對於搔癢的治療，可以使用抗組織胺劑，也可以塗抹含有薄荷及樟腦的藥水。此外，無需其他治療。

如果已經懷孕或準備懷孕，千萬不要使用Accutane。如果必須服用，記得一定要避孕。

## Retin-A

Retin-A和Accutane不同。Retin-A常製成乳液及面霜，用來治療青春痘及除去臉上的皺紋。如果妳已懷孕，絕對不要用含有Retin-A的藥品。目前雖然沒有足夠數據，證明這種藥物不會傷害

胎兒，但可以確認的是，不論口服、鼻腔吸入、血管注射或局部使用（塗抹或噴灑在皮膚上），這些藥都會進入妳的血液，進而到胎兒體內。媽媽服用的藥物，有些也會堆積在胎兒體內。母體內的這些物質可以很容易的排除及處理，但胎兒無法將之處理及排除。如果這些物質在胎兒體內積聚，就會嚴重影響胎兒的生長及發育。未來對這種藥物造成的影響，可能會有更深入的了解，而今，為了胎兒的安全，最好還是避免使用。

### 類固醇軟膏及藥膏

　　懷孕時，有些情況可能會需要以含有類固醇的乳霜或藥膏來治療，在塗抹任何藥膏之前，最好先問過產科醫師。

## 妳的哪些行為會影響胎兒發育？

### 懷孕時受傷

　　約有6％～7％的孕婦曾經受傷，其中約66％發生車禍，34％跌倒或遭受攻擊、施暴，所幸九成以上都只是輕微的傷害。

　　如果妳在懷孕時受傷，除了立刻接受緊急醫療照顧及處置外，還必須照會急診創傷科醫師、一般外科醫師及婦產科醫師。大多數醫學專家認為，孕婦在發生意外後的幾個小時應該留院觀察，才有足夠時間觀察胎兒是否有異狀。情況嚴重時，甚至還需要住院做長時間的監控。

## 妳的營養

　　有些婦女認為懷孕時，應該增加熱量攝取，還認為可以盡情享用所有想吃的食物，這其實是個錯誤的觀念。懷孕時如果不加節制大吃大喝，會使妳及胎兒體重大增，不僅會增加懷孕時的負擔及分

娩的困難，產後也很難恢復苗條的身材。寶寶出生後，大多數婦女都希望能盡快恢復身材，再穿上原先的衣服。如果體重增加過多，這個願望將更不容易實現。

## 垃圾食物

妳吃垃圾食物嗎？是否一天吃好幾次？妳正好可以藉著懷孕，戒掉這個不好

> 如果腹瀉持續24小時以上，或時好時壞、反覆拉肚子，最好立刻去看醫師，不要自己服藥治療超過24小時。

的習慣。懷孕後，妳的飲食習慣不只影響到妳自己，還會嚴重影響到腹中的胎兒。如果平常不吃早餐，或以罐裝食物解決午餐，然後以速食打發晚餐，都會危害到妳及胎兒的健康。

當妳了解自己的行為會影響到胎兒健康時，吃些什麼及什麼時候吃都是很重要的事。攝取適當的營養將成為妳生活的一部分，不過別擔心，習慣成自然。如果妳是職業婦女，可以帶健康的食物作為午餐或點心，盡量少吃速食或垃圾食物。（參見363頁健康營養的點心介紹）

## 睡前點心

睡前吃點有營養的點心，對有些孕婦或許有幫助，然而對大多數孕婦而言並無必要。如果妳習慣在睡前吃冰淇淋或糖果，產後就

必須為了減去多餘的體重傷透腦筋。如果睡覺時胃裡還有食物，會容易溢胃酸，

> 與其吃營養價值不高的洋芋片或餅乾，不如選擇水果、乳酪或抹上少許花生醬的土司，後者既能讓妳有飽足感又能補充營養。

甚至出現噁心或嘔吐的現象。

## 脂肪及甜食

除非妳想額外增加體重，否則要小心含脂肪的食物及甜食。許

多食物熱量很高，營養價值卻很低，要小心攝取。與其吃營養價值不高的洋芋片或餅乾，不如選擇水果、乳酪或抹上少許花生醬的土司，後者既能讓妳有飽足感又能補充營養。下文是常見的脂肪食物及甜食，以及每一份的量：

- **糖或蜂蜜**：1大匙
- **油**：1大匙
- **瑪琪琳（人造奶油）或奶油**：1小塊
- **果醬**：1大匙
- **沙拉醬**：1大匙

 ## 其他須知

### 第五疾病

第五疾病是由人類小DNA（去氧核醣核酸）病毒B19所引起的傳染性紅斑，因屬於兒童第五大疾病而得名。這是一種由飛沫傳染，屬於輕微到中等程度的疾病，可在教室或托兒所快速散佈。

這種疾病會在臉頰留下有如被人掌摑的紅疹，紅疹會反覆發生及消退，持續2～34天，目前無法治療。

這種病毒會對孕婦造成嚴重的影響，因為它會干擾孕婦及胎兒製造紅血球。如果妳懷疑自己可能感染了第五疾病，最好告訴醫師，抽血檢驗是否血中含有病毒。如果血中沒有病毒，醫師會繼續觀察，確認胎兒有沒有出現問題。有些胚胎時期的問題，可以在出生前治好。

FOR PAPA

本次產檢可能就聽得到胎心音了。如果你無法陪同檢查，可以請太太錄音。

# 懷孕第13週　　胎兒週數：11週

## Week

 **寶寶有多大？**

　　妳腹中的胎兒，此時生長迅速，從頭頂到臀部的長度為6.5～7.8公分，重13～20公克，大小有如一顆桃子。

 **妳的體重變化**

　　此時妳的子宮也快速變大。妳可以在下腹部及恥骨上方摸到子宮的上緣，也就是肚臍下方約10公分的地方。懷孕12～13週時，子宮已經充滿骨盆腔，並開始上升到腹腔內。子宮摸起來，就像一顆柔軟光滑的球。

　　本週，妳的體重可能稍有增加，不過，如果妳有害喜或厭食的現象，體重可能不會增加太多。等到害喜現象減輕後，胎兒的體重就會開始迅速增加，妳的體重也會開始增加。

## 寶寶的生長及發育

本週起的24週，胎兒會迅速成長。現在寶寶的身長比起懷孕第七週，整整大了一倍。事實上，在過去的8～10週裡，寶寶已經迅速增重了不少。

有趣的是，胎頭的生長速度漸漸比身體其他部位慢。懷孕第13週時，頭的長度約占頭頂到臀部全長的一半；到了第21週，頭的長度只剩下身體的三分之一了；出生時，寶寶的頭長更只剩下身體的四分之一。胎頭生長的速度減緩時，身體的長度則急速追趕上來。

此時，胎兒的臉愈來愈像人類：眼睛原來長在頭的兩側，現在也漸往臉部集中，耳朵也回到正常的位置。外生殖器已充分發育，如果此時產檢，就能夠清楚分辨性別。

原本腸子會在胎兒肚臍部位膨出，此時也會逐漸縮回胎兒的腹腔。如果腸子無法自行縮回腹腔，胎兒出生時就會出現臍膨出這種先天畸形，所幸發生率僅萬分之一，並可開刀修復，預後情形也很好。

## 妳的改變

妳的腰消失了，必須開始穿寬鬆舒適的孕婦裝了。

## 妳的乳房

### 乳房的變化

妳可能開始注意到乳房發生變化了。（參見下頁的圖解）

乳房是由許多腺體、結締組織（用來支撐乳房）及脂肪組織（用來保護乳房）所組成，乳腺管連接乳囊及乳頭。

懷孕前，乳房約重200公克左右。懷孕時，乳房的尺寸及重量

都會增加。等到懷孕末期接近分娩時，每一側乳房的重量可達400
～800公克。如果親自哺乳，每邊乳房的重量更可達800公克甚至
更重。

女性乳房的大小及形狀並不相同。乳房組織通常由手臂下方往
前伸展，乳腺構成乳房，並經由乳腺管通達乳頭。每個乳頭裡有神
經末梢、肌肉纖維、皮脂腺、汗腺及約20個乳腺管。

乳頭周圍有一圈環狀、深色的皮膚組織，稱為乳暈。懷孕前，
乳暈通常呈粉紅色，懷孕後及哺乳期，乳暈就變成了棕色或紅棕
色，範圍也會擴大。有人認為，深色的乳暈能吸引襁褓中的嬰兒找
到乳汁的來源。

懷孕期乳房會產生許多變化。剛懷孕的前幾週，乳房通常會有
些刺痛或漲痛，這些是常見的懷孕徵兆。懷孕8週後，乳房會開始
變大，而因腺體及乳腺管的發育，乳房摸起來似乎有結節或凹凸不
平。開始變化後，乳房的皮膚會變薄，皮膚下靜脈清晰可見。

到了懷孕的第二個三月期，乳房會開始分泌黃色的稀薄液體，
這就是初乳。如果擠壓或按摩乳房，初乳就會由乳頭流出來。乳房
愈長愈大時，有時也會出現和腹部一樣的妊娠紋。

胎兒6週大時，乳腺也開始發育，出生時乳腺管也發育完成。
新生兒乳房通常有點腫脹，有時甚至會分泌乳汁。不論是男嬰或女
嬰都會發生這種情況，這是母親所分泌的雌激素所致。

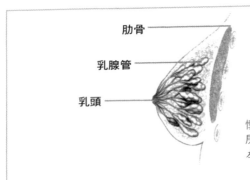

肋骨

乳腺管

乳頭

懷孕第一個三月期結束時，乳
房的發育及變化（懷孕第13週
左右）。

### 發現乳房腫塊

　　不論是否懷孕，能夠盡早發現乳房腫塊都是最重要的事。每位婦女都應該盡早學習如何自我檢查乳房，最好能定期檢查（建議在每次月經過後）。據統計，九成以上的乳房腫塊，都是婦女自己檢查出來的。

　　醫師也會在每年妳做子宮頸抹片檢查時，順便安排乳房檢查。如果每年的乳房檢查結果都正常，至少就可以排除懷孕前就有腫塊的疑慮了。

　　懷孕時，如果乳房產生腫塊，可能就不容易發現或會受到耽誤。懷孕及授乳時乳房持續充盈，腫塊更容易藏身在乳房組織裡。

　　乳房檢查通常安排在懷孕期某些特定時段，如第一次產檢。但如果當時乳房特別容易感覺觸痛，不妨請醫師將這項檢查延後。

　　懷孕後的乳房自我檢查與懷孕前相同，最好每四、五週檢查一次，妳可以找個好記的日子，例如每個月1日，固定做紀錄。

### 乳房腫塊的檢驗

　　乳房的常規檢查，通常由醫師或自己進行。其他檢查則包括乳房的X光攝影及乳房超音波檢查等。

　　如果常規檢查時發現乳房有腫塊，可能要進一步做超音波或乳房X光攝影等檢查。乳房X光攝影是使用X光，因此必須嚴密保護胎兒，通常要穿腹部鉛衣。

　　目前雖然不能證明懷孕會促使乳房腫塊加速成長，但懷孕引起的乳房變化，確實會增加診斷上的困難。

### 懷孕期乳房腫塊的治療

　　一般說來，乳房囊腫多半可用引流或針吸法，將液體取出送到病理檢驗室做更一步檢驗，檢查是否有不正常的細胞及組織。如果無法用針吸或引流來處理，就必須做切片檢查。如果吸出的是清澈的液體，大多沒什麼大礙。如果含血絲或有膿液，就一定要送病理檢驗科以便檢驗。

如果檢驗證實是癌症，必須在懷孕期間開始進行化學治療、放射線治療及藥物治療（如切片時所接受的麻醉藥或止痛藥等）等治療，這些治療都容易對胎兒造成後遺症。如果證實是惡性乳房囊腫，就必須考慮做放射線治療或接受化學治療，即使懷孕也應如此。

## 妳的哪些行為會影響胎兒發育？

### 懷孕後繼續工作

現在社會，許多女性都有工作，甚至懷孕後也繼續上班。以下是上班族最常問醫師的問題：

「懷孕後上班是否安全？」

「生產前我能繼續上班嗎？」

「如果我繼續上班，會不會有危險？會不會對胎兒造成傷害？」

由於國內有一半以上的婦女是工作族或正在找工作，因此，超過100萬個寶寶的母親是全職或兼職的上班族。這些婦女，或多或少都曾擔心職業的安全及健康。

在台灣，勞基法規定產假為8週（含假日），產假期間工資照領；至於公務人員則另有規定。

### 懷孕後繼續工作的危險性

哪些工作會對懷孕造成什麼危險，目前並不十分清楚。甚至在許多案例中，也沒有足夠資訊得知到底是哪些特殊的物質傷害了胎兒。

因此，我們只好盡量保護繼續工作的孕婦及胎兒，避免他們受到傷害。一般說來，懷孕正常的婦女從事一般性的事務工作，懷孕期間較無問題。不過，最好能在原先的工作分量及性質上稍做調整或修正，例如盡量減少站立的時間。研究顯示，孕婦以同樣的姿勢長久站立，比較容易早產或產下體重較輕的胎兒。

懷孕時，最好能跟醫師及雇主充分合作。不過，如果有早產跡象或出血，就必須遵從醫師的指示。最好能隨著孕程，逐步減少工作時數或減輕工作分量。懷孕時，如果工作讓妳太過勞累，對妳及孩子不但沒有好處，還容易引起併發症。

## 妳的營養

咖啡因會刺激中樞神經系統，咖啡、茶、可樂及巧克力等飲料都含有咖啡因。研究顯示，孕婦對咖啡因的刺激更為敏感。有些藥物也含有咖啡因成分，特別是用來減肥的輔助藥或治療頭痛的藥物等。二十多年來，美國食品及藥物管制局一直建議孕婦不要接觸咖啡因，因為到目前為止，還沒有發現咖啡因對孕婦及胎兒有好處。

孕婦如果一天喝4杯咖啡（含400毫克的咖啡因）以上，新生兒可能體重過低或頭圍較小。有些研究人員則認為，流產及早產也與咖啡因的攝取有關。

除了不喝咖啡，最好也不要吃含咖啡因的食物。因為咖啡因能通過胎盤，直接

> 懷孕期間，如果不想接觸咖啡因，就必須詳細閱讀食物上的標籤。200種以上的食物、飲料及成藥，都含有咖啡因成分。

到胎兒體內，也會影響妳及胎兒體內對鈣的代謝。如果咖啡因會讓妳神經過敏、緊張不安，也會對腹中的胎兒造成同樣的不良影響。咖啡因的量如果增加，也會使新生兒的呼吸系統出現問題。咖啡因還會進入母乳中，吃了含咖啡因母乳的嬰兒，會有躁動不安、無法安眠的現象。此外，嬰兒對咖啡因的代謝比較慢，因此容易積聚在體內。

咖啡因會使孕婦興奮過度、頭痛、胃不舒服、失眠及緊張。如

果孕婦也吸菸，更會加重咖啡因的刺激作用。

因此，最好限制咖啡因的攝取量。購買成藥時，也應該詳細閱讀藥品成分。

專家大多認為，每天的咖啡總量，不應超過兩小杯（不是馬克杯）。咖啡因的攝取量，每天不要超過200毫克。日常飲食，也盡量避免含有咖啡因，對胎兒比較健康，妳也會覺得比較舒適。下文為常見的含咖啡因食物及咖啡因含量：

- 咖啡（約150公克）：60～140毫克
- 茶（約150公克）：30～65毫克
- 烘烤巧克力（約30公克）：25毫克
- 巧克力糖（約30公克）：6毫克
- 清涼飲料（約360cc）：35～55毫克
- 止痛藥（一般劑量）：40毫克
- 過敏藥及感冒藥（一般劑量）：25毫克

 **其他須知**

### 萊姆症

萊姆症是一種由壁蝨傳染給人類的疾病。這種疾病的進展，分為幾個階段。被咬後，約有80％的病患會出現一種特殊的皮膚病變——牛眼，接著會出現有如流行性感冒的症狀，4～6週後症狀加劇。

發病初期，即使驗血也無法診斷萊姆症，若病症持續，就可藉由驗血來診斷了。

萊姆症會通過胎盤，不過，會對胎兒造成哪些影響仍是未知，研究人員正在盡力找出答案。

治療萊姆症需要長期服用抗生素，有時還需要經靜脈注射抗生素藥物，其中某些藥物適用於孕婦。

　　盡可能避免接觸萊姆症的感染源，例如少進入濃密的樹林等可能有壁蝨的地方，如果無法避免，盡量穿著長袖上衣、長褲、長襪及靴子，最好加上圍巾及帽子。還要記得檢查頭髮，壁蝨常會藏身其中。此外，袖摺、褲縫及口袋等部位，也容易藏匿壁蝨。

FOR PAPA

　　散步、游泳都是適合陪著孕婦一起做的運動。

## 第二個三月期紀要

下一次產檢時，要提出來跟醫師討論的問題：

_____

_____

_____

第二個三月期所要完成的目標（調整哪些生活或運動習慣）：

_____

_____

_____

要跟配偶討論的題（如何照顧孩子、管教孩子、餵母乳或牛奶）：

_____

_____

_____

我對懷孕、分娩、寶寶及如何做個稱職父母的看法：

_____

_____

_____

_____

## 其他想法：

- 寫一封信給孩子。
- 記錄妳的夢想。
- 寶寶降臨後，妳的未來可能會有怎樣的改變？寫下來。
- 記錄現況。例如妳身體的改變、住在哪裡、哪些人給了妳不少幫助。寫下自己的感覺。

# 懷孕第14週　　胎兒週數：12週

Week 14

## 寶寶有多大？

　　本週，胎兒頭頂到臀部長8～9.3公分，大小有如拳頭，重約25公克。

## 妳的體重變化

　　這個時候孕婦裝已經是必需品了。雖然有些孕婦藉著不扣釦子或不拉拉鍊，仍然穿原來的衣服，下半身則穿鬆緊帶的褲子，或用安全別針別著褲頭。有些人則是穿上配偶的衣物，但這種情形其實維持不了太久，因為妳會繼續變胖。如果妳穿上寬鬆的孕婦裝，不僅肚子可以伸展，妳也會感覺舒適。

　　至於身體對於肚子快速變大的反應，端看前一胎的經驗，以及這次的適應程度而定。妳的皮膚及肌肉會伸展開來，以便容納子宮、胎盤及胎兒，這些變化會造成部分永久性的改變，以便日後更容易容納快速生長的子宮及胎兒。

**寶寶的生長及發育**

　　妳可以參考本頁的圖來了解寶寶的成長。本週胎兒的耳朵已經由頸子兩側移到頭部的兩側。眼睛也慢慢由頭的兩側移到臉的前方。脖子也持續拉長，下巴不再垂在胸前。

　　胎兒的性器官持續發育，特別是外生殖器，現在已經可以輕易由外觀辨認出性別。

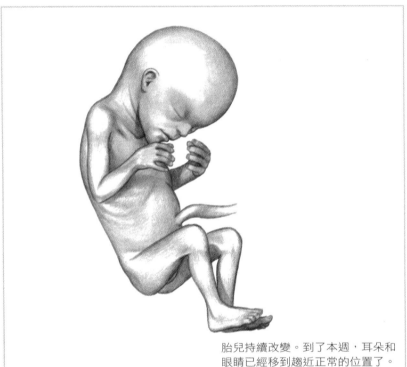

胎兒持續改變。到了本週，耳朵和眼睛已經移到趨近正常的位置了。

## 妳的改變

### 痔瘡

　　孕婦及產婦常為痔瘡所苦。痔瘡是指肛門周圍及內部血管擴張及腫脹的現象。因為懷孕時，子宮周圍及骨盆腔內的血流會增加，子宮也愈來愈重，更容易造成血管充血或血流阻塞，形成痔瘡。懷孕愈近後期，痔瘡可能就會愈嚴重，它也會隨著懷孕次數增多而一次比一次嚴重。

　　治療痔瘡必須攝取足夠的纖維素及大量喝水，並盡量避免便祕，因為便祕會使痔瘡惡化。此外，可以服用藥房買來的軟便劑以避免便祕，也可以利用熱水坐浴及肛門塞劑等療法。只有非常少數的病例，必須在懷孕期間開刀治療。

　　分娩後，大多數痔瘡都會改善，但不一定能根治。所以，產後還是可以依照上述的方法繼續治療。

　　如果痔瘡會造成劇烈疼痛，最好請醫師提供適當的建議。

## 減輕痔瘡引起的不適

妳可以試試下列幾種方法，來減輕痔瘡引起的不適：
· 每天至少抬高雙腳及臀部一小時。
· 睡覺時雙腳抬高，雙膝微彎。
· 平日要攝取足夠的纖維素，大量喝水。
· 溫水坐浴（水不要太熱），可減輕症狀或疼痛。
· 到藥房買痔瘡塞劑使用，可能也有幫助。
· 在痔瘡部位冰敷或敷上藥棉。
· 不要久坐。

## 妳的哪些行為會影響胎兒發育？

### 照X光、電腦斷層掃描、核磁共振檢查

有些孕婦會擔心，放射線檢查會不會傷害胎兒？這些檢查，在懷孕的任何階段都能做嗎？

事實上，沒有人可以明確說出多少劑量的放射線才不會對胎兒造成傷害。一般而言，超過10雷得可造成胎兒的畸形。放射線會造成胎兒突變，也可能致癌，因此，有些醫師認為，懷孕期間最好不要照X光。

研究人員也警覺到，放射線可能會對胎兒造成潛在的危險，尤其對8～15週的胎兒（胎兒週數6～13週）危害最大。

不過，孕婦仍然可能罹患肺炎或盲腸炎，這時就必須照X光來協助診斷了。是

> 如果妳的牙齒需要就醫或檢查，一定要告訴牙醫師或檢查人員妳已經懷孕了，他們才能對妳做特別的治療及防護。

不是一定要照X光，一定要仔細考慮。事實上，在做任何檢查及治療前，妳都有責任誠實告知負責檢查的醫師及相關醫護人員妳是否懷孕。只有在檢查前仔細的安排及防護，才能將危害降到最低。

如果妳在照了X光後，才發現自己懷孕了，一定要趕快告訴醫師，醫師會給妳適當的建議。

電腦斷層掃描（CT scan）是一種非常特別的X光檢查，它結合了X光檢查及電腦的分析。許多研究人員認為，電腦斷層掃描的放射線量比一般X光檢查的放射線量要少得多。不過，在確切了解這些劑量對胎兒造成的影響之前，還是要對做這項檢查的孕婦提出警告。

核磁共振檢查（MRI）是另一種廣泛使用的檢查。雖然到目前還沒有核磁共振會傷害胎兒的報告，但最好不要在懷孕的前三個月內做核磁共振檢查。

### 牙齒的照護

妳懷孕時，不要忘了照顧牙齒。懷孕期間，至少要去看一次牙醫，並於看診前告訴醫師妳已經懷孕了。如果需要治療牙齒，最好延後到懷孕12週以後再做。但如果是急性感染，就必須立刻治療，否則可能會傷害妳及腹中的胎兒。

治療牙齒時，可能需服用抗生素或止痛劑。如果必須服用藥物，吃藥前務必先取得婦產科醫師的許可。懷孕期間如果需要麻醉，更要特別注意，盡量避免全身麻醉。如果非不得已，一定要由經驗豐富的麻醉醫師執行，而且麻醉前一定要告知醫師已經懷孕。

懷孕期間也可能出現牙科的急症，如根管治療、拔牙、蛀牙、齒膿瘍或因車禍造成的牙科急症。這些急症都要立刻處理，不可能拖到孩子出生後才治療。如果不處理，可能比治療所負的風險還要高。

雖然懷孕，有時還是不可避免要照牙齒的X光。這時，一定要在腹部覆蓋鉛製圍裙。盡可能等到懷孕三個月後，再做治療。

懷孕時，最好盡量避免接受吸入式麻醉或全身麻醉。局部麻醉較無大礙，抗生素及止痛劑也還算安全。但在服用藥物之前，一定要得到醫師的許可。

## DOCTOR SAY

莎莉因牙齦出血而打電話來診所，她覺得牙齒出了問題。我告訴她，懷孕期間牙齦會產生變化，這是因為懷孕時荷爾蒙改變，使牙齦變得敏感且容易出血。我建議她改用牙線或選擇軟毛牙刷來清潔牙齒，刷牙時不要太用力，也可以使用漱口水來保持口腔清新。

 ## 妳的營養

如果剛懷孕體重就已經超重，會對妳造成一些問題。體重正常

的婦女，懷孕期約增加11～16公斤，但是
如果妳懷孕前就超重，醫師可能會要求
體重不要增加過多。因此，妳必須選
擇低熱量、低脂的食物。妳也可能需
要營養師協助擬定健康飲食計畫。即使
如此，懷孕期仍然不能任意節食。

　　體重過度增加會造成許多問題，例如妊娠糖尿病或高血壓。如
果妳的體重增加過多，超過醫師的建議，可能得採取剖腹產。

　　如果體重過重，產檢的次數可能會增加。醫師可能因孕婦體重
過重而難以確認子宮大小及位置，也不容易準確估算預產期，因
此，必需做超音波檢查來確認。腹部的脂肪層過厚，會增加醫師觸
診的困難。醫師還會檢查妳的血糖值，以防妳罹患妊娠糖尿病。臨
近分娩時，也需做額外的檢查，來確定產期。

 ## 其他須知

### 找人陪妳產檢

　　妳可以和配偶一起去產檢，讓他跟醫師見個面，熟悉一下。也
可以請母親或婆婆陪妳去產檢，讓她們聽聽孫兒（孫女）的心跳。
妳也可以將胎兒的心跳聲錄下來，放給其他親戚聽。許多即將做祖
母的婆婆媽媽們，都非常喜歡陪孕婦產檢。

　　妳可以等到聽得到胎心音的時候，再請其他人陪同去產檢。因
為懷孕早期還聽不到胎心音，太早找人同行，會讓人掃興。

### 帶孩子去產檢

　　有些孕婦產檢時，會帶著其他孩子一起來。如果妳偶爾帶孩子
來診所，大多數醫師不會介意，因為要臨時找人帶孩子，確實會有
困難。但如果妳的健康有問題或有許多疑問要問醫師，最好不要帶
孩子一起去看診。

如果孩子生病、長水痘或感冒，最好將孩子留在家中，以免傳染給候診室的其他孕婦。

有些婦女有好幾個小孩，因此在看診時喜歡帶孩子出門。不過，孩子哭鬧或妳責備孩子等情形都容易造成妳或其他人的困擾。因此，妳最好在看診前，先打電話詢問是否可帶孩子同行。

**FOR PAPA**

如果你要出遠門，每天至少要打一通電話回家。

# 懷孕筆記

# 懷孕第15週　　胎兒週數：13週

 ## 寶寶有多大？

本週，胎兒頭頂到臀部長9.3～10.3公分，重約有50公克，大小有如一顆壘球。

 ## 妳的體重變化

這時只要看一下肚子，就知道妳懷孕了，穿衣尺寸也隨之改變。妳可以在肚臍下方 7.6～10公分的位置摸到子宮。

當妳穿著寬鬆衣物時，別人或許還不會注意到妳是孕婦。但如果妳穿上孕婦裝或泳衣時，微凸的肚子就再也蓋不住了。

現在，妳可能還感覺不到胎動，再過幾週就會有感覺了。

 ## 寶寶如何生長及發育

胎兒仍然快速生長。他的皮膚非常薄，血管清晰可見，全身覆滿柔細的胎毛。

超音波檢查時，妳會看見胎兒吸吮大拇指。眼睛慢慢移向臉的前方，但兩眼還是分得很開。

　　外耳繼續發育。由本頁的圖示，可以見到寶寶的耳朵愈來愈正常，也愈來愈像人類了。

　　寶寶的骨頭已經成型，愈來愈硬，且快速累積鈣質（這種過程成為鈣化）。如果此時照X光，就能看得見寶寶的骨骼了。

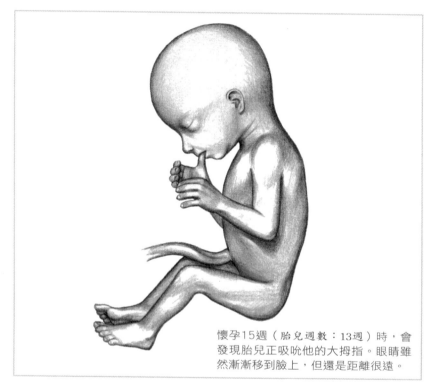

懷孕15週（胎兒週數：13週）時，會發現胎兒正吸吮他的大拇指。眼睛雖然漸漸移到臉上，但還是距離很遠。

## 甲型胎兒蛋白檢查

　　胎兒成長時，會製造出甲型胎兒蛋白（alpha-fetoprotein，AFP）。羊水裡也會不斷出現這種蛋白質，有些會透過胎膜進入妳

的體循環。可以經由驗血測得甲型胎兒蛋白質的數量。

母親血液中的甲型胎兒蛋白質含量,在懷孕過程當中具有實質意義。通常在懷孕16～18週時做甲型胎兒蛋白檢查,檢查時機要拿捏得宜,因為檢驗值通常與懷孕的週數及孕婦體重息息相關。

當甲型胎兒蛋白質含量增高時,表示胎兒可能有脊柱裂(脊髓有問題)或無腦畸形(一種很嚴重的中樞神經系統的畸形)等問題。不過,研究人員發現,甲型胎兒蛋白質數值過低也有問題,胎兒可能是唐氏症。這種檢驗比過去只能靠抽取羊水來做唐氏症的檢驗,方便又迅速得多。

如果母親血液中的甲型胎兒蛋白質量值不正常,就必須再做詳盡的超音波檢查(胎兒頸部透明帶),以確定是否有脊柱裂、無腦畸型或唐氏症。另外,超音波檢查還能確認懷孕週數。

並不是所有孕婦都必須做這項檢查。只是它的危險性較小,而且能讓醫師了解胚胎的生長及發育情形。當然,妳可以請教醫師是否需進行這項檢查。

 ## 妳的改變

## 懷孕時做子宮頸抹片檢查

第一次產檢時,醫師會安排妳做子宮頸抹片檢查,這項檢查通常在懷孕初期做。檢驗結果會在一週左右送回來。

子宮頸抹片檢查通常是在做內診的時候同時做,以棉棒抹下子宮頸上皮細胞,

> 妳可以學著習慣側睡,肚子愈來愈大時,側睡是最好的選擇。妳也可以墊個枕頭來支撐肚子,如仰臥時在背及腰的位置墊上一個小枕頭。側睡時,雙腿間夾一個枕頭,並將上面的腳跨在枕頭上,會讓妳覺得更舒適。坊間有特別為孕婦設計的孕婦專用枕頭,不僅使用方便,也會讓妳更舒服。

檢查是否有癌變或已變成癌前細胞。這項簡易的檢查，能早期發現異常並予治療，有效降低子宮頸癌的死亡率。

## 子宮頸抹片檢查結果不正常

如果子宮頸抹片檢查結果出現異常，或曾因抹片檢查結果不正常而接受治療，一定要遵照醫師指示繼續治療及追蹤。如果陰道抹片檢查結果不正常，就必須對異常的部位及組織，做更進一步的檢查及確認，以便治療。如果妳沒有懷孕，醫師會建議妳做子宮頸切片檢查。

自然產的婦女，生產前異常的陰道抹片，產後可能還會出現變化。根據一項研究結果顯示，產前陰道抹片被診斷為鱗狀上皮細胞病變的婦女中，產後複檢則有60％結果變為正常。

如果懷孕時子宮頸抹片檢查結果異常，必須小心處理。當異常細胞還不至於太惡化時（癌症前期，還不算太嚴重），即使已經懷孕，也必須再做陰道鏡檢查或子宮頸抹片確認。不過，不建議做子宮頸切片檢查，因為懷孕期間血液循環良好，如果做切片檢查，容易造成子宮頸出血。

## 何時需做子宮頸切片檢查？

做子宮頸切片時不需麻醉，只需要在門診時配合陰道鏡就可以進行了。陰道鏡檢查是利用類似雙眼顯微鏡的器具，來觀察子宮頸的變化。陰道鏡檢查能讓醫師直接看到子宮頸，檢查是否異常，並能直接取下異常部位的切片。大多數婦產科醫師都能做這項檢查。

切片檢查能呈現病灶範圍及病變本質。如果細胞病變可能散布到子宮其他部位，恐怕就需要做錐形切片切除手術。錐形切片切除術能確定病灶的範圍及嚴重程度，還能順便除去異常組織。這項手術需要麻醉，因此通常不在懷孕期執行。

## 對異常細胞的處理

有多種療法可處理子宮頸細胞異常，但大多不適合在懷孕期間

做。治療方法包括以外科手術切除病灶（需在病灶清楚可見時才能進行）、以電燒方法除去小病灶、用冷凍法來凍結病灶、使用雷射來破壞子宮頸上的異常組織、採取錐形切除術切除病變。

 ## 妳的哪些行為會影響胎兒發育？

### 改變睡姿

有些婦女擔心自己睡眠的姿勢及睡覺習慣會影響胎兒。有些人則想知道，懷孕時能不能趴睡、能不能睡水床。

隨著懷孕期發展，肚子愈來愈大，想找出舒適的睡姿也愈來愈困難。不過，最好不要仰睡，因為子宮愈長愈大，仰睡會壓迫到重要的血管（包括腹主動脈及下肢動脈），使腹部血液回流受到阻礙。造成流向體內某些重要部位及流向胎兒的血流減少，有時甚至會讓孕婦覺得呼吸困難。

趴睡則會對成長的子宮造成壓力。因此，最好還是側睡。有些產婦會覺得，產後最舒服的事，就是能再趴著睡。

**FOR PAPA**

如果你要出遠門，或者沒時間陪太太產檢，可以請朋友或家人陪伴前往，並隨時提供協助。

 ## 妳的營養

這段期間，妳可能每天都需要多攝取300卡的熱量，以因應胎兒的發育及妳的身體所需。下面列舉的食物能讓妳每天多獲得300卡熱量，不過要小心，300卡熱量不等於一大堆食物。

- 第一種選擇：2片薄豬肉片、$\frac{1}{2}$杯高麗菜、1根胡蘿蔔

- 第二種選擇：$\frac{1}{2}$杯糙米飯、$\frac{3}{4}$杯草莓、1杯柳橙汁、1片新鮮的鳳梨

- 第三種選擇：130公克鮭魚排、1杯蘆筍、2杯長葉萵苣

- 第四種選擇：1杯義大利麵、1片新鮮蕃茄、1杯低脂牛奶、$\frac{1}{2}$杯青豆、$\frac{1}{4}$個香瓜

- 第五種選擇：1盒優格、1個中等大小的蘋果、1杯萵苣

 ## 其他須知

### 夜裡睡個好覺

睡個舒舒服服的覺，對妳來說愈來愈困難了。以下幾個建議，教妳如何獲得良好的休息及睡眠：

- 每天按時起床，按時睡覺。
- 晚上6點以後不要喝太多水。
- 下午以後不要喝咖啡。
- 養成規律的運動習慣。
- 睡覺時最好保持臥房涼爽，21.1℃是最舒適的溫度。（當然，對溫度的舒適感可能因人而異。）
- 如果晚上容易感到胃灼熱，睡覺時可將上半身墊高一點。

# Week

## 寶寶有多大？

本週，胎兒頭頂到臀部長10.8～11.6公分，重約80公克。

## 妳的體重變化

妳的子宮和胎盤，也跟胎兒一樣在成長。6週前，妳的子宮僅重約140公克，現在已達約250公克了。圍繞在胎兒周圍的羊水，也繼續增加，已約有250cc。妳很容易就能在肚臍下約7.5公分的位置，摸到自己的子宮。

## 寶寶如何生長及發育

胎兒頭上開始長出柔細的胎毛。肚臍連接著腹部，連結的位置也漸漸向下移。

指甲已經完全長了出來。171頁圖示可以見到，胎兒雙腳明顯比手臂長。如果此時做超音波檢查，會看到胎兒雙手及雙腳不時舞

動著。本週，也許妳就能夠感覺到胎動了。

　　許多孕婦形容，胎動的感覺就好像氣泡在腹內滾動。妳會注意到這種現象發生，但又不知道是怎麼回事。然後，妳會突然明瞭，原來這是胎兒在肚子裡活動。

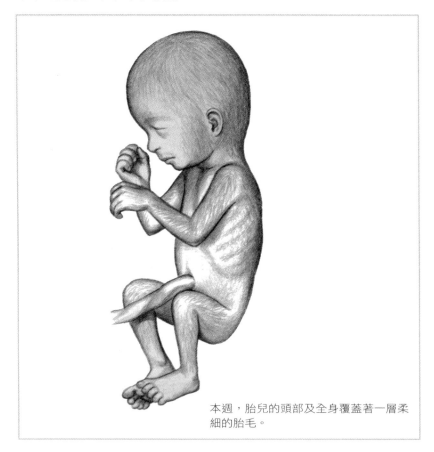

本週，胎兒的頭部及全身覆蓋著一層柔細的胎毛。

## 妳的改變

### 三合一篩檢

除了甲型胎兒蛋白檢查，如果妳擔心懷了唐氏兒，還可以藉由三合一篩檢來協助醫師判讀胎兒是否罹患唐氏症。三合一

> **胎動**
> 如果妳沒有感覺到胎動，也不必擔心。孕婦通常在懷孕16～20週時感覺到胎動，但感覺時間因人而異。每次懷孕，感覺的時間也不相同。事實上，胎兒的活潑程度及活動量不同，胎兒的大小及數目也會影響妳的感覺。

篩檢是同時檢查甲型胎兒蛋白質量值、人類絨毛膜促性腺激素值及一種由胎盤分泌的未結合雌激素量。三合一篩檢目前已進步到在懷孕早期，即懷孕週數10.5～12.5週之間做，通常合併用陰道超音波測量胎兒頸部透明帶，可更早期篩檢出唐氏兒及一些異常狀態。

如果胎兒罹患唐氏症，在妳血液中這三種化合物的檢驗值就會出現異常。對於高齡產婦而言，這項檢查的準確度超過60％，偽陽性機率約25％。

如果三合一檢驗值異常，醫師會安排妳做超音波及羊膜穿刺檢查。甲型胎兒蛋白質量值如果升高，胎兒神經管出現畸形的機會就大增（如脊柱裂），這種病例的人類絨毛膜促性腺激素值及雌激素量反而是正常值。

這只是一種篩檢，希望篩檢出可能的病例。如果發現異常，還是要再進一步做更精確的檢驗才能確認。

 ## 妳的哪些行為會影響胎兒發育？

### 羊膜穿刺術

如果需進一步評估懷孕情況，通常會在懷孕16～18週間

> 妳平常喜歡吃的食物，懷孕後可能會讓妳反胃。妳可以選擇其他吃了不會反胃的、有營養的食物來代替。

做羊膜穿刺檢查。這時候，子宮已經夠大，胎兒身邊也有足夠的羊水，做這項檢查也比較安全。羊膜穿刺檢查完後，也還有足夠時間讓孕婦考慮是否要終止懷孕。

做羊膜穿刺時，通常需要超音波導引來找到避開胚胎及胎盤的安全位置。做羊膜穿刺時，須先消毒子宮上方的腹部皮膚，下針位置必須先局部麻醉，再將長針刺入子宮。然後用空針抽出羊膜腔（胎兒周圍）內的羊水，通常約抽取30cc羊水，以便做多項檢查。

在羊水中懸浮的胚胎細胞，可以經由實驗室中培養，用來鑑別胚胎是否異常。目前已知的新生兒先天畸形超過400種，利用羊膜穿刺檢查，可檢查出40種（10%）左右，包括：

- 染色體異常，特別是唐氏症。
- 胎兒性別，這對判並性聯遺傳疾病特別重要，如血友病。
- 骨骼的先天畸形，如成骨不全症（骨質脆弱症osteogenesis imperfecta）。
- 胚胎感染，如皰疹或德國麻疹。
- 中樞神經系統疾病，如無腦畸形。
- 血液疾病，如胎性母紅血球增多症（erythroblastosis fetalis）
- 代謝異常（化學變化異常或酵素缺乏），如胱胺酸尿症（cystinuria）或楓糖漿尿症（maple-syrup-urine disease）。

羊膜穿刺檢查有其風險，可能會傷害到胎兒、胎盤或臍帶，也可能會造成感染、流產或早產。雖然在超音波導引下做羊膜穿刺，可盡量避免併發症，但仍無法排除所有危險。做羊膜穿刺時，可能還是會有一些胎兒的血液流到母體，這一點要特別注意。因為胎兒與母親的血液循環應是各自獨立，兩者血型也可能不同，尤其在Rh陰性母親懷有Rh陽性胎兒時要特別注意。即使是少量出血，也可能會造成Rh同族免疫反應。因此，Rh陰性的母親在做羊膜穿刺時，應該注射Rh免疫球蛋白，以避免產生嚴重的Rh同族免疫反應。

據估計，因為做羊膜穿刺導致胚胎流產的機率小於3%。而且如果由經驗豐富的醫師執行，羊膜穿刺的流產率多在1%以下，甚至只有0.5%，相當安全。

## 妳的營養

　　好消息：懷孕婦女在第二個三月期間，除了三餐外，還可以補充三、四次點心。但仍需注意：（一）吃有營養的小點心；（二）正餐的量要減少，才吃得下點心。少量多餐，隨時補充身體營養所需，這才是懷孕期的營養目標。

　　點心當然是愈快速愈簡單愈好，不過，妳最好花點心思，準備一些有營養的點心。切一些新鮮的蔬菜，準備低脂的沾料做生菜沙拉；煮熟的蛋；低熱量的花生醬、椒鹽脆餅、原味爆米花也不錯；低脂乳酪及鬆軟白乾酪能提供鈣質；以果汁取代汽水，但若果汁裡含糖過多，不妨喝白開水；藥草茶也可以。（關於藥草茶的討論，參見287頁。）

> 除了三餐，妳還可以多補充三、四次點心。

 ## 其他須知

### Rh敏感性

　　懷孕初期所做的檢查，包括檢驗妳的血型及RH因子，這時候已經可以知道結果了。妳的血型及Rh因子是不是陰性都非常重要，過去，Rh陰性的母親如果懷有Rh陽性的胎兒，懷孕過程不但複雜，還可能會嚴重影響胎兒的健康。

　　妳與胎兒的血液循環應是各自獨立的。如果妳的血型屬於Rh陽性，原則上沒有問題；如果是Rh陰性，就要特別注意了。

　　如果妳是Rh陰性血型，而寶寶是Rh陽性；曾輸血或曾注射某種血液製品，妳有可能變成Rh敏感或變成Rh同族免疫者。Rh同族免疫意指身體會自行製造抗體，在體內循環，這對妳不會造成傷害，卻會攻擊腹中的胎兒（如果胎兒也是Rh陰性，就不會造成問

題。）抗體也會通過胎盤，攻擊胎兒的血液系統，使胎兒或新生兒產生血液系統的疾病。即使還在腹中，也可能造成非常嚴重的貧血。

所幸這種情形是可以預防的。只要注射Ｒｈ免疫球蛋白（RhoGAM），就可以避免這些問題。通常在懷孕28週時注射，就可以避免產前發生嚴重的過敏反應。進行這種治療後，還會產生嚴重反應的只有少數案例。如果妳不巧正是Rh陰性血型，懷孕期間就必須注射Rh免疫球蛋白。

如果寶寶是Ｒｈ陽性血型，分娩後的72小時內，妳也必須注射Rh免疫球蛋白。如果寶寶是Rh陰性，不論懷孕或分娩，妳都不必注射Rh免疫球蛋白。不過，妳也可以在懷孕時注射一劑Rh免疫球蛋白，以防萬一。

如果發生子宮外孕，妳又恰巧是Rh陰性血型時，仍須注射Rh免疫球蛋白。流產及早產也是如此。如果在懷孕期間做過羊膜穿刺，Rh陰性的母親也要注射Ｒｈ免疫球蛋白。

## FOR PAPA

在你心中，是否還有一些掛念沒有告訴別人？擔心妻子的健康？擔心胎兒的健康？生產及分娩時，你應該扮演什麼樣的角色？擔心自己是否能成為稱職的父親？你可以將你的擔心告訴配偶，這並不會加重她的負擔。事實上，當你毫無保留的與人分享時，她或許也覺得如釋重負，能夠在這個生命的大轉變中，與你同行，而感到甜蜜異常。

## 懷孕第17週　　胎兒週數：15週

 **寶寶有多大？**

　　本週，胎兒頭頂到臀部長11～12公分。胎兒的體重是2週時的兩倍，約100公克，與妳手掌張開的大小差不多。

 **妳的體重變化**

　　可在肚臍下方3.8～5公分處摸到子宮。本週，小腹凸出更加明顯，必須穿上有彈性的衣服或寬敞的孕婦裝，才會覺得舒適。配偶擁抱妳時，他也能感覺到凸起的肚子了。

　　此外，身體的其他部位也持續變化。體重增加了2.25～4.5公斤，都屬正常範圍。

 **寶寶的生長及發育**

　　將前幾章的圖與177頁的圖比較一下，妳會發現變化很大。本週起，胎兒體內的脂肪開始形成。脂肪組織（adipose tissue）對胎

兒體內熱量的產生及代謝非常重要。

　　懷孕至今已經過17週，胎兒體內約有89公克的水分及0.5公克的脂肪。寶寶足月時，平均體重約為3.5公斤，其中脂肪組織就占2.4公斤左右。

　　妳或許已經能感覺到胎動了，如果還沒有，也不必太擔心，妳很快就會感覺到的。起初也不是每天都能感覺到胎動，隨著孕程的進展，胎動會愈來愈頻繁，也愈來愈強烈。

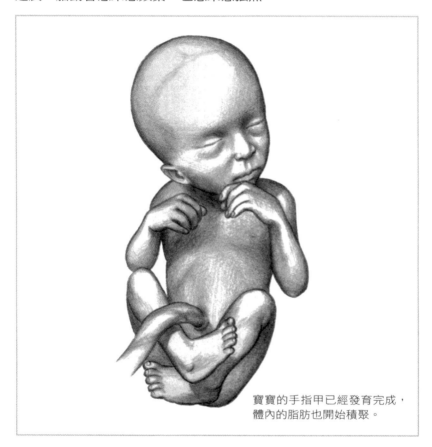

寶寶的手指甲已經發育完成，
體內的脂肪也開始積聚。

## 妳的改變

懷孕期間感覺到胎動，是胎兒健康的保證，特別是懷孕過程發生問題時，這種感覺更是讓人期待。

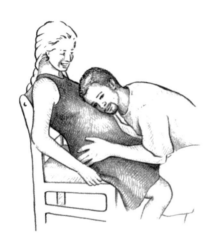

隨著孕程漸進，子宮頂端逐漸變成球狀。子宮快速向上伸展（向上腹部延伸），然後橫向生長，此時，形狀就會趨向橢圓。等到子宮充滿骨盆腔，就會往外及往腹腔生長，會將肚子裡的腸子往上及往旁邊推擠，有時候，子宮甚至會上升到肝臟附近。子宮雖不是任意漂浮，但也不會固定在同一個位置。

站立時，子宮會向前碰到腹壁前側，這時最容易摸到。躺下時，子宮會倒向後方，壓在妳的脊椎與大血管上（上腔靜脈及腹主動脈）。

圓韌帶連結子宮上方的兩側與骨盆腔側壁。懷孕期間，子宮逐漸長大，圓韌帶也會被伸展及拉扯，變得更長更厚。有時候，妳的突發性動作，可能會拉扯到這些圓韌帶，使妳感覺不舒服或疼痛，稱為圓韌帶痛（round-ligament pain）。這種疼痛不至於造成太大問題，也表示子宮還在繼續生長。圓韌帶痛可能發生在單側，也可能雙側都有或一側較嚴重，但不會對妳及胎兒造成傷害。

如果感覺疼痛，最好躺下來休息。如果痛得很厲害或併發陰道出血、排出大量液體分泌物、劇烈疼痛等其他問題，最好去看醫師。

## 妳的哪些行為會影響胎兒發育？

### 陰道分泌物增加

懷孕時，陰道的分泌物（白帶）會增加。這些分泌物，常是白或黃色的黏稠液體。白帶並不是因為感染才分泌，通常是因為懷孕時，經過陰道表皮及黏膜的血流增加，使陰唇部位呈現藍色或紫色，因而使得白帶增加。醫師很容易在懷孕早期就察覺，稱之為夏威氏徵象（Chadwick's sign）。

如果妳覺得白帶很多，可以使用護墊。不過盡量避免直接穿著褲襪或穿尼龍材質的內褲，最好選擇純棉質料的內褲。

懷孕時很容易發生陰道感染，陰道的分泌物會出現惡臭，並呈現黃色或綠色，還會造成陰道內部及周圍的刺激及搔癢。如果妳出現上述症狀，請立刻去看醫師，醫師會開對孕婦無害的藥膏或抗生素來治療陰道感染。

### 懷孕時做陰道灌洗

大多數醫師認為，懷孕時不可做陰道灌洗，尤其不可使用球形灌洗器。

陰道灌洗可能會造成出血，甚至可能造成空氣栓子（air embolus）等嚴重的問題。灌洗所產生的壓力，可能使空氣栓子灌入血流，後果非常嚴重。這種情形雖不常見，一旦發生便會造成極大的傷害。

> 大多數醫師不建議懷孕時做陰道灌洗。

 ## 妳的營養

有些孕婦基於個人因素或宗教理由必須吃素，有些人懷孕後，吃肉會覺得噁心，因此會發出這樣的疑問：懷孕期間吃素適不適合，安不安全？如果妳會注意自己所吃的食物，也會慎選食物的種

類及組合，那麼吃素也無妨。

如果不吃肉，那麼食物中就必須含有足夠的熱量，以應付身體所需。熱量最好來自新鮮的水果及蔬菜，少吃營養價值不高的「空糖食物」。蛋白質最好來自各種食物，產生的熱量才足以應付胎兒及妳的需求。

維生素及礦物質非常重要，如果妳能攝取全麥穀類食物、乾燥水果、小麥胚芽等各種食材，就不會

> 如果懷孕期間曾小腿痙攣，最好不要長久站立。盡可能側躺休息，做一些柔和的伸展動作也會有幫助。妳也可以熱敷抽筋的部位，不過，最好不要超過15分鐘。

缺少鐵、鋅等微量礦物質。不過，妳還是需要額外補充鈣、維生素$B_2$、$B_{12}$及維生素D。

如果懷孕後，覺得吃肉很噁心，可以請醫師轉介營養師，請營養師幫妳設計飲食計畫。如果妳只是短時間吃素，最好也能了解如何攝取營養豐富的素食食物。如果對飲食有任何問題，一定要跟醫師或營養師討論。

## 其他須知

### FOR PAPA

偶爾幫太太按摩一下頸部、頭部、背部和雙腳，有助於她鬆弛頭頸部的肌肉，並舒緩緊繃的情緒，還可增進夫妻的感情。

### 四合一篩檢

四合一篩檢能協助醫師診斷妳是否懷有唐氏兒，也能幫醫師鑑別胎兒是否異常，例如是否患有神經管缺陷等情形。

四合一篩檢與三合一篩檢類似，除了檢查甲型胎兒蛋白質、人類絨毛膜促性腺激素及

未結合雌激素外，四合一篩檢還檢查抑制素-A的數值，這項檢查能將唐氏症檢驗的敏感度提高20％。

　　事實上，利用四合一篩檢來檢查唐氏症，準確度為79％，偽陽性的比率僅5％。

## 懷孕第18週　　胎兒週數：16週

 ### 寶寶有多大？

本週，胎兒頭頂到臀部長12.5～14公分，重約150公克。

 ### 妳的體重變化

妳可以在肚臍下方兩根手指頭（約2.5公分）的位置摸到子宮，大小約和一顆香瓜差不多。

妳的體重增加了4.5～5.8公斤，增加的幅度因人而異。如果比這個數字更大，最好請教醫師，也許還要諮詢營養師，請他幫妳調整飲食。因為懷孕的過程還不到一半，後續體重還會增加很多，因此，此時不宜增加過多的體重。

如果體重過重，懷孕過程會比較不舒服，生產也比較困難。其次，產後也不容易將過多的體重減掉。

雖然懷孕時節食是不智的做法，但並不表示就可以毫無節制的大吃大喝。懷孕期間更應該注意自己的飲食，要知道，寶寶是

> 雖然懷孕時節食是不智的做法，但並不表示就可以毫無節制的大吃大喝。

由妳吃下的食物中獲取適當的營養成分。因此，為了妳及腹中發育的胎兒著想，更應該慎選營養的食物。

 ## 寶寶的生長及發育

寶寶仍然持續發育，但生長速度會漸趨緩和。參考184頁的圖，妳會發現，寶寶愈來愈人模人樣了。

### 心臟及循環系統的發育

兩條管狀組織在胎兒週數第3週結合後，就開始形成心臟，也就是在妳懷孕5週後，心臟就開始發育了。心臟的跳動，則在懷孕第5或6週時，就可以藉由超音波檢查清楚看見了。

心臟分為幾個膨出的部位，這些膨出部位逐漸發育成心臟

> 心臟的跳動，在懷孕第5或6週時，就可以藉由超音波檢查清楚看見了。

的心室（左心室及右心室）及心房（左心房及右心房）。這些腔室約在第六至七週開始分隔及發育。第七週時，心臟組織會分隔成左、右兩心房，在這兩個心房中間，會留下一個開口（稱為卵圓孔），以便讓血液在心房間流通，並形成一個直接通往肺臟的分流。胎兒出生後，這個開口會立刻關閉。

心室是位於下心臟的腔室（在心房下方），也分隔為左、右兩室。心室壁的肌肉組織強而有力，能將血液由左心室泵到全身及大腦，右心室泵出的血液則流到肺臟。

這些腔室發育的同時，心臟的瓣膜也開始發育。這些瓣膜能讓心臟充盈或排空。心跳聲或心雜音，就是血液流經這些瓣膜時所造成的。

胎兒所需的氧氣，全部來自妳的身體。胎兒的血液，經由臍帶流向胎盤，來自母體血液的氧氣及營養，會經由胎盤傳送到胎兒的血液中。儘管妳們的血液循環關係密切，但兩者之間並沒有直接的

交流，母親與胎兒的循環系統是各自獨立的。

　　生產時，胎兒的氧氣必須由依賴母親提供，立刻轉變為靠自己的心臟及肺臟運作。因此，出生的一剎那，卵圓孔必須迅速關閉，讓血液流回右心室、右心房及肺臟，並在最快的時間內得到氧氣。這項轉變，真是個偉大的奇蹟。

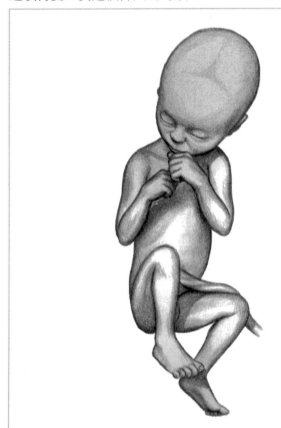

胎兒持續生長。本週，頭頂到臀部長約12.5公分，外觀更具人形。

到了懷孕第18週，超音波檢查就能偵測到一些心臟的異常，對診斷是否懷有唐氏症兒有很大的幫助。熟練的超音波操作人員，能夠找到特殊的心臟缺陷。如果醫師懷疑胎兒的心臟有問題，就會安排妳做超音波檢查，並持續追蹤胎兒的發育情形及懷孕的進展。

 ## 妳的改變

### 背痛

幾乎所有孕婦在懷孕過程中，都曾有背痛的經驗。妳可能已經經歷過了，也可能還沒背痛過，但可能等妳肚子更大的時候就會發生。有些人過度運動、散步、彎腰、舉重物或久站之後，也會背痛。不過，大部分都只是輕微的疼痛，不會有太大的問題。有些孕婦只需在起床時小心一點，或偶爾起身活動而非久坐，就能改善背痛的情形。但也有一些病例，會嚴重到舉步維艱。

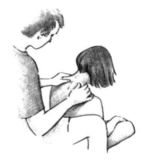

關節靈活程度一旦改變，有時就會影響到妳的姿勢，也可能造成背部不舒服。這種情形在懷孕後期，特別容易發生。

子宮漸漸長大，身體重心會慢慢地前移到腿部，就會影響到骨盆腔的關節。事實上，懷孕期間所有關節都可能鬆弛，這或許與荷爾蒙的增加有關，不過，背痛也可能是更嚴重的問題所引起的，如腎盂腎炎（pyelonephritis）或腎結石都可能造成背部疼痛（參見191頁）。如果背痛的情形久久無法改善，一定要趕快去看醫師。

是否有避免背痛或減輕疼痛的方法？妳可以試試下列幾種方法，愈早實行功效愈大：

・注意飲食情況及體重增加的速度。
・懷孕時，遵照指示持續做適度運動。

- 養成側睡的習慣。
- 白天也抬起雙腳側躺下來休息30分鐘。
- 如果還有其他較大的孩子，最好趁他們睡午覺時，自己也小睡一下。
- 如果背痛，可以吃acetaminophen（如普拿疼）之類的止痛藥物。
- 在疼痛的部位熱敷。
- 如果疼痛情形未改善，甚至更加嚴重，最好去看醫師。

## DOCTOR SAY

　　蒂娜在雜貨店工作了一天之後，走進我的診所。她告訴我，背痛得很厲害，不知道怎麼辦。我建議她熱敷、多休息、或服用acetaminophen（如普拿疼）等止痛劑來止痛。特別為孕婦所設計的托腹帶，也可以有效的支撐腹部。此外，將體重控制在合理的範圍內，並適度運動，也有助於減輕背痛。如果背痛得非常厲害，可能就需要做物理治療，或需照會骨科醫師。

 妳的哪些行為會影響胎兒發育？

## 懷孕第二個三月期間的運動

　　大家或許曾聽說，有些孕婦可以持續劇烈運動，直到生產。也曾聽說某位奧運選手，懷孕後仍能勇奪冠軍。但是這些嚴格的訓練及肉體所受的壓力，絕非妳我所能承受得了。

　　當妳的子宮愈長愈大，肚子逐漸隆起，妳會發現自己的平衡感也受到影響，行動也變得比較笨拙。此時並不適合做競爭性的運動（如打籃球）或容易摔倒的運動，以免傷到自己或撞到肚子。

現在的孕婦一樣可以很安全的參與許
多活動及運動，這與幾十年前的觀念
截然不同。過去認為，孕婦最好多休
息少活動，現在則認為，適度的運
動及活動，對胎兒及母親都有好處。
　　不論選擇哪一種活動，最好先問
醫師的意見。如果妳屬於高危險妊
娠，或曾有流產經驗，最好先得到
醫師的許可。此外，懷孕期間絕對不
宜接受各種運動訓練或增加運動量，反
而正應該趁著懷孕，減少運動量及劇烈的程度。妳可以遵循身體的
感覺，它會告訴妳何時該慢下來。

　　哪些活動可以繼續做，哪些運動適合孕婦做呢？下面列舉幾種
活動，並探討這些運動會對懷孕的第二及第三個三月期造成什麼影
響。（在懷孕第三週的章節裡，也討論了懷孕前及懷孕早期的運
動。）

## 游泳

　　游泳是最適合孕婦的運動，水的浮力及支撐，能讓妳充分放鬆
而感覺舒適。如果妳會游泳，整個懷孕期間妳都可以繼續。如果不
會游泳，妳可以在有遮蔭的泳池裡，做一些水中運動。懷孕的任何
時間妳都可以開始這
樣做，只要運動量不
要太劇烈就行了。

> 　　現在的婦女，在懷孕期間，一樣可以很安
> 全的參與許多活動及運動。

## 騎腳踏車

　　懷孕後，不適合學騎腳踏車。如果妳覺得騎腳踏車很舒服，又
有安全的地方可以騎
乘，不妨與伴侶或家
人享受騎車的樂趣。

> 　　運動時，氧氣的需求量會增加。由於身體
> 愈來愈重，平衡感也會隨著改變，而且更容易
> 疲倦。在調整運動計畫時，須記住上述幾點。

不過，懷孕後身體的重心會改變，上、下車可能會比較困難，如果跌倒，可能會傷到妳，甚至傷到腹中的胎兒。

天氣不好時或對懷孕晚期的孕婦來說，固定式腳踏車是個不錯的選擇。有些醫師建議，在懷孕的最後兩、三個月，最好改踩固定式腳踏車健身器比較安全。

### 散步

散步非常適合孕婦，散步時，妳可以與伴侶談談心，共度美好的時光。即使天氣不好，妳也可以在打烊的商店街散步，來回走個3公里左右，運動量就足夠了。隨著孕程的進展，妳可以逐漸減緩速度及縮短距離。在懷孕的任何階段，都可以開始散步。

### 慢跑

有些孕婦仍持續慢跑，但最好先請教醫師。萬一妳是屬於高危險妊娠，就不適合慢跑。

當然不要在懷孕時增加跑步的里程數，也不要為比賽加強訓練。慢跑時，最好穿著舒適的衣物及合腳且避震效果良好的慢跑鞋。跑步前後一定要充分暖身及做舒緩動作。

隨著孕程的進展，必須逐漸減緩跑步的速度及縮短距離，甚至變成散步或走路。慢跑時或慢跑後，如果出現腹部疼痛、子宮收縮、出血或其他不正常的症狀，一定要立刻去醫院檢查。

### 其他運動

- 懷孕的第二個及第三個三月期，仍然可以打網球和高爾夫球，不過，網球太激烈，高爾夫球因為隆起的肚子會妨礙揮桿，在第二、三個三月期也不適合。
- 懷孕時不適合騎馬。
- 懷孕時不宜滑水。
- 可以打保齡球，但運動量的多寡因人而異。懷孕後期要注意，不要扭傷了背。事實上，懷孕使得重心改變，不易保持

平衡，而保齡球是個容易跌倒的運動，所以不太適合。。

- 當妳想在斜坡上滑雪以前，最好先詢問醫師。因為懷孕使重心改變，如果不小心摔跤，可能就會傷到妳及胎兒。大多數醫師認為，懷孕後半期不適合滑雪。或許醫師在評估妳這次懷孕及過去的懷孕是否正常後，會允許懷孕早期的孕婦滑雪。
- 騎摩托車很危險，最好能避免。有些醫師或許會認為，騎機車不需用力，因此並不反對。不過，騎機車確實非常危險，如果妳這次的懷孕有點問題，或是之前的懷孕曾經出現問題，就要特別注意了。

 ## 妳的營養

　　鐵質對孕婦來說，非常重要，因為血液容積會逐漸增加，因此，懷孕時，每天必須攝取30毫克的鐵質。懷孕初期的幾個月，胎兒會抽取妳體內所貯存的鐵質，轉而貯存到他的身體。如果妳是親自哺乳，寶寶更不必擔心鐵質不足了。

　　多數孕婦專用維生素都含有足夠的鐵質，以應付身體所需。如果妳還需要額外補充鐵劑，最好同時喝一杯柳橙汁或葡萄柚汁，以促進鐵質吸收。服用鐵劑或吃含鐵豐富的食物時，不要同時喝牛奶、咖啡或茶，以免妨礙鐵的吸收。

　　如果妳會覺得疲倦、注意力不集中、頭痛、暈眩、消化不良或者很容易不舒服，妳可能缺鐵。有個簡單的方法，可以檢查自己有沒有貧血或缺鐵：翻開妳的下眼瞼，如果體內的鐵質足夠，下眼瞼應該呈現較深的粉紅色，指甲也應該呈現有光彩的粉紅色。

> 有個簡單的方法可以檢查自己有沒有貧血或缺鐵：翻開妳的下眼瞼，如果體內的鐵質足夠，下眼瞼應該呈現較深的粉紅色。

事實上，妳攝取的鐵質，只有10％～15％被身體吸收，這些鐵質雖然被有效的貯存，妳還是需要吃含鐵豐富的食物，來維持體內基本的貯存量。富含鐵質的食物包括雞肉、暗紅色的肉、內臟（肝、心、腎）、蛋黃、脫水水果、菠菜、甘藍菜及豆腐。攝取富含維生素C及鐵質的食物，就能確保鐵質的吸收不虞匱乏。

　　孕婦專用維生素裡含有約60毫克的鐵。如果飲食均衡，每天吃一粒維生素就足夠了。如果妳還有疑慮，可以跟醫師進一步討論。

 ## 其他須知

### 膀胱感染

　　懷孕時，頻尿是最常見的問題之一。如果不幸罹患了泌尿道感染（UTIs），頻尿就會更嚴重。泌尿道感染（膀胱炎）是孕婦最常見的膀胱及腎臟疾病，子宮愈長愈大時，會直接壓在膀胱和輸尿管上，阻斷尿液流通，使得膀胱更容易造成細菌感染。

　　膀胱炎症狀包括解尿疼痛（尤其在快解完的時候最痛）、尿急憋不住的感覺及頻尿等。嚴重的泌尿道感染，甚至會出現血尿。

　　第一次產檢時，醫師通常會做尿液檢查。此外，如果懷疑有尿道感染或有其他不舒服的情形，醫師也會檢查妳的尿液。

　　平時盡量不要憋尿，只要有尿意，就該盡快排空膀胱。憋尿很容易造成膀胱炎。多喝水及小紅莓果汁，這些是預防尿道感染的不二法門。性交後也最好立刻排空膀胱。

　　如果妳覺得自己好像有膀胱發炎的症狀，盡快去看醫師。膀胱炎很容易治療，治療膀胱炎的抗生素，在懷孕期使用是安全的。如果不治療，泌尿道感染的情形會更加惡化，甚至可能會導致腎盂腎炎。這是一種非常嚴重的腎臟感染，下文將詳細說明。

　　懷孕時罹患尿道感染，也可能導致早產或使新生兒體重過輕。如果妳覺得有感染跡象，一定要趕快檢查。如果罹患了尿道感染，務必要按時吃藥，並聽從醫師的囑咐複檢。

## 腎盂腎炎

膀胱感染可能會導致腎盂腎炎（腎臟感染）。有1％～2％的孕婦會發生這種感染，且以右腎發生的機率最高。

腎盂腎炎症狀包括頻尿、解尿灼熱、想解又解不出來、發高燒、寒顫及背痛等。罹患腎盂腎炎一定要住院，並以靜脈注射抗生素治療。

如果妳在懷孕時罹患了腎盂腎炎，或是膀胱炎頻頻復發，妳必須持續服用抗生素，以預防再度感染。

## 腎結石

另一種與腎臟及膀胱有關的問題，就是腎結石及膀胱結石，據統計，孕婦的泌尿道結石發生率約千分之一。腎結石會造成背部及下腹部劇烈疼痛，有時還會伴隨血尿。

懷孕時如果出現腎結石，通常需服用止痛劑，也要大量喝水。如果結石能隨著尿液排出，就不需開刀或用超音波碎石術來治療了。

## FOR PAPA

記得多幫太太分擔勞務：送衣服到乾洗店並取回來；跑銀行；洗車；到圖書館借還書；租錄影帶等。

# 懷孕第19週　　胎兒週數：17週

# Week 19

 ## 寶寶有多大？

　　本週，胎兒頭頂到臀部長13～15公分，體重約為200公克。等他出生時，大小將是現在的15倍。

 ## 妳的體重變化

　　現在可以在肚臍下方約1.3公分的地方，很容易就摸到妳的子宮。參見192頁的圖，可以讓妳比較子宮、胎兒及妳的大小，側面圖能讓妳看得更清楚。

　　此時妳的體重約增加了3.6～6.3公斤，但胎兒只占了200公克左右。胎盤重約170公克，羊水占320公克，子宮則重約320公克，妳的乳房各增加了180公克。

## 寶寶的生長及發育

### 寶寶的神經系統

懷孕第四週時，胎兒的神經板及神經系統（包括大腦及脊髓等組織）同時開始發育。到了第六週，前腦、中腦、後腦及脊髓等神經系統的主要分裂也已經完成。到了第七週，前腦分裂為兩個半球，未來將發育為兩個大腦半球。

### 水腦症

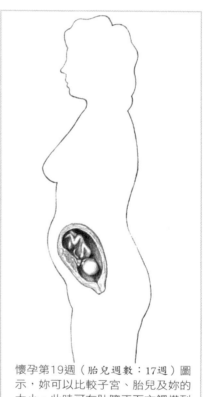

大腦組織很早就開始形成及發育了。腦脊髓液（CSF）由脈絡叢產生，在大腦與脊髓間循環。腦脊髓液循環必須通暢無礙，如果在開口處發生阻礙或因某種原因阻滯，就會形成水腦症。

水腦症會讓頭顱變得很大，產下水腦症新生兒的機率約二千分之一，占所有嚴重胚胎畸形的12%。

水腦症通常與脊柱裂相關，約有33%的水腦症兒童併有脊柱裂。水腦症與脊髓膜膨出（meningomyelocele）及臍疝氣（omphalocele，脊髓以及神經組織的疝氣）也有關聯。罹患水腦症時，有500～1500毫升的液體，會積聚在大腦，有時甚至更多。如果大腦組織被這些液體壓迫，就會產生極大

懷孕第19週（胎兒週數：17週）圖示，妳可以比較子宮、胎兒及妳的大小。此時可在肚臍正下方觸摸到子宮。

的問題。

診斷水腦症最好的方法，就是超音波檢查，懷孕19週時最容易診斷出來。但也有些案例，是在產檢時檢查子宮發現的。

過去，無法治療罹患水腦症的胎兒，必須等到胎兒出生後才能開始治療。現在有些案例，已經可以對胎兒做子宮內治療了，亦即胎兒還在子宮內，就先進行治療。

子宮內治療水腦有兩種方法，一種是直接將空針穿過母親的腹部及子宮，由胎兒腦中液體積聚的位置抽出液體，以減輕對胎兒大腦的壓力。另一個方法則是將塑膠管放在胎兒大腦中液體積聚的位置，將液體引流出來，使循環無礙。

水腦症的問題很複雜也很危險，屬於非常專門的治療技術，應該找精於治療此種問題的醫師來處理。

 ## 妳的改變

### 暈眩的感覺

孕婦常會覺得暈眩，這種情形通常是血壓低所造成。暈眩現象常在懷孕的第二個三月期出現，但也可能更早。

造成懷孕期低血壓的原因有二：第一個原因是子宮增大後，壓迫到主動脈及下腔靜脈，造成壓力。這種情形稱為仰臥式低血壓，通常在孕婦平躺的時候發生。孕婦在睡覺或躺下休息時，最好側躺，不要平躺，就可以避免發生這種仰臥式低血壓。

> 當妳快速站起來，腦子裡的血液迅速往下流，就會讓妳覺得暈眩。

第二個原因，常常是迅速改變姿勢所造成，如由坐、跪或蹲姿，突然站起來時，就會產生這種暈眩的現象，稱為姿勢性低血壓。當妳快速站起身子時，因為重力的關係，會使大腦裡的血液流出，造成血壓快速下降。只要注意從坐姿或臥姿起身時，慢慢站起來就可以避免這種暈眩了。

如果妳有貧血，可能也會覺得暈眩、昏倒或倦怠、很容易疲倦。懷孕時，醫師會為妳做常規的血液檢查，一旦發現有貧血的現象，就會進行治療。（參見懷孕第22週，有更詳盡的討論。）

懷孕也會改變妳的血糖值。不論是高血糖（高血糖症hyperglycemia）或低血糖（低血糖症hypoglycemia），都會讓妳感覺暈眩，甚至昏倒。孕婦如果有糖尿病或暈眩症的家族史，醫師就會定期為妳做血糖測試。大多數孕婦可以採取下列幾種方法，來避免發生暈眩。如飲食均衡，不要少吃某一餐或間隔很久未進食等。妳也可以隨身攜帶水果或餅乾，以備不時之需。

 ## 妳的哪些行為會影響胎兒發育？

### 懷孕時應注意的警訊

許多婦女都擔心懷孕時，會發生他們沒有警覺的嚴重問題。

事實上，大多數婦女的懷孕過程很正常。下文列舉出一

> 大多數婦女的懷孕過程都很正常，如果有狀況，也多半是一些小問題。

些懷孕時應該特別注意的症狀及徵兆，如果妳有這些症狀，請立刻去看醫師：

- 陰道出血。
- 臉部或手指嚴重腫脹。
- 腹部劇痛。
- 陰道流出大量液體，有時像泉湧，偶爾也會慢慢的流，或一直覺得濕濕的。
- 胎動突然很大或感覺不到胎動。
- 發高燒（體溫超過攝氏38.7度）或寒顫。
- 嘔吐嚴重到無法吃東西或喝水。
- 視力突然模糊。
- 解尿疼痛。

- 持續頭痛或頭痛劇烈。
- 外傷或發生意外，如突然跌倒或發生車禍，以及任何會讓妳擔心寶寶安危的狀況。

　　有個能讓妳更深入了解醫師說明的方法：提出疑慮，請教醫師的觀點。如果妳有疑問，不要擔心問題會很幼稚，也不必覺得不好意思。事實上，醫師也可以由妳的提問中，發現真正的問題。

　　有時候，懷孕初期一切都很正常，隨著孕程的進展，開始出現早產或胎兒有脊柱裂等問題時，可能就需要照會專家來處理。等到問題獲得控制後，或許妳還能由原先的產科醫師來接生。如果情況不理想，妳就必須在醫院待產，因為醫院設備完善，能為妳及胎兒提供一些特殊的檢查及治療。

 ## 妳的營養

　　鈣質對妳及發育中的胎兒都非常重要，鈣質讓妳的骨質健康，胎兒也需要鈣來製造堅強的骨骼及牙齒。懷孕時，每天都應攝取約1200毫克的鈣。如果產後親自哺乳，妳的身體就必須在懷孕後期貯存大量鈣質，以應付哺乳所需。

　　乳製品是鈣質的最佳來源。乳製品裡也富含維生素D，維生素D能幫助身體吸收鈣質。牛奶、乳酪、優格及冰淇淋都是常見的鈣質來源。白菜、青花菜、高麗菜、菠菜、鮭魚、沙丁魚、鷹嘴豆（雞豆）、芝麻、杏仁、煮熟的乾燥豆類、豆腐及鱒魚等食物，也都含有豐富的鈣質，柳橙汁和某些類麵包則有助於鈣質的吸收。

　　除此之外，妳還可以用其他方法來增加食物中的鈣質。妳可以在濃湯裡、馬鈴薯泥及絞肉中，添加一些脫脂奶粉。在水果奶

> 　　對孕婦來說，魚類是一種極富營養的食物來源，但鯊魚、旗魚及鮪魚（不論新鮮或冷凍）等，最好每週不要吃超過一次。

昔中加上新鮮的水果和牛奶，或加上一些冰淇淋。也可以用脫脂牛奶或低脂牛奶煮飯或麥片。

有些食物會妨礙鈣質吸收。鹽、茶、咖啡、蛋白質及未發酵的麵包，都會減低鈣質的吸收率。

如果妳必須注意熱量的攝取，就要慎選鈣質的來源，最好選擇低脂或不含脂肪的食物。如果醫師認為妳應該再額外補充鈣質，由碳酸鈣及鎂（用來幫助鈣質的吸收）組成的補充劑，是個不錯的選擇。至於坊間所賣的，由動物骨頭、牡蠣的殼或石灰岩製成的鈣質補充劑，最好不要吃，因為裡面可能含有過多的鉛。

 ## 其他須知

### 懷孕時過敏

如果妳原本就容易過敏，懷孕後可能會更嚴重。多喝一點水，或許會有助於改善。如果妳原本服用抗過敏藥物，懷孕後，不可以任意繼續服用，應先問過醫師再吃。鼻腔噴劑也一樣，必須經過醫師許可。有些治療過敏的藥物，不建議孕婦服用。抗過敏藥物通常是由數種不同的藥物組合而成，其中可能包括阿斯匹靈，而孕婦絕對不可服用阿斯匹靈。

有些孕婦則很幸運，原本困擾他們的過敏症狀，懷孕之後反而好轉，症狀也減輕了。（關於鼻子過敏的問題，參見236頁）

## FOR PAPA

> 盡可能休假，多陪陪另一半。你們可以一起討論懷孕的甘苦，或計劃寶寶的出生及未來。

懷孕第20週　　胎兒週數：18週

 **寶寶有多大？**

本週，胎兒頭頂到臀部長14～16公分，重約260公克。

 **妳的體重變化**

恭喜妳，以懷孕40週的足月產來計算，懷孕的辛苦過程已經度過一半了。

此時，子宮約在肚臍的位置。從懷孕到現在，醫師一直密切觀察妳及子宮的成長，在此之前，妳及胎兒的生長或許還不是十分規律，但從20週以後，成長及發育的速度，會變得更有規律。

### 測量子宮的成長及發育

醫師常藉著測量子宮，來推測胎兒的大小。醫師會用手指及手指的寬度來測量子宮的大小，有時也借助量尺來度量。

醫師度量子宮大小時，需要有參考的基準點。有些醫師以肚臍作為基準點，有的醫師則是以恥骨連合作為度量的基準點。恥骨連合位於小腹的中間下方，是兩側恥骨接合的位置。恥骨連合的位置

在尿道口的正上方，即肚臍下方15.2～25.4公分處，大約是在陰毛際線下方2.5～5公分的位置。

測量子宮，一般是由恥骨連合為基點，量到子宮頂端。懷孕20週後，子宮每週約可長1公分。假如妳的子宮在懷孕20週時是約20公分，下一次產檢時（4週以後），大概就變成約24公分。

如果子宮量測值是約30公分，可能就需要做超音波檢查，以進一步評估，看看是不是懷了雙胞胎（多胎妊娠）或錯估了預產期。如果子宮大小只有15～16公分，也要做超音波檢查，看看是否是預產期估算錯誤，或有胎兒生長遲滯及其他的問題。

醫師量子宮的方法都不一樣，每個孕婦的子宮大小也都不相同，胎兒的大小變

> 每個孕婦的子宮大小，量起來都不會相同，甚至同一位婦女的兩次懷孕，子宮大小可能都不相同。

化更大。因此，如果妳和其他懷孕朋友的子宮大小不同，不必太過驚慌。事實上，每個孕婦的子宮大小，量起來都不會相同，甚至同一位婦女的兩次懷孕，子宮的大小可能都不相同。

如果妳去找另一位新的醫師，或者給不常為妳檢查的醫師檢查時，妳的子宮大小，量起來就可能不相同。這並不表示有問題或醫師有錯誤，可能只是度量的方法不同罷了。

不過，為了持續追蹤胎兒大小及發育的情形，最好還是由同一位醫師，固定為妳檢查及度量。畢竟，子宮大小關係著胎兒的發育情形。如果子宮的成長出現異常，胎兒的發育就可能出現問題。如果妳對自己子宮大小有任何疑問，可以請教醫師。

 ## 寶寶的生長及發育

### 胎兒的皮膚
胎兒的皮膚是由外層的表皮層及內層的真皮層這兩層組織發育而成。表皮的排列有四層，其中一層含有表皮隆凸，將來這層隆凸

的組織，會形成指尖、手掌及腳底的厚皮。這些都是由基因來決定的。

真皮層在表皮層之下，形成乳頭狀的凸起，與表皮層相互交錯。每個凸起中都有一條血管（微血管）或神經。這些深層的組織層葉中，還包含大量脂肪。

胎兒出生時，皮膚上會覆蓋一層白白的膏狀物，叫做胎脂（vernix）。約從懷孕20週開始，胎兒皮膚的腺體就會開始分泌這種物質，包住體表，使胎兒不怕羊水的浸潤。

懷孕12～16週時，胎兒開始出現毛髮。毛髮由表皮層長出，髮稍末端（毛乳頭）則深入真皮層。胎兒的上唇及睫毛最先出現毛髮，胎毛在出生後會自然脫落，並被新毛囊長出的濃密毛髮所取代。

### 超音波圖像

201頁圖示是懷孕約20週孕婦的超音波檢查圖像結果。超音波檢查能讓人清楚了解懷孕的狀況。做超音波檢查時，妳所看到的圖像是動態的。

> 在這段期間做超音波檢查，比較容易看出胎兒的性別，但需胎兒配合。判讀胎兒的性別，主要是根據外生殖器官。不過，儘管胎兒的性別看起來十分明確，但畢竟是隔了一層肚皮，因此還是不能百分之百確認。

如果仔細看看圖像，妳也可以看出一些端倪，並想像胎兒在子宮裡的情形。超音波圖像就像是肚子的剖面圖，呈現出二度空間的表象。

這個時期做超音波檢查，能幫助醫師確認預產期。如果太早或太晚做超音波檢查（例如早兩個月或再晚兩個月），就比較不容易判斷出預產期。如果懷了雙胞胎或多胞胎，也可以由超音波檢查看出來。有些胎兒的問題，也能在此時由超音波檢查出來。

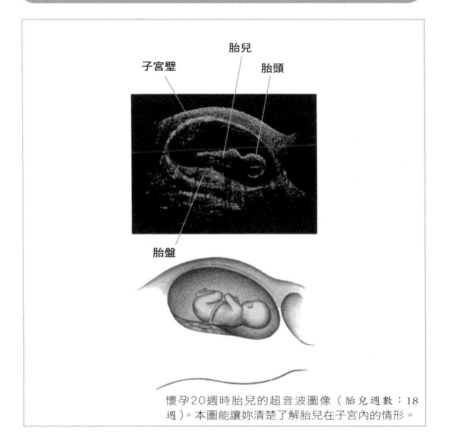

胎兒

子宮壁　　　　胎頭

胎盤

懷孕20週時胎兒的超音波圖像(胎兒週數:18週)。本圖能讓妳清楚了解胎兒在子宮內的情形。

### 經皮臍帶採血法

　　經皮臍帶採血法（Percutaneous Umbilical Blood Sampling，PUBS）又稱臍帶穿刺採血法（cordocentesis），是在出生前先採集胎兒血液的意思。檢查的好處是能在幾天之內，就得到結果；壞處是比起羊膜穿刺，這項檢查有較高的流產率。

　　採血時，必須藉超音波協助，用一根很細的長針，穿過母親的肚子到達臍靜脈。再經由針頭，抽取出少量胎血來化驗。臍帶穿刺採血能偵測血液的疾病、感染及Rh血型不相容等情形。

　　胎兒出生前，就可以採集胎血檢查，必要時，還可以為胎兒輸血。例如，當Rh陰性的母親體內產生抗體，逐步摧毀胎兒血液時，為了避免胎兒發生嚴重的貧血，就可以輸血給胎兒，以避免致命的傷害。

 ## 妳的改變

### 腹直肌分離

　　胎兒成長時，腹部的肌肉（腹直肌）也會因伸展、拉長而分開。腹直肌原本附著在肋骨下方，垂直向下延伸到骨盆腔，當腹直肌由中線向兩側分開，稱為腹直肌分離。

　　平躺、抬起頭、腹部用力時，最容易察覺到腹直肌分離的情形。這時，分離的腹直肌使得肚子上彷彿有一團鼓出的東西，有時還能摸得到肌肉邊緣。這種情形不會疼痛，也不會造成傷害。在分離的腹直肌中，可以摸到子宮，也更容易感覺到胎動。

　　如果妳是第一次懷孕，可能還不會有這些感覺。隨著懷孕次數的增加，腹直肌分離的現象會更清楚明顯。運動雖然能增強腹直肌，但腹直肌分離造成的突起或分隔溝卻仍然存在。

　　隨著孕程的進展，腹直肌會愈向後分開，不過這些現象並不明顯，外觀也看不出來，即使使用束腹帶，也沒有太大幫助。

## 妳的哪些行為會影響胎兒發育？

**性關係**

懷孕原本可讓妳及伴侶間的關係更加親密，但隨著肚子愈來愈大，以及擔心性交可能會帶來不適，你們可能會對性行為又愛又怕。事實上，只要加入一點想像，並改變性交姿勢（但孕婦不要趴著，配偶也不要直接壓在孕婦身上），妳們還是可以在懷孕期間享受性愛的愉悅。

當配偶擔心做愛是否會對妳或胎兒造成傷害，或雙方對做愛的需求無法配合時，不妨開誠布公談一談。或和配偶一起去看醫師，與醫師討論這些問題。

如果妳有子宮收縮、出血或其他問題時，可以問問醫師。醫師會參考妳的健康狀況，提供建議。

## 妳的營養

許多婦女喜歡用代糖來減低熱量，各種食物及飲料中，最常使用的代糖包括阿司巴甜（aspartame，由苯丙胺酸及天門冬酸兩種氨基酸組合而成）與糖精（saccharin），尤以前者最常被使用，加在許多食物及飲料中以降低熱量。

近來，阿司巴甜的安全性頗受爭議。因此，我們建議孕婦，最好不要食用含代糖的食物。因為到目前為止，還不能確定阿司巴甜會不會對孕婦及胎兒造成不良影響。懷孕的婦女如果罹患了苯酮酸尿症，飲食中應減少苯丙胺酸，否則會對胎兒造成危險。阿司巴甜內的苯丙胺酸，一樣會增加苯丙胺酸的值。

糖精是另一種常添加在飲料及食物中的代糖，雖然用量已經減少，但許多食物、飲料及食材中仍有添加。美國公眾利益科學中心

對糖精的檢驗報告中，並未指出懷孕時食用糖精是安全的。因此，懷孕期間最好也不要食用糖精。

懷孕時應盡量避免食用代糖及其他食品添加物，因此孕婦最好不要吃添加非必要物質的食物及飲料，這樣子對胎兒最好。

 ## 其他須知

### 傾聽胎兒的心跳

在懷孕的第二十週，妳可以藉著聽診器聽到胎兒的心跳。在未使用都卜勒胎心

> 如果妳無法經由聽診器聽到胎心音，也不用擔心，即使是醫師，也不容易一下就用聽診器找到胎心音。

音計聽胎心音及用超音波看胎兒心跳前，醫師都是使用聽診器來聽胎兒的心跳。大多數婦女在感覺到胎動後，一般就容易聽到胎心音了。

由聽診器聽胎心音與診所裡聽到的聲音不同，聽診器的聲音較小。如果妳從來沒用過聽診器，第一次使用時，確實不容易聽到。不過隨著胎兒逐漸長大，胎心音會愈來愈容易聽得到。

如果妳無法由聽診器聽到胎心音，也不用擔心。事實上，即使是醫師，要馬上用聽診器找到胎心音也不是件容易的事。

胎兒的心跳聲聽起來像颾颾颾的聲音，另一種砰砰砰的聲音就是母親的心跳聲，妳可以加以比較。胎兒心跳速率很快，通常每分鐘跳120～160下；母親卻只有每分鐘60～80下。如果妳無法分辨，也不必緊張，可以請教醫師。

> **FOR PAPA**
>
> 懷孕20週左右，太太可能會做超音波檢查。可以請太太盡量安排在你有空的時間，好讓你可以陪同去檢查。

# 懷孕筆記

# 懷孕第21週　　胎兒週數：19週

## Week

 **寶寶有多大？**

本週，胎兒長得更快了，重約300公克，頭頂到臀部的長度約18公分，大小有如一根大香蕉。

 **妳的體重變化**

妳可以在肚臍下方約1公分處摸到子宮。產檢時，醫師由恥骨連合開始量子宮大小，長度約21公分。此時，妳的體重約增加4～6公斤。

本週，妳的腰圍已經完全消失了，朋友、親戚，甚至不認識的人，都能夠一眼就看出來妳已經懷孕。

 **寶寶的生長及發育**

胎兒雖然持續生長，但成長的速度逐漸減慢，各個系統也漸漸發育成熟了。

## 胎兒的消化系統

　　胎兒的消化系統功能很簡單。從懷孕11週開始，小腸就開始蠕動，以收縮及鬆弛的交互動作，將腸內物質向前推動。小腸也在此時開始發揮功能，將糖分吸收到體內。

　　到了21週，胎兒的消化系統漸漸發育，胎兒可以吞嚥羊水。羊水吞下後，胎兒會吸收大部分的水分，再將不能吸收的物質推到大腸末端。

## 胎兒的吞嚥

　　就像前文所述，胎兒在未出生前就已有吞嚥的行為。在超音波輔助下，可以清楚看到，胎兒在各個階段都會有吞嚥的動作。甚至早在懷孕21週，就已經出現。

　　為什麼胎兒在子宮裡就會吞嚥了呢？研究人員認為，吞嚥羊水的動作，能促進胎兒消化系統的生長及發育，使寶寶一出生，消化系統就已經發育良好。

　　有人研究胎兒吞下及通過消化系統的羊水量，根據證據顯

> 　　藉著超音波之助，我們可以清楚看到，胎兒在各個階段都有吞嚥的動作。

示，足月胎兒24小時內約吞下500cc的羊水。

　　胎兒由羊水所獲得的熱量並不多，但可以得到一些必須的營養素。

## 胎便

　　在懷孕過程中，妳可能會聽到「胎便」這個名詞。胎便是胎兒吞下的羊水，通過消化系統後所剩下無法消化的東西。胎便多半呈現墨綠色或淺棕色，在分娩的前幾天、分娩時或分娩後幾天內，胎兒會將胎便解出。

　　胎兒如果將胎便解在羊水當中，表示胎兒可能受到很大的壓力。因此，如果在分娩時看見胎便，就意味著胎兒受到了壓迫，且可能出現胎兒窘迫症。

如果胎兒在出生前腸道便已開始蠕動，並將胎便解在羊水中，胎兒就會將含有胎便的羊水吞下。羊水如果進入肺部，就會引發吸入性肺炎。因此，如果分娩時看見胎便，就必須在寶寶娩出時，立刻用抽吸軟管將胎兒口鼻中的羊水盡量抽出來。

 ## 妳的改變

除了子宮，妳體內的其他部位也在改變。妳的腿和腳可能都有些水腫，傍晚或晚上會更嚴重。如果必須長久站立，妳會發現，只要一坐下或躺下，腿部的腫脹很快就會消失。

### 腿部的血凝塊

懷孕時期，腿或鼠蹊部出現血凝塊是一種很嚴重的併發

> 如果想要在飲食中增加鈣質，以脫脂牛奶代替清水煮飯或煮麥片，都是不錯的方法。

症，症狀包括腿部腫脹，併有患處紅、腫、熱、痛。

這種毛病稱為靜脈栓塞（或稱血栓性栓塞症、血栓性靜脈炎及下肢深部靜脈栓塞等）。靜脈栓塞並不是孕婦的專利，但在懷孕時最容易發生，懷孕時子宮造成的壓力、血液中的成分改變及凝血機制改變等因素，使得流經腿部的血液循環速度減慢，造成凝血現象。

造成懷孕婦女腿部靜脈栓塞的主要原因，是血液流動減慢，又稱為血液鬱積。如果懷孕前曾發生血液凝結的現象，不論是腿上或身上其他部位，都應該在懷孕之初立刻告訴醫師。這是非常重要的資訊，醫師一定要盡早知道。

### 深部靜脈栓塞

腿部表層靜脈栓塞與深部靜脈栓塞不同，前者較不嚴重。因為當血栓發生在皮膚表層的靜脈時，很容易被發現。治療的方法包括

服用鎮痛解熱的止痛藥（如普拿疼）、抬高患肢、用彈性繃帶包紮患肢、穿上彈性襪、熱敷等。如果情況還不能改善，就會發生深部靜脈栓塞。

深部靜脈栓塞嚴重得多，需要進一步診斷及治療，其症狀視血栓的部位及惡化程度而定。深部靜脈栓塞發生得很快，且常伴有劇烈的疼痛，大腿及小腿部位也會出現腫脹。

發生深部靜脈栓塞時，整條腿偶爾會呈現蒼白及冰冷的現象，但栓塞位置則通常出現觸痛、發熱及腫脹的情形。患處皮膚會泛紅，產生血凝塊時，靜脈上方的皮膚更是會沿著靜脈的走向，出現紅色斑紋。

如果擠壓或按摩小腿肚，會引起劇痛且無法走路。妳可以檢查是否罹患深部靜脈栓塞：躺下來，將腳趾扳向膝蓋，如果小腿肚會痛，就表示罹患了深部靜脈栓塞（此為霍曼氏徵象Homan's sign）。

不過，如果肌肉拉傷或者瘀傷，也會出現類似的狀況，因此，必須更清楚的做一個區分。如果妳有這種現象，最好請醫師診斷。

孕婦與非孕婦診斷深部靜脈栓塞的方法不同。檢查未懷孕婦女時，會將染色劑打入腿部靜脈，再照X光，就可以診斷並找出血栓的位置。但這種方法不適用於孕婦，因為染色劑及X光會傷害胎兒。孕婦罹患深部靜脈栓塞時，最好使用超音波檢查及診斷。一般說來，大型醫療院所都可以進行這種檢查，但不是每家診所都能提供這項服務。

治療深部靜脈栓塞時，通常要住院，並使用肝素（heparin）來治療。肝素是一種血液稀釋劑，必須經由靜脈注射給藥，無法口服。這種治療方法很安全，也不會影響胎兒。當孕婦接受肝素治療時，必須額外補充鈣質。注射肝素時，要臥床且抬高患肢，並熱敷

患處，有時還需服用止痛劑。

　　住院期間加上復原期，約需7～10天。出院後，患者仍須繼續接受肝素治療，直到生產。隨著孕程的進展，還要接受血液稀釋劑的治療，治療時間則視血凝的嚴重程度而定。

　　如果孕婦發生凝血現象，往後的幾次懷孕，都必須接受肝素治療，即每天由留置靜脈管中注射肝素，或遵照醫囑，每天以靜脈注射給藥。

　　Warfarin（藥品名Coumadin）是用來治療深部靜脈栓塞的口服藥，但孕婦不適用，因為它會通過胎盤，傷害胎兒。Wafarin通常是產後給服，以避免產生血凝塊。產後服用的時間，視凝血的嚴重程度而定。

　　如果過去曾發生凝血現象，不論原因為何或與懷孕有沒有關係，都必須盡量在懷孕的最早期去看醫師。第一次產檢時，就要將妳曾經發生的任何問題，詳細告訴醫師。

　　罹患深部靜脈栓塞時，最危險的狀況就是引起肺栓塞，即腿部的血栓碎片剝落後，隨著血液運行到肺臟，造成肺臟血管栓塞。懷孕時，發生這種疾病的機率非常小，約為每三千分之一到七千分之一。這是一種非常嚴重的懷孕期併發症，但仍可以適當的治療來預防。

## 妳的哪些行為會影響胎兒發育？

### 超音波檢查的安全性

　　211頁有一張超音波檢查的圖像及說明。這張圖顯示出胎兒在子宮內的情形，也顯示出媽媽腹中有一個很大的囊腫。

　　許多婦女會質疑超音波檢查的安全性，但大多數醫學研究人員認為，超音波檢查對胎兒不致造成明顯的傷害。事實上，超音波應用於產前診斷已有三、四十年歷史，沒有任何會危害人體的報告，它與X光的輻射線完全不同。因此雖然研究人員也試圖找出傷害胎

兒的證據，但至今仍未找到。

　　超音波檢查確實是一個非常好用的工具，它能幫醫師找出孕婦的問題並加以解答，且能確認病情。

　　如果醫師建議做超音波檢查，而妳對超音波仍有疑慮，可以在檢查前先與醫師討論。醫師或許有很重要的理由，才會希望妳進行

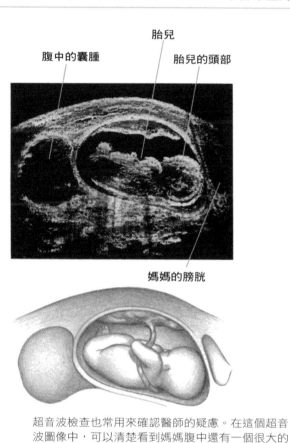

超音波檢查也常用來確認醫師的疑慮。在這個超音波圖像中，可以清楚看到媽媽腹中還有一個很大的囊腫。下方的圖，將超音波圖像做更清楚的詮釋。

這項檢查。這攸關胎兒的健康，因此，最好還是檢查比較安心。

## 妳的營養

　　有孕婦會對某種食物有莫名的渴望，這種現象也常被解讀為懷孕的徵兆。如果妳渴望的食物具有營養價值也很健康，就可以有節制而放心的吃。對於沒有任何好處的食物，就盡量少吃了。如果想吃的食物是高脂、高糖或空糖食物，那就要小心了，請淺嚐即止。最好選擇新鮮的水果或乳酪，不要耽溺於沒有營養價值的食物。

　　孕婦為何會出現對某種食物異常渴望的現象，原因並不清楚，可能是荷爾蒙或情緒的變化所導致。但也可能出現對食物極度厭惡的感覺，某些平時很喜歡吃的食物，懷孕後卻會讓妳反胃，這種現象也很普遍，也是因為荷爾蒙改變所造成。荷爾蒙影響了某些孕婦的腸胃道，也影響他們對食物的反應。

### 孕婦渴望的食物

**研究顯示，有三種食物最容易讓孕婦產生渴望的感覺：**
・33%渴望吃巧克力。
・20%渴望吃甜食。
・19%渴望吃柑橘類的水果和果汁。

## 其他須知

**妳是否會靜脈曲張？**

　　大多數孕婦或多或少都曾出現靜脈曲張。靜脈曲張有遺傳的傾向，懷孕或年長時，以及長久站立之後，都會對靜脈造成壓力，使得病情更加的惡化。

### 靜脈曲張的治療

　　**以下幾種方法，可以幫妳消除靜脈腫脹：**
- 穿上醫療用的彈性長統襪，可以請醫師推薦。
- 穿著衣物時，不要束縛住膝部或鼠蹊部的血流。
- 少站，盡可能側躺或抬高下肢，以協助靜脈血液回流。
- 最好穿平底鞋。
- 坐下時，不要翹二郎腿，以免阻斷血液循環，使靜脈曲張更惡化。

　　靜脈曲張是指靜脈血管充滿血液，這種情形最初多出現在腿部，但也常常出現在會陰處。懷孕時，子宮讓血流及壓力改變，使靜脈曲張的現象更加嚴重，也讓孕婦更不舒服。

**FOR PAPA**

　　可以開始討論幫孩子命名。有些夫婦對於孩子的命名，意見大相逕庭。你們可以參考坊間的命名書籍，也可以依據家譜來命名。先選幾個名字作參考，等孩子出生後再做決定就可以了。

　　隨著孕程的進展，靜脈曲張病情會逐漸惡化，也會更疼痛。孕婦的體重逐漸增加，靜脈曲張也愈來愈嚴重（特別是必須長久站立的孕婦）。

　　靜脈曲張引起的症狀各不相同。有些孕婦只會在腿上出現青紫或深色的點狀，不會感

覺不舒服，或頂多晚上感覺腿部有點腫脹。有的孕婦則會有嚴重的靜脈凸起，晚上一定要抬高下肢，才能減輕不適。

　　下一次懷孕時，靜脈的腫脹或許會消失，但已形成靜脈曲張的部位並不會恢復。如果要徹底去除靜脈曲張的痕跡，可利用雷射治療、從靜脈注射藥劑及外科切除手術（靜脈剝離術）等療法。懷孕期間不能進行靜脈剝離術，必須等到孩子生下之後，才可以考慮施行。

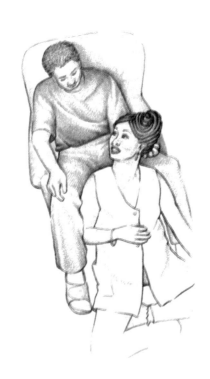

# 懷孕筆記

# 懷孕第22週　　胎兒週數：20週

*Week*

## 寶寶有多大？

本週，胎兒重約350公克，頭頂到臀部的長度約19公分。

## 妳的體重變化

子宮在肚臍上方約2公分的位置，如果從恥骨算起約22公分。這個時期，可能是整個懷孕期最舒適的日子，因為腹部的隆起還不算太大，不會造成太大不便，妳還能彎下腰，也還可以坐得舒舒服服的，走路還不會太費力，而害喜的日子也已經熬過去了。

## 寶寶如何生長及發育

胎兒持續成長，一天比一天大。參見217頁圖，妳可以看到胎兒的眼皮甚至眉毛，都已經發育完成，手指甲也看得見了。

> 這是懷孕期間令人覺得愉悅的時期。

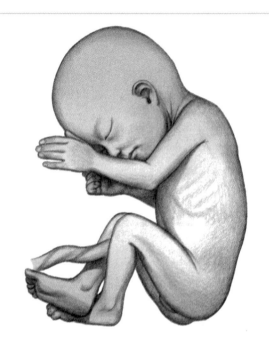

到了懷孕第22週（胎兒週數：20週），寶寶的眼皮及眉毛已經發育完成，手指甲也長出來，並覆蓋在指尖上。

## 肝功能

胎兒的器官及系統，隨著其功能開始分化。例如肝臟，胎兒肝臟的功能與成人不太一樣。以在人體功能上扮演重要角色的酵素（一種化學物質）為例，成人時期，酵素是由肝臟來製造，但在胚胎體內雖然也有這些酵素，含量卻非常少，遠低於出生以後。

肝臟另一個重要的功能，是破壞及處理膽紅素。血球細胞破裂後會產生膽紅素，胎兒的血球生命週期非常短暫，因此，所產生的膽紅素量就比大人多得多。

胎兒的肝臟對處理膽紅素及將膽紅素從血液中移除的能力十分

有限，因此，通常都是將膽紅素透過胎盤傳遞給母親，由母體代為排除。如果早產，胎兒肝臟的發育還不成熟，更無法自行排除血液中的膽紅素。

新生兒體內如果含過多膽紅素，就會發生黃疸，皮膚及眼睛呈現黃褐色。通常以光照療法治療新生兒黃疸，即利用光線穿透皮膚，破壞膽紅素。

在由母親代為處理膽紅素，轉變為胎兒自行處理的過程中，常會因新生兒的肝臟能力無法趕上進度而出現問題，特別是早產兒。因為早產兒的肝臟發育更不成熟，黃疸情形也會更嚴重。

 ## 妳的改變

### 胎兒纖維結合素

有些婦女會因為懷孕而感覺不舒服，如下腹部疼痛、背痛、骨盆腔壓力增加、子宮收縮（包括疼痛收縮及無感收縮）、痙攣及陰道分泌物改變等，這些症狀很難與早產造成的症狀作明顯的區隔。直到現在，也沒有可靠的方法能夠明確指出，某一位孕婦會不會早產或是不是即將早產，不過，現在有一種檢驗可以協助醫師判斷。

胎兒纖維結合素（Fetal Fibronectin，fFN）是一種存在於羊膜囊及胚膜的蛋白質，懷孕22週以後，胎兒纖維結合素通常就會消失，直到懷孕38週左右才又出現。

懷孕22週以後，如果在孕婦子宮頸及陰道分泌物中，發現胎兒纖維結合素，就表示有早產跡象。如果沒有，早產的機率相對很低，未來2週內也不太可能會分娩。

這項檢查與子宮頸抹片檢查類似，用一根棉花棒採集陰道上方、子宮頸後的黏液，將棉花棒送回實驗室檢查，24小時內就可以知道結果。

## 什麼是貧血？

人體內血球的製造（載送氧氣到全身）與破壞，呈現一種微妙的平衡。當紅血球量不足時，就稱為貧血。如果貧血，表示妳體內的紅血球數目不足。

> **懷孕期貧血**
>
> 貧血是孕婦常見的毛病。如果妳有貧血的現象，如何治療對妳及腹中的胎兒是非常重要的。貧血時，妳會覺得很不舒服，很容易疲倦，也常會感覺暈眩。

懷孕時，血液中的血球數目會增加，血漿（血液中液體的部分）的量增加得更快。因此，醫師會持續追蹤血液中的血球容積比（hematocrit）。血球容積比是計算血液中，血球細胞（特別是紅血球）所占的比率。此外，也要檢查血紅素含量，血紅素是紅血球細胞中的一種蛋白質成分。貧血時，紅血球的血球容積比會低於３７，血紅素則會低於１２。

通常在第一次產檢時，除了例行檢查外，也會進行血球容積比檢驗。在隨後的懷孕過程中，還會再檢查一或兩次。如果檢查結果有貧血，那麼就需要常常檢查以便追蹤。

分娩時，常會流失血液。如果接近分娩時，妳還有貧血的現象，分娩後，就可能需要輸血。如果妳有貧血的現象，最好遵照醫囑，攝取適當的飲食及補充鐵劑。

## 缺鐵性貧血

懷孕時最常見的貧血種類，就是缺鐵性貧血，因為懷孕時，寶寶會取走妳體內所儲存的鐵質來製造他的紅血球。如果妳患有缺鐵性貧血，體內所剩的鐵質就更無法製造足夠的紅血球了。

## 小心缺鐵性貧血

　　有時候，即使補充鐵劑，有些孕婦還是會罹患缺鐵性貧血。有下列情況的孕婦，容易出現缺鐵性貧血：

- 無法服用鐵劑或無法補充含鐵維生素。
- 懷孕期間出血。
- 多胎妊娠。
- 曾做過胃或小腸的手術（容易造成鐵質的吸收量不足）。
- 服用制酸劑，影響鐵質吸收。
- 飲食習慣不良。

　　大多數孕婦維生素中都含有鐵劑，妳也可以單獨服用鐵劑。如果妳不能服用孕婦維生素，每天就要服用2～3次、每次300～350毫克的硫酸亞鐵或葡萄糖酸亞鐵來補充體內的鐵質。孕婦的補充劑中，鐵劑是最重要的，幾乎所有孕婦都需要補充鐵質。

　　治療缺鐵性貧血就是要增加鐵的攝取，鐵劑經由胃腸道吸收的效果有限，必須每天補充。鐵劑雖然也可以由肌肉注射給藥，但注射部位會很痛，對皮膚也容易造成損傷。

　　服用鐵劑的副作用包括噁心、嘔吐及胃腸不適，出現這些現象時，可以將劑量減輕。此外，服用鐵劑也很容易造成便秘。

　　如果妳實在無法口服鐵劑，只好盡量增加食物中的含鐵量，多吃肝臟或菠菜，或許能讓妳避免貧血。妳可以請教醫師，哪些食物應該多吃。

### 鐮狀細胞性貧血

　　膚色較深、地中海裔或非洲裔的婦女，如果患有鐮狀細胞性貧血，懷孕時就會造成非常嚴重的問題。貧血原因在於骨髓製造紅血球的速度，遠不及破壞的速度，鐮狀細胞性貧血患者骨髓製造出來

的紅血球也不正常，因此，會引起劇烈的疼痛。

也可能帶有鐮狀細胞性貧血遺傳因子，而沒有發病，卻將這種疾病的遺傳因子傳給孩子。因此，若有家族遺傳病史時，一定要告知醫師。

經由驗血可以很容易檢查出是否帶有鐮狀細胞性貧血的遺傳因子，羊膜穿刺採樣（參見懷孕第16週）及絨毛膜採樣（參見懷孕第10週）也都可以檢查出胎兒是否帶有鐮狀細胞性貧血遺傳因子。

有鐮狀細胞性貧血遺傳因子的婦女，懷孕時很容易罹患腎盂腎炎（參見懷孕第18週），小便中也常含有細菌。帶有鐮狀細胞性貧血遺傳因子的婦女，很容易在懷孕時發病。

罹患鐮狀細胞性貧血的婦女，一生中可能會經歷幾次劇烈的疼痛（稱為鐮狀細胞危象），因為紅血球細胞不正常，會妨礙血流，阻塞血管，造成劇烈的疼痛，疼痛部位常發生在腹部或四肢。鐮狀細胞危象發作時，常會痛到必須住院，注射點滴並給予止痛藥。

Hydroxurea這種藥品治療鐮狀細胞性貧血的療效還不錯，但是仍有風險。因為針對長時間服用這種藥物的反應，研究數據仍嫌不足，因此不建議孕婦服用。

孕婦罹患鐮狀細胞性疾病，除了會發生極疼痛的鐮狀細胞危象外，還容易出現細菌感染，甚至發生充血性心衰竭等症狀。對胎兒造成的危險，則包括流產及死產，比率甚至高達50％。儘管有這麼多危險，仍有許多患鐮狀細胞性貧血的婦女，成功產下胎兒。

> 儘管有許多危險，仍有許多患鐮狀細胞性貧血的婦女，平安產下胎兒。

## 地中海型貧血

地中海型貧血是一種罕見的貧血，好發於居住在地中海周圍的人，因為製造紅血球的某種蛋白質生產不足而貧血。如果家族中有地中海型貧血病史，或者妳是地中海型貧血患者，一定要告訴醫師。

地中海型貧血在台灣卻是不少見的貧血，估計全人口中有3.5％

以上罹患此病，分為甲型和乙型兩種。大多數患者是甲型，乙型較少見，兩型都是遺傳性疾病，會代代相傳，但唯有夫妻兩人都罹患此病，才有可能生下無法存活的水腫胎兒或重型地中海型貧血患者，需終生輸血。

 ## 妳的哪些行為會影響胎兒發育？

### 當妳覺得身體不適時

懷孕時，妳也可能會腹瀉或發生病毒感染（如感冒）。發生這些情形時，該怎麼辦？

- 當我覺得不舒服時，該怎麼辦？
- 哪些藥能吃，哪些治療能做？
- 如果我生病了，還要不要繼續吃孕婦維生素？
- 如果我生病了，吃不下東西，該怎麼辦？

懷孕時，如果覺得不舒服，不要猶豫，立刻去看醫師。醫師會告訴妳，哪些

> 懷孕時，體內的血液容積量會大量增加，因此，需要補充大量水分。當小便顏色像水一樣清淡時，所補充的水分大致就足夠了。

藥物可以減輕不適。有時候，雖然只是小小的感冒或流行性感冒，醫師也希望能夠了解妳哪裡不舒服。如果需要進一步的評估及檢查，醫師也可以適時建議及安排。

有哪些事是能在家自己做的呢？當然有。如果腹瀉或有病毒感染的現象，妳可以增加液體的攝取量。多喝水、果汁及清流質的飲料（如清雞湯），或吃清淡的流質食物等，都會讓妳覺得比較舒服。

幾天飲食不正常，對妳及胎兒不會有大礙，但妳還是需要攝取大量水分。固態飲食可能會造成消化不良，也容易使腹瀉

更嚴重，而乳製品也會讓腹瀉惡化。

　　如果腹瀉超過24小時還未改善，最好去看醫師，並請醫師開孕婦能服用的止瀉藥。

　　不要亂吃未經醫師許可的成藥。病毒感染所引起的腹瀉，通常短時間內就會恢復，不會持續太久。不過，最好還是請假在家臥床休息，直到病情好轉。

## 妳的營養

　　懷孕時需要補充很多水分，水分足夠，才能幫助身體有效利用營養素、促進新的細胞發育、維持體內足夠的血液容積量，以及維持適當的體溫。如果懷孕時能喝比平常更多的水，懷孕過程可能會覺得更舒適。

　　研究顯示，身體每燃燒15卡熱量，就需要1湯匙水分。如果每天要消耗2000卡熱量的話，至少要喝約1900cc的水。懷孕時，妳對熱量的需求增加，對水分的需求同樣也增加，至少要喝6～8大杯的水才夠。妳不需要一次喝下大量的水，常喝水就可以了。不過，傍晚以後最好減少水分的攝取，以免夜裡必須頻頻起來上廁所。

　　有些孕婦會問，是否可以其他飲料來補充水分。當然可

> 懷孕時，有些常見的毛病，在多喝水後會有所改善。

以，但開水還是最好的選擇。除了水以外，妳也可以喝牛奶、蔬菜汁、果汁或花草茶，此外，還可以吃蔬菜水果、乳製品、肉類和穀類製品等，這些食物裡也含有不少水分。茶、咖啡及可樂則盡量少喝，因為這些飲料可能含有鈉及咖啡因，會有利尿的作用，讓妳必須補充更多水分。

　　有些婦女懷孕時，會出現頭痛、解尿不適及膀胱感染等問題，

大量喝水後，這些情形都有所改善。

　　妳可以藉由觀察尿液，檢視水分攝取是否足夠。如果尿液呈淡黃色且清澈，表示水分足夠；如果呈深黃色，表示水分攝取不足。不要等到口渴才喝水，因為這時體內的水分至少已損失1％。

 ## 其他須知

### 盲腸炎

　　孕婦也會罹患盲腸炎，但懷孕會讓盲腸炎的診斷更加困難，因為噁心、嘔吐等盲腸炎的症狀，與懷孕症狀類似。而變大的子宮會將盲腸往上、往外推擠，因此，疼痛的部位及觸痛的位置與一般人不同，是診斷困難的另一個原因。下圖有助於妳更了解。

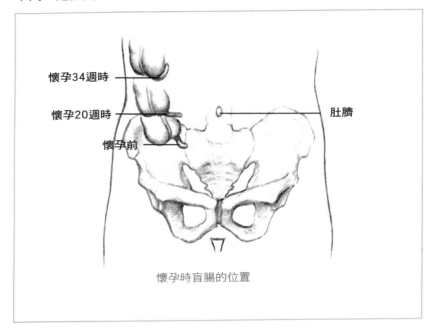

懷孕34週時

懷孕20週時

懷孕前

肚臍

懷孕時盲腸的位置

治療盲腸炎，唯有立刻開刀一途。切除盲腸對孕婦來說，是個較危險的手術，也需要住院。某些情形可以使用腹腔鏡手術來切除盲腸，但因為孕婦的子宮變大許多，使手術的困難度相對增加。

如果發炎的盲腸破了，容易併發嚴重的後遺症。因此，大多數醫師認為，與其冒著盲腸破裂、污染整個腹腔的危險，不如在未破裂時將它割除。術後可能還需要以抗生素治療，不過這些抗生素對孕婦及胎兒並無危害。

## FOR PAPA

當你開車載太太出門時，可以協助她上下車。如果你有兩輛車，選擇較寬敞的車會比較舒適。也可以幫她調整坐椅及安全帶。開車時，盡量保持安穩及舒適。

# Week 23

## 寶寶有多大？

本週，胎兒已重約455公克了！頭頂到臀部的長度約20公分，大小有如一個小洋娃娃。

## 妳的體重變化

子宮已經擴展到臍下約3.8公分的位置（恥骨連合上方約23公分）。腹部的變化雖緩慢進行，但此時妳的外觀已經是圓滾滾的了，體重也應該增加了5～7公斤。

## 寶寶的生長及發育

胎兒繼續成長，身體也愈來愈圓滾滾，但是皮膚仍然是皺巴巴的，以因應身體的成長。妳可以參考227頁的圖示。這個階段，胎兒身體上的胎毛漸漸變黑，臉及身體外觀與未來出生的時候更像了。

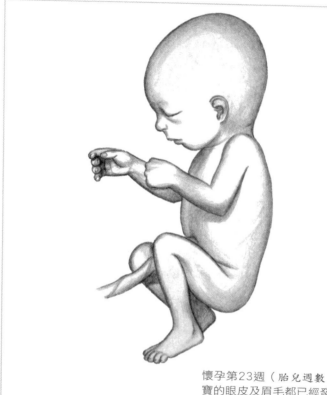

懷孕第23週（胎兒週數：21週），寶
寶的眼皮及眉毛都已經發育完成了。

### 胰臟的功能

　　胎兒的胰臟也在此時開始發育。胰臟在荷爾蒙的製造上，占有
重要地位，特別是胰島素。胰島素是人體分解及利用糖類時，最重
要的荷爾蒙。

　　當胚胎暴露在高血糖環境時，胰臟就會被血液中高含量的胰島
素所刺激而開始有反應，分泌出胰島素。據醫學報導，曾在懷孕第
9週的胚胎胰臟中發現胰島素。等到懷孕12週時，胎兒血液中就已

經出現胰島素了。

糖尿病母親產下的寶寶，血液中胰島素的含量都偏高，因此醫師會特別注意妳是否有糖尿病。

 ## 妳的改變

此時，朋友們就會開始討論起妳的肚子。有人會說，妳一定懷雙胞胎，因為肚子很大；也有人會認為妳的肚子太小。如果這些話會使妳產生困擾，可以請醫師解惑。

從本週以後的每次產檢，醫師都會測量妳的子宮大小，也會注意體重的變化。每位孕婦及胎兒的成長速度都不相同，重要的是有沒有繼續成長與發育。

當寶寶漸漸長大，胎盤也持續增長，羊水繼續增加。

### 水分的流失

隨著孕程的進展，子宮愈來愈大，也愈來愈重。懷孕之初，子宮位於膀胱的正後方、直腸及結腸的前方。

等到懷孕後期，子宮就移到膀胱的正上方。隨著子宮的長大，會對膀胱造成壓力。這時，妳可能會注意到，內褲常會微濕；妳也會擔心，是尿液或羊水的滲漏。這兩種情形確實難以分辨，不過，羊膜破裂時，羊水會大量而持續湧出。一旦發生這種情況，就要立刻上醫院了。

### 情緒變化

妳會不會覺得自己的情緒起伏很大？脾氣不好？動不動就哭？妳是否以為這種容易失控的情況，會永遠持續下去？

其實不必擔心，孕婦都會出現這種現象。專家們認為，這是因為懷孕期間，荷爾蒙變化所導致。

情緒欠佳時，有時很難處理或治療。如果妳覺得家人會被妳突

如其來的情緒所影響，不妨解釋給他們聽，這種情形對孕婦來說是很常見的，希望他們能夠諒解及體諒。然後，盡量放鬆心情，不要沮喪，因為孕婦來就比較多愁善感。

## 妳的哪些行為會影響胎兒發育？

### 糖尿病孕婦

患有糖尿病的婦女，如何度過懷孕期及平安產子，在過去是難以克服的問題。在現在，罹患糖尿病的孕婦，大多能安然的度過懷孕期，這都要歸功於正確的醫療照護、良好的營養及確實遵守醫師的囑咐。

糖尿病是指血液中缺少足夠的胰島素，以致無法分解糖類並將之運送到身體各處。胰島素不足，血液中的血糖值會升高，尿液也會含有大量糖分。

糖尿病會造成腎臟方面的病變、眼睛的病變，以及血液及血管方面的病變（如動脈粥狀硬化或心肌梗塞，即心臟病發作）等嚴重的疾病。這些情形，對妳及寶寶都是非常嚴重的傷害。

在胰島素還未廣泛使用前，糖尿病婦女幾乎都無法平安懷孕及生子。胰島素被發現及使用後，加上對胎兒各種嚴密的監控，糖尿病患者懷孕產子已經不是件難事了，胎兒的存活率也大幅提高。

對於有糖尿病傾向的婦女而言，懷孕是一個極大的考驗。懷孕期間血糖值居高不下的婦女，將來發生糖尿病的機率很大。糖尿病的症狀包括：

・尿量增加

- 視力模糊
- 體重減輕
- 暈眩
- 常感覺飢餓

> 目前罹患糖尿病的婦人懷孕，大多能安然度過懷孕期，這都要歸功於正確的醫療照護、良好的營養及確實遵守醫師的囑咐。

懷孕時期可以抽血檢查是否患有糖尿病，國內已將這項檢查列為常規產檢項目。

如果妳患有糖尿病，或家中有人罹患糖尿病，一定要告知醫師，醫師會安排妳做適當的檢查與治療。

## 妊娠糖尿病

有些婦女，只有在懷孕期間才會出現糖尿病，稱為妊娠糖尿病。約有10％的孕婦會罹患這種糖尿病，孕期結束，糖尿病的症狀就會消失並恢復正常。但出現妊娠糖尿病的婦女再懷孕時，幾乎有90％會再度出現妊娠糖尿病。

一般認為造成妊娠糖尿病的原因有二：懷孕時母體所製造的胰島素太少；母體無法有效利用胰島素。這兩種情況，都會導致血糖值過高。

婦女出生時的體重，似乎與會不會出現妊娠糖尿病有極大的關聯。一項研究結果顯示，出生體重在最低的10％的女性，出現妊娠糖尿病的機會比一般女性大3～4倍。

如果發生妊娠糖尿病卻未加治療，對妳及寶寶都會造成非常嚴重的傷害。持續暴露在高濃度的血糖環境時，對妳們的健康都會有不良的影響。妳可能會出現羊水過多的情況，羊水過多會使子宮過度膨脹，因而可能造成早產。

罹患妊娠糖尿病的產婦，也可能會因為胎兒過大使產程過長。有時候，胎兒過大以致無法通過產道，這時，就需要剖腹產了。

如果妳的血糖值過高，懷孕時就可能經常發生各種感染。最常引起感染的地方，包括腎臟、膀胱、子宮頸及子宮等處。

妊娠糖尿病的治療，包括規律的運動及增加液體的攝取量等，飲食的規劃也相當的重要。醫師可能建議妳採取少量多餐的飲食計

畫，一天吃六次，總熱量介於2000～2500卡之間。醫師也會將妳轉介給專業營養師來輔導。

 ## 妳的營養

懷孕時，要特別注意鈉的攝取，攝取過多，會使妳體內的水分貯留過多，造成水腫及腫脹。鈉及鹽分含量高的食物，最好盡量避免，如加鹽的堅果、洋芋片、醃漬食品、罐裝食品及過度加工的食品。

為了避免在懷孕時吃下過多的鈉，吃東西前要詳讀食物上的標籤，標籤上會標示出所含的營養成分及每份食物所含的鈉含量。但也有些食物裡含有不少鈉，卻沒有特別標示出來，例如速食，妳要特別小心這一類食物。當妳知道一個漢堡裡面含有多少鈉時，一定會嚇一大跳。

232頁將常見的食物及所含的鈉含量一一表列，妳會發現，不是只有吃起來是鹹的食物才含鈉。吃東西前，一定要仔細閱讀標籤，並多收集資訊，了解食物內各種營養成分及含量再吃。

> 鈉的攝取量，一天最好不要超過3公克（3000毫克），才不會造成水分滯留體內。

 ## 其他須知

### 尿液中出現糖分

未罹患糖尿病的孕婦，在尿液當中出現少許糖分，是很常見的現象，主要是因為體內的糖分增加了，而腎臟無法完善處理這些多餘的糖分。腎臟的主要功能之一，是調節體內的糖分含量。如果糖分的含量過高，腎臟就會將多餘的糖分由尿液中排出。尿液出現糖分時，稱為糖尿（glucosuria，亦稱尿糖）。孕婦常會出現糖尿，特

## 各種食物的鈉含量

| 食物 | 每份的量 | 鈉含量（毫克） |
|---|---|---|
| 美式起司 | 一片 | 322 |
| 蘆筍 | 一罐（約430公克） | 970 |
| 麥香堡 | 一個 | 963 |
| 雞湯 | 一杯 | 760 |
| 可樂 | 一杯 | 16 |
| 白乾酪 | 一杯 | 580 |
| 蒔蘿醃菜 | 一個中等大小 | 928 |
| 比目魚 | 約90公克 | 201 |
| 甜果凍 | 約90公克 | 270 |
| 醃燻火腿 | 約90公克 | 770 |
| 甜瓜 | 半個 | 90 |
| 利馬豆 | 一罐（約250公克） | 1070 |
| 龍蝦 | 一杯 | 305 |
| 燕麥粥 | 一杯 | 523 |
| 洋芋片 | 20片 | 400 |
| 鹽 | 一茶匙 | 1938 |

別是在懷孕的第二及第三個三月期間。

　　多數醫師會在懷孕的第6個月末左右，檢查孕婦的血糖。當孕婦有糖尿病家族史時，這項檢查就特別重要。一般用來診斷是否患有糖尿病的血液檢查有兩項：空腹血糖檢查及葡萄糖耐量試驗（GTT）。

　　如果要做空腹血糖檢查，抽血前一天晚上妳可以正常吃晚餐。第二天早上，妳必須先到醫院抽完血，才可以吃東西及喝水。如果檢查結果正常，就不太可能罹患糖尿病。如果血糖值高於正常，就

必須再做進一步檢查。

　　進一步的檢查，就是葡萄糖耐受性試驗。在做葡萄糖耐量試驗的前一晚，必須從12點開始禁食。第二天一大早，妳必須服下含有定量糖分的水，喝起來就像加了太多糖的飲料。

FOR PAPA

　　你有沒有出現一些懷孕的症狀呢？根據研究顯示，約50％以上的準爸爸在配偶懷孕時，也會出現懷孕症狀。法國的Couvade研究團隊曾詳細描寫出男性出現的症狀，包括噁心、體重增加及對某種食物的異常渴望等。

　　在喝下糖水前，會先抽血一次，檢查空腹的血糖，然後喝下糖水。喝完糖水以後，30分鐘、1個小時、2個小時、甚至第3個小時，都必須各抽血一次，檢查血糖的含量。將這幾次檢查的血糖值做成圖表，就能夠知道妳的身體如何來控制體內的糖分了。

　　如果檢查結果需要接受治療，醫師就會為妳擬定治療計畫。

## 寶寶有多大？

本週，胎兒重約540公克，頭頂到臀部的長度約為21公分。

## 妳的體重變化

子宮現在約在肚臍下3.8～5.1公分的位置，從恥骨連合量起，約有24公分。

## 寶寶的生長及發育

胎兒這個時候已經較豐滿了，臉跟身體的樣子，和新生兒極為相似。不過，體重不到500公克。

### 羊膜囊及羊水所扮演的角色

約在受孕後的第十二天，羊膜囊就已經開始發育，好讓胚胎能在其中的羊水中孕育。（參見235頁圖示）。

羊水還有其他重要的功能如下：
· 羊水能提供胚胎一個自由活動的環境。
· 萬一受到撞擊，羊水能讓胚胎得到緩衝，以免受傷。
· 羊水能提供胚胎穩定的溫度。
· 藉由分析羊水，可了解胚胎的健康狀況及成熟度。

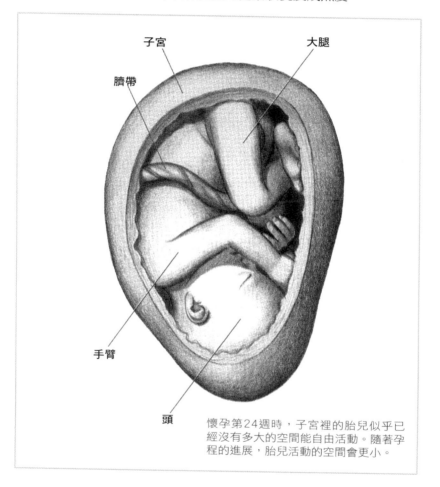

子宮　　　　　大腿
臍帶
手臂
頭

懷孕第24週時，子宮裡的胎兒似乎已
經沒有多大的空間能自由活動。隨著孕
程的進展，胎兒活動的空間會更小。

羊水增加的速度很快，從懷孕12週時的約50cc，迅速增加到懷孕中期的約400cc。隨後羊水還會繼續增加，直到接近分娩。到了36～38週，羊水的量已增加到了極限，約為1公升左右。

羊水的成分，會隨著孕期期間不同而有所變化。在懷孕前半期，羊水成分與母親不含血球的血漿類似，但含較少量的蛋白質。隨著孕程的進展，胎兒尿液漸漸變成羊水的最主要成分。此外，羊水裡還含有舊的胚胎血球細胞、胎毛及胎脂等。

在孕期的大部分時間，胎兒會吞嚥羊水。如果胎兒無法吞嚥羊水，就會使母親子宮裡的羊水量過多，稱為羊水過多。如果胎兒吞下羊水，但無法變成尿液解出（如胎兒先天缺少腎臟），圍繞在胎兒身邊的羊水可能會變得非常少，這種情形，就是羊水過少。

羊水非常重要，它提供了胎兒活動的空間，讓他能夠自由成長。如果羊水的量不正常，胎兒生長會產生遲滯。

 ## 妳的改變

### 鼻子的問題

有些孕婦會抱怨常常鼻塞，或偶爾會流鼻血。有些學者認為，這是懷孕期荷爾蒙變化所造成的。荷爾蒙的改變，會使鼻腔內的黏膜水腫，容易出血。

這種情形，多半不需要使用解充血劑或鼻腔噴劑等藥物。因為這些藥物，通常都是由好幾種不同成分所組成，有些成分可能對懷孕婦女產生不好的影響。

冬天較乾冷的日子裡，妳可以在室內使用增加溼度的噴霧器，多少會有一點幫助。有些孕婦補充流體食物或擦凡士林等潤滑劑後，情形就能變好。若這些方法都不見效，妳可能必須要等到孩子出生後，情形才會獲得改善。

## 妳的哪些行為會影響胎兒發育？

### 寶寶能聽到哪些聲音？

子宮裡的胎兒能聽得聲音嗎？不同的研究結果顯示，聲音能夠穿透羊水，達到胎兒正在發育的耳朵裡。

如果妳原本在吵雜的環境工作，懷孕時最好能請調到較安靜的環境。根據收集到的研究數據顯示，長期且持續的大音量吵雜音，以及短暫而密集、突然很大的爆裂聲，都會對出生前後的嬰兒造成聽力的損傷。

如果偶爾帶孩子到大聲喧鬧的場合（如音樂會），影響不大。但如果長期持續暴露在讓妳必須大聲說話才聽得到的場所，就會對胎兒造成傷害了。

 ## 妳的營養

許多孕婦都曾擔心外食的問題。有些人想知道，選擇餐廳時，哪一類食物必需避免？太辣的食物會不會傷害胎兒？事實上，外食並沒有禁忌，不過，不要勉強自己吃不喜歡或不適合的食物。

到餐廳裡吃飯，最適合妳的食物就是家裡常吃的食物，魚、新鮮的蔬菜和沙拉等，都是最好的選擇。以特殊香料或配方為號召的餐廳，反而可能會讓妳吃完覺得不舒服。如果菜肴過鹹，妳可能會覺得體內的水分滯留，體重也會增加。

懷孕時，最好少去食物過鹹或食物中含有過多的鈉、熱量及脂肪的餐廳，少吃多滷汁、油炸、垃圾食物、甜膩的甜點。而且，在這類餐廳進食，很難控制所攝取的熱量。

如何維持工作時的飲食健康，也考驗外食族。有時，為了公事

或出差必須外食，這時，必須小心挑選食物，盡可能選擇健康

> 到餐廳裡吃飯，最適合妳的食物就是家裡常吃的食物。

或低脂的食物。妳也可以請教服務生或廚師如何烹調菜餚，例如清蒸的食物比油炸健康。出差時，妳也可以自己準備一些食物，像不需要冷藏的水果和蔬菜等。

 ## 其他須知

### 子宮頸閉鎖不全

　　子宮頸閉鎖不全是指在沒有疼痛的情形下，子宮頸出現擴張的現象。如果胎兒尚未成熟子宮頸便出現擴張，通常會導致早產。懷孕時，如果有子宮頸閉鎖不全的現象，後果極為嚴重。

　　孕婦子宮頸有時會出現擴張或伸展的現象，除非要分娩，否則多半是無痛而無預警的。很難診斷出子宮頸閉鎖不全，通常要發生一次甚至好幾次不足月、無痛性早產後，才會聯想到可能是子宮頸閉鎖不全所造成。

　　造成子宮頸閉鎖不全的原因至今不明，有些研究人員認為，可能與墮胎或流產所進行的子宮頸擴張及搔刮術（墮胎手術）傷及子宮頸有關。如果子宮頸動過手術，也可能會出現這種情形。

　　懷孕第16週以前，子宮頸還不至於發生閉鎖不全的情況。因為子宮內的胎兒及內容物還不太

> 造成胃不舒服或溢胃酸的原因，通常是吃太多及睡前吃東西。因此，最好採少量多餐，一天吃5或6餐，每餐少量但營養豐富。這比一天吃三次大餐來得好，也會讓妳覺得更舒服。

大，不足以造成子宮頸擴張及變薄。子宮頸閉鎖不全多見於懷孕14～26週之間，尤其第4、5個月最常見。

　　因為子宮頸閉鎖不全造成的懷孕終止，與一般流產不同。一般流產通常發生在孕期之初的三個月，這段時期很少出現子宮頸閉鎖

不全。

治療子宮頸閉鎖不全的症狀,多半需要以手術將子宮頸縫合起來,藉此來增強子宮頸的力量。

如果是第一次懷孕,妳根本無從得知是不是有子宮頸閉鎖不全的現象。如果過去懷孕曾經發生問題、曾經早產,或醫師曾經告訴妳可能會發生子宮頸閉鎖不全的情形時,一定要將這些重要資訊確實告知醫師。

*Week* 25

 **寶寶有多大？**

　　本週，胎兒現在已經重約700公克了，頭頂到臀部的長度約22公分。前述是胎兒成長的平均數值，妳應該知道，每個胎兒或每次懷孕，都有其個別差異。

 **妳的體重變化**

　　妳可以參見241頁圖示。本週，妳的子宮又變大了不少，從側面來看，肚子大得更明顯了。

　　由恥骨連合量到子宮底的長度約25公分。如果妳在懷孕20或21週時曾產檢，妳會發現，子宮可能又長大了4公分。到了第25週，子宮的大小約等於一個足球。

　　子宮高度約在肚臍到胸骨末端的中間，胸骨在胸部中間，肋骨連合的位置。

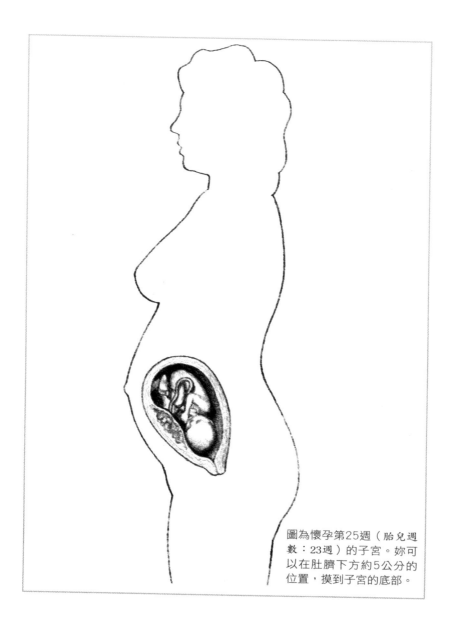

圖為懷孕第25週（胎兒週數：23週）的子宮。妳可以在肚臍下方約5公分的位置，摸到子宮的底部。

## 寶寶的生長及發育

### 避免早產

　　當胎兒平安度過這段期間後，存活下來的機會就大幅增加了。說起來難以置信，但事實確是如此。醫學上最偉大的進步之一，就是為照顧早產兒貢獻良多。沒有人會希望胎兒太早出生，但如果不幸早產，藉著新的療法及呼吸器、嬰兒監視器、新藥的發明等，也使得早產兒存活的機會大幅提升。

　　如果此時胎兒出生，體重還不到900公克，實在是太小了，要存活確實非常困難。早產兒出生後，可能還需住院好幾個月，並跟各種可能發生的感染及合併症掙扎奮鬥。

 ## 妳的改變

### 腹部搔癢

　　隨著子宮漸漸長大，充滿骨盆腔，腹部的皮膚及肌肉也會快速伸展，這種快速伸展容易造成肌膚的搔癢。許多孕婦會出現這種搔癢的症狀，塗抹乳液或許能稍微止癢。盡量不要用指甲抓，以免對皮膚造成更大的刺激。（參見懷孕第12週「妳的皮膚」）

> **男生或女生？**
>
> 　　準父母最常問的問題，就是「懷的孩子是男還是女？」經羊膜穿刺取出的羊水，做染色體檢驗後就能得知胎兒的性別，超音波檢查也可以看得到，但比較不準確。對許多夫婦來說，不確定孩子的性別反而也是一種樂趣。
>
> 　　有人認為，由胎兒的心跳速率可以判別性別。胎兒心跳速率，正常是每分鐘120～160下，有人認為，女孩的心跳較快，男孩較慢。不過，這種預測方法並沒有科學根據。不要要求醫師利用心跳速率預測胎兒的性別，這是不準確的。
>
> 　　醫師比較擔心的是妳及胎兒的健康狀況，而不是胎兒的性別。不管是男是女，懷孕過程、生產及分娩過程都能健康平順，才是醫師最在意的。

## 妳的哪些行為會影響胎兒發育？

# 跌倒及受傷

　　懷孕時，最常見到的小傷害就是摔跤，所幸摔個跤還不至於會對胎兒或孕婦造成太大的傷害。因為子宮受到腹部及骨盆腔的嚴密保護，而胎兒除了前兩者的保護外，羊水也提供了良好的緩衝作用，讓胎兒不致受傷。

### 跌倒了怎麼辦？

　　如果不小心跌倒了，最好還是去看醫師，檢查確定妳及胎兒都無恙。如果胎心音檢查確定胎兒的心跳速率正常，就比較沒問題了。摔跤後，還要監測胎動，如果胎動正常，也就無需擔心。

　　如果跌倒時腹部受了傷，處理原則與未懷孕是一樣的，但盡量避免照射X光。

　　孕婦跌倒後，如果能做超音波檢查及評估，當然最好，但並非每個人都需要做超音波檢查，要看跌倒及受傷的嚴重程度而定。

### 小心走路避免摔跤

　　隨著孕程進展，妳的平衡感及靈活度也逐漸改變。特別是冬天，要多加留意溼滑或泥濘的停車場及人行道。樓梯是另一個潛在危機，許多孕婦就是在爬樓梯的時候摔跤的，所以，上下樓梯記得要抓扶欄杆。

> 　　懷孕期間，對妳及伴侶都是個溝通的好機會，也是讓你們成長的好時機。當妳的伴侶說話時，要注意傾聽，也要讓他知道，他對妳在情緒上的支持是非常重要的。

　　當身軀愈來愈龐大時，妳已經無法像以往一樣靈活了。平衡感改變，加上偶爾還會感覺頭暈，因此最好盡量放慢動作，避免摔跤。

## 跌倒後須注意的徵兆

跌倒後，如果出現下列徵兆，就要特別注意，因為這可能表示問題有點嚴重：

· 陰道出血。
· 陰道湧出大量液體，可能是羊膜破裂。
· 腹部劇烈疼痛。

因為跌倒或外傷所導致的胎盤早期剝離（參見懷孕第33週），是最嚴重的後遺症。胎盤早期剝離指還不足月的胎盤，會從子宮壁剝離開來。跌倒還可能會造成其他的嚴重傷害，包括骨折或其他讓妳無法自由活動的傷害等。（詳見「骨折的治療」）

## 骨折的治療

不小心摔跤或發生意外，都可能造成骨折，這時就可能需要照Ｘ光或開刀了。骨折時，必須立刻處理，不能等到產後再矯治。如果妳發生意外，在做任何檢查及治療前，一定要先照會婦產科醫師。

如果必須照Ｘ光，一定要在骨盆腔及腹部加蓋鉛板遮蔽及保護。如果這些部位無法做完善的遮蔽，妳就必須在照Ｘ光及可能對胎兒造成傷害兩者間權衡輕重，加以選擇了。

如果是單純性骨折，做骨折復位或打入鋼釘來固定時需施行麻醉或給服止痛藥物，但盡量避免全身麻醉。妳可能也需要止痛藥，不過，最好只服用最小的劑量。

如果骨折嚴重，必須施行全身麻醉以便矯治，這時，就必須嚴密監控胎兒的狀況。等到了這個地步，妳可能也沒有選擇的機會，但可以放心的是，骨科醫師和婦產科醫師會密切合作，提供妳及胎

兒最好的照顧。

## 妳的營養

孕婦對維生素及礦物質的需求量
會增加，如果妳能由食物中獲取足
夠的量是最好的事，但許多孕婦沒
有辦法做到這點。因此，醫師會開孕
婦專用的維生素錠，協助妳滿足這些營
養素的需求。

有些婦女懷孕時，一定要額外補充這些營養素，例如青少年懷
孕（因為這些年幼的媽媽，自己本身都還在發育）、體重過輕的孕
婦、懷孕前營養極差的婦女，以及前次懷孕為多胎妊娠的婦女。抽
菸及酗酒、本身患有慢性病、服用某些特定藥物及無法消化牛奶、
小麥及其他基本食物的孕婦，也都要吃孕婦專用維生素。吃素的孕
婦有時也要額外補充維生素及礦物質。

醫師會詳細說明這些狀況，如果醫師認為妳需要補充額外的營
養素，他也會提供建議。但未經醫師同意的任何營養補充劑，千萬
不要隨意服用！（參
見懷孕第27週「妳的
營養」。）

> 任何營養補充劑、維生素，如果沒有經過
> 醫師同意，千萬不要任意服用。

## 其他須知

### 甲狀腺疾病

甲狀腺如果出問題或罹患甲狀腺疾病，對懷孕都有影響。甲狀
腺荷爾蒙（甲狀腺素）由甲狀腺製造，它的作用會影響全身，對新
陳代謝也會有很大的影響。

甲狀腺出問題時，甲狀腺素量值可能過高或不足。甲狀腺素值過高時，稱為甲狀腺機能亢進；甲狀腺素值不足時，稱為甲狀腺機能不足。曾經流產或早產，或分娩時出現問題的婦女，甲狀腺素的分泌可能也有問題。

甲狀腺疾病所引發的症狀，可能會因為懷孕而被遮蔽。不過，還是會有一些比較明顯的改變，讓妳和醫師懷疑可能是甲狀腺功能出了問題。這些變化包括甲狀腺腫大、脈搏速度改變、手掌泛紅溫熱及手掌潮濕等。但因為懷孕時甲狀腺素值原本就會改變，因此，醫師在判讀孕婦的甲狀腺素值時，需特別小心。

甲狀腺機能的檢查，通常需要驗血，測量血液中甲狀腺素的總量。這項檢查還可以同時檢驗甲狀腺激素（TSH）的量，這種激素（荷爾蒙）是由大腦基部所產生的。放射性碘掃瞄是必須藉由X光來判讀的甲狀腺功能檢查，不能在懷孕的時候做。

如果妳罹患甲狀腺機能不足，醫師會開甲狀腺素（thyroxin）給妳服用，這種藥物對孕婦是安全的。醫師還會在妳懷孕期間，抽血檢查追蹤妳體內甲狀腺素的量是否足夠。

如果妳罹患甲狀腺機能亢進，就必須服用丙烷基硫尿嘧啶（propylthiouracil）這類藥物來治療。不過，這種藥物會通過胎盤進入胎兒體內，因此，醫師會開最低劑量給妳服用，以免對胎兒造成傷害。此外，懷孕期間也必須驗血，以監測藥物不至於過量。碘化物也是用來治療甲狀腺機能亢進的藥物，但它會對胎兒造成傷害，因此孕婦不可使用。

分娩後，新生兒也必須抽血檢查，並仔細觀察是否受到母親在懷孕期間服用藥物的影響，以免胎兒的甲狀腺也出現問題。如果妳曾經有甲狀腺的疾病、正在服用或曾經服用過治療甲狀腺的藥物，一定要告訴醫師，與醫師討論懷孕期間如何治療。

**FOR PAPA**

如果你不習慣單獨採買，也可以陪太太一起上市場或超市，幫忙拿東西，以表示體貼。

# 懷孕筆記

懷孕第26週　　　胎兒週數：24週

# Week

 ## 寶寶有多大？

胎兒現在重約910公克，頭頂到臀部的長度約23公分。參見249頁圖示，妳會發現胎兒正開始快速增加重量。

 ## 妳的體重變化

子宮的高度，大約已經到了肚臍上6公分的位置，若由恥骨連合量起，約為26公分。從懷孕後半期開始，子宮每週會增加約1公分。如果飲食都能遵照營養師的建議，妳的體重應該已經增加7～10公斤了。

 ## 寶寶的生長及發育

在最近幾次產檢當中，妳應該已經聽到了胎兒的心跳聲。聽到胎兒的心跳，讓妳更覺得放心。

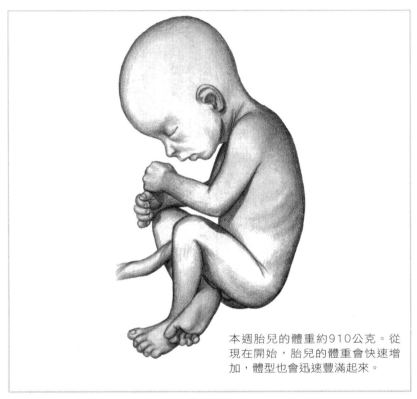

本週胎兒的體重約910公克。從現在開始，胎兒的體重會快速增加，體型也會迅速豐滿起來。

**心臟節律不齊**（不整脈）

　　懷孕期間，當妳正傾聽胎兒的心跳聲時，可能會發現有時會突然少跳一下，讓妳嚇一大跳。這種不規則的心跳，叫做心臟節律不齊，也就是在規律的心跳中，會突然漏掉一次或少跳一次。事實上，胎兒的心跳偶爾會出現節律不齊的現象，這種情形很常見。

　　造成胎兒心臟節律不齊的原因有很多。在心臟的生長及發育過程中，偶爾也會出現節律不齊的現象，等到心臟發育成熟後，這種現象就會消失。不過，孕婦如果罹患全身性紅斑狼瘡，胎兒就可能會出現心臟節律不齊。

如果在生產或分娩前，就發現胎兒有心臟節律不齊的現象，分娩時就必須全程配帶胎心音監視器，監控胎兒的健康狀況。（參見懷孕第34週及第38週。）

如果分娩時才發現胎兒有心臟節律不齊的現象，可能就需要小兒專科醫師在旁協助及觀察。胎兒出生時，如果有任何異常，小兒科醫師就能立刻處理。

 ## 妳的改變

當子宮、胎盤及胎兒日益成長時，妳也會漸漸增胖。此時，背痛、骨盆腔感覺有壓力、腿部抽筋及頭痛等不適，更會經常出現。

時間過得真快，妳已經熬過懷孕期三分之二的時間了，距離寶寶出生已經不遠了。

 ## 妳的哪些行為會影響胎兒發育？

### 子宮收縮監視器

子宮收縮監視器主要是用來監測有早產徵兆的孕婦。產婦如果曾有不足月早產、感染、羊膜早期破裂、出現妊娠高血壓及多胎妊娠等狀況，都可能發生早產。

子宮收縮監視器會將孕婦子宮收縮的情況、次數等資料記錄下來，醫師會將資料分析及評估，以便及早發現異常。

 ## 妳的營養

現在已經是懷孕第二個三月期的最後一週了。妳可能會發現，食物似乎愈來愈沒有味道。而胎兒愈長愈大，使得容納食物的空間

被壓縮得更小，加上偶爾消化不良或溢胃酸，想遵守飲食計畫就更不容易了。

不過，不要氣餒，一定要繼續維持良好的飲食習慣及營養攝取，注意自己吃的食物，小心篩檢，確保胎兒出生前有足夠的營養。

每天最好都能吃一份深綠色蔬菜、一份富含維生素C的食物或果汁、一份富含維生素A的食物（甘藷、胡蘿蔔、哈密瓜等黃色食物，都是維生素A的最佳來源），而且喝足夠的水。

## 營養均衡的飲食計畫

- **穀類食物，每天6～11份**：1片麵包，$\frac{1}{2}$個小圓麵包，$\frac{1}{2}$個英國鬆餅或貝果，$\frac{1}{2}$杯麵條或義大利麵、米飯或熱麥片，4片餅乾，$\frac{3}{4}$杯煮熟的麥片。
- **水果，每天2～4份**：$\frac{1}{4}$杯乾燥水果，$\frac{1}{2}$杯新鮮水果、罐裝水果或煮熟的水果，$\frac{3}{4}$杯果汁。
- **蔬菜，每天3～5份**：$\frac{1}{2}$杯煮熟的蔬菜，1杯葉菜類的蔬菜沙拉，$\frac{3}{4}$杯果汁。
- **蛋白質來源，每天2～3份**：50～90公克煮熟的禽肉、豬肉或魚肉，1杯煮熟的豆子，$\frac{1}{4}$杯種子類或堅果類食物，$\frac{1}{2}$杯豆腐，2個蛋。
- **乳製品，每天4份**：1杯牛奶，1杯優格，約45公克的乳酪，$1\frac{1}{2}$杯鬆軟白乾酪，$1\frac{1}{2}$杯優格或冰淇淋。
- **脂肪、油類及甜食**：這類食物最好加以限制，盡量改挑選其他較營養且健康的食物。

## 其他須知

### 癲癇

不論是懷孕前、前次懷孕期間或這次懷孕期間，只要曾有癲癇病史，一定要將這個重要的訊息告訴醫師。癲癇依其發作程度不同，又有抽筋、驚厥、痙攣等名詞。

癲癇常在無預警的情況下發作。癲癇發作，表示神經系統出現異常，特別是大腦。癲癇發作時，身體常會失去控制。懷孕時，還涉及到胎兒的安危，因此癲癇發作時所引起的抽搐，就會更複雜更危險。

醫師們把癲癇的抽搐分為下列幾種類型：全身性發作的抽搐稱為大發作。大發作開始時，會突然失去意識，患者多半會摔倒在地上，手臂及腳常會抽搐及抖動，有時甚至會出現大小便失禁的現象。抽搐過後，患者會進入恢復期，幾分鐘後可能會出現短暫的意識不清、頭疼及嗜睡等現象。

另一種癲癇的型態，叫做小發作，也是無預警的發作。小發作持續時間較短，手腳的動作也較小，失去意識的時間只有數秒鐘。此外，還有幾種癲癇類型，不過不在本書討論之列。

如果妳從來沒有癲癇的問題，偶爾出現眩暈或輕微的頭痛，就不必擔心是癲癇發作了。癲癇的診

> 孕婦最好側躺（且最好採左側臥），這種方式能提供寶寶良好的血液循環。如果白天能左側躺休息一下，孕婦比較不會出現水腫的現象。

斷，通常要靠目擊者的敘述及記下發作當時的症狀，也需要做腦電波圖檢查（electroencephalogram，EEG），作為診斷癲癇的重要依據。（在懷孕第31週的章節內，會再討論癲癇與子癇前症間的相關性。）

### 控制癲癇的藥物

如果妳原本就需服用控制癲癇或預防癲癇發作的藥物，在發現

自己懷孕後，就應該立刻將這個重要訊息告訴婦產科醫師。雖然懷孕期間，仍需繼續的服用抗癲癇藥物，但有些藥物對孕婦並不安全。

舉例來說，Dilantin這種藥會造成顏面畸形、小頭畸形及胎兒發展遲滯等胎兒畸形。另一種最常用來治療癲癇的藥物是苯巴比妥（phenobarbital），但其安全性至今仍有疑慮。

FOR PAPA

此時，你的配偶可能開始覺得自己失去了吸引力。你可以約她外出晚餐、看電影，稱讚她是很漂亮的孕婦，幫她照張全身照，留下美好的記憶。

癲癇患者不論是在懷孕期間或其他時刻，都需要跟醫師詳細溝通，尤其懷孕時，更需要嚴密監控。如果妳對自己的病史有疑慮，或懷疑自己可能有癲癇病史，請盡快去看醫師，做詳細的檢查。

##  第三個三月期紀要

下次產檢時，要問醫師的事：

_____

_____

哪些用品要事先為寶寶準備好：

_____

_____

哪些東西要先打包好，可以隨時帶到醫院：

_____

_____

生產時，如果配偶無法相陪，還有哪些人能來陪妳：

_____

_____

寶寶的名字：

女孩                          男孩

_____        _____

_____        _____

_____        _____

_____        _____

# 懷孕筆記

懷孕第27週　　胎兒週數：25週

*Week* 27

 寶寶有多大？

　　本週開始進入懷孕的最後一個三月期。文中除了告訴妳胎兒的體重、頭頂到臀部的長度外，還增加了頭頂到腳趾的長度，讓妳更了解，胎兒從懷孕到現在，一共長大了多少。

　　胎兒現在的重量約1000公克，頭頂到臀部長度約24公分，身高總長約34公分。請參見258頁圖示。

 妳的體重變化

　　子宮約在肚臍以上約7公分的位置，如果從恥骨連合量到子宮底部，大約27公分。

 寶寶的生長及發育

### 眼睛的發育
　　在胚胎開始發育的第22天左右（約是懷孕第5週），眼睛就開始

形成了。眼睛起初只是大腦兩側上的兩條淺溝而已，繼續發育變成袋狀的眼泡囊（optical vesicles）。眼中的水晶體則是由外胚層發育而來（關於外胚層的由來，參見懷孕第四週）。

在胚胎發育之初，眼睛原本位在頭的兩側。等到懷孕7～10週時，雙眼就漸漸移到臉的中央。

懷孕第8週時，供給眼球血液的血管也已經成型。第9週時，兩個眼球對外的圓形開口──瞳孔，也開始形成了。懷孕8～9週時，連結大腦到眼球的神經傳導（視神經）也發育完成。

眼皮在懷孕第11～12週時，仍與眼球緊密融合，要等到第27～28週時才會分開。

位在眼球後方的視網膜，對光線具有敏感性，能將影像聚焦。在懷孕27週左右，視網膜會發育成幾層層葉。這些層葉能接受光線，並將它聚焦成型，再傳送到大腦內顯像，我們才能看見東西。

## 先天內障

先天內障（congenital cataracts）是新生兒的先天性疾病之一。大家都以為白內障是老年人的專利，事實不然，它也可能出現在新生兒身上。罹患白內障時，眼球內的水晶體不再透明清澈，反而變得混濁不清，無法將光線集中到眼球後側。一般來說，先天內障是遺傳性疾病，但如果孕婦在懷孕6、7週時感染德國麻疹，新生兒也最容易出現這種疾病。

## 小眼畸形

小眼畸形是眼睛的另一種先天性疾病，即眼球比一般正常尺寸小，約平常人的三分之二。小眼畸形除了眼睛小之外，還常伴有其他眼科疾病。罹患小眼畸形的原因，通常是因為母親在胎兒眼睛發育時期，感染巨細胞病毒（cytomegalovirus，CMV）或毒漿體原蟲病（toxoplasmosis）。

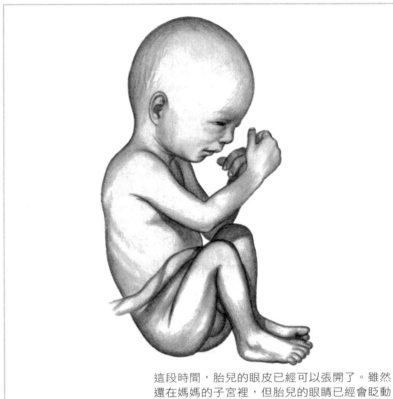

這段時間，胎兒的眼皮已經可以張開了。雖然還在媽媽的子宮裡，但胎兒的眼睛已經會眨動了。

 ## 妳的改變

### 感覺胎動

感覺到胎動，是懷孕期間最感珍貴的一部分。在感覺胎動之

前，妳已先確定懷孕，也在產檢時聽到了胎兒的心跳聲。

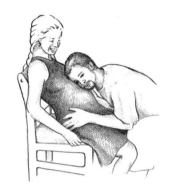

胎動能讓妳確實感受到肚子裡的小生命，讓妳跟胎兒有了更親密的聯結。許多孕婦能經由胎動，感受到與胎兒的聯繫，並能在產前開始了解胎兒的個性。如果能夠感覺到胎動，也能讓人比較放心，因為妳知道胎兒安全無恙。胎動時，大多數孕婦的感受都很愉悅。也可以在寶寶踢妳肚子的時候，拉著伴侶的手，一起摸摸看，讓他一起感覺這美好的時刻。

胎動的程度，有時會比較密集。懷孕早期胎動的感覺很輕微，有如蝴蝶輕掠，或只像是腹中的一串氣泡而已。胎兒愈來愈大時，胎動就可能像是輕快的伸展手腳，但也可能會拳打腳踢，讓媽媽產生劇烈的疼痛。

孕婦常會問醫師，什麼時候應該會有胎動？什麼樣的情

> 寶寶踢妳肚子時，妳可以拉著伴侶的手摸摸看，讓他一起感覺這美好的時刻。

形該注意，是動得太多或太少？這個問題很難回答，因為每個孕婦情況不同，胎兒的活動量各異，不能一概而論。甚至妳懷的每一胎，也不一定都相同。胎動較頻繁時，孕婦通常較安心。但有些胎兒較安靜，活動量較小，這種情形也屬正常。

走動或忙碌時，可能比較不容易感覺到胎動，側躺就比較容易感覺到胎動。許多孕婦覺得，夜裡胎動的次數較頻繁，有時甚至會吵醒媽媽或讓媽媽無法入眠。

如果胎兒太過安靜或胎動量不如預期，可以請教醫師。如果胎兒平常該動的時候還不動，也可以請醫師讓妳聽胎心音以求安心。不過大多數時候胎兒都很正常，只是準媽媽多慮了。

### 肋骨下方疼痛

　　有些孕婦女會在胎動時，感覺肋骨下方及下腹部疼痛。這種疼痛常發生，但它所造成的不舒服，可能會讓妳擔心。胎兒胎動次數會漸漸增加，強度也會增強，並集中到某一點，有時甚至天天都能感覺到胎動。妳的子宮也日漸增大，並對周邊器官造成壓迫，如對小腸、膀胱及直腸造成壓力。上述各種原因，都會造成肋骨下方疼痛。

　　如果痛得非常厲害，就不可以輕忽，必須找醫師檢查。不過，多數例子都不會有太大的問題。

## 妳的哪些行為會影響胎兒發育？

### 在電腦前工作，會不會傷害胎兒？

　　許多孕婦都會擔心在電腦螢幕前工作的安全性，不過，直到最近還沒有報告指出，在電腦終端機前工作，會傷害腹中的胎兒。

　　如果你的工作是坐在電腦螢幕前工作或打字，妳應該注意坐姿及久坐的時間。坐的時候，應該找一張能支撐背部及雙腿的椅子，不要懶洋洋的半躺著，也不要翹二郎腿。最好每隔15分鐘就起身走走，讓肢體活動一下，雙腳更

> **產前媽媽教室**
>
> 　　到底該什麼時候報名參加產前媽媽教室呢？雖然才懷孕6、7個月，報名媽媽教室其實也不算太早。事實上，早點報名早點上課，上完了課還可以有充裕時間複習，才不會到接近分娩了還在上課，反而會手忙腳亂。

應該保持良好的血液循環。

## 為什麼要參加產前媽媽教室？

懷孕時，從歷次與醫師的溝通中，妳會了解生產的過程。妳也可以從書籍或醫院發的小冊子裡，得到一些知識。此外，有關生產的課程，除了能讓妳充分了解生產過程外，也能讓妳有充裕的時間做好準備。

## 誰該參加產前媽媽教室？

產前媽媽教室課程多半是小班制，主要提供孕婦及配偶來學習。這種學習方法很不錯，因為妳可以與其他夫婦一起上課，交換意見及討論。妳會發現，不是只有妳害怕分娩及產痛，事實上，每個孕婦都有同樣的問題，妳並不孤單。

產前媽媽教室的課程，並不是只為準父母而設。如果妳再婚、已多年沒有生育小孩或對生產仍有疑問，想要再複習，都可以報名參加。

這些課程能降低妳及配偶對分娩及生產的擔心及焦慮，也能協助妳順利及愉快的產下小寶寶，享受弄璋弄瓦的喜悅。

> 關於生產的教育課程，不是只提供給夫婦，也歡迎單親媽媽及配偶無法一起來的孕婦參加。

## 哪裡有產前媽媽教室？

產前媽媽教室有各種課程內容。由醫院產房所提供的課程，多半是由產房護理人員來指導。這些課程也分等級及難易度，在各種課程當中，內容及主題的深入程度也各不相同。妳可以請教醫師或護士，選擇最適合妳的課程。

## 產前媽媽教室的課程可以學到什麼？

產前媽媽教室的課程，能讓妳及配偶

預先了解，懷孕時會有哪些變化？醫院會做哪些處置？生產及分娩過程如何？有些夫婦發現，上這些課程能讓先生更了解及參與懷孕過程，因此更能體諒及協助準媽媽。

## 產前媽媽教室

產前媽媽教室課程通常每週一次，全部課程次數為4～6次。妳可以從課程中得到許多解答，解除許多疑惑。課程的內容很廣泛，包括：

- 需不需要做會陰切開術？
- 需不需要灌腸？
- 什麼情況需要裝置胎兒監視器？
- 抵達醫院時，要做哪些事？
- 是否適合做硬膜外麻醉或其他麻醉？

這些問題都非常重要，如果沒有得到解答，最好還要向醫師問清楚。

### 嬰兒汽車安全椅

嬰兒及兒童的汽車安全椅，更應該及早準備。許多人以為，即使發生意外，自己仍可緊緊抱住孩子。還有人說，孩子在車裡動來動去，無法安靜坐在安全椅上。

發生車禍時，沒有被約束的孩子，就像彈射出去的砲彈。撞車時的力量非常強大，沒有人能以肉體或手臂抵擋得住。以美國為例，每年至少有30名新生兒，在從醫院回家的路上因車禍而死亡。如果能將這些新生兒安穩的放在嬰兒安全椅上，這些可愛的寶寶幾乎可以全部倖免於難。

最好能盡早教導孩子乘車安全的相關常識。如果妳一開始就教導孩子，上車必須乖乖坐上安全椅，孩子就會認為坐安全椅是理所

當然的事。當然，妳必須以身作則，繫上安全帶。

　　從93年6月起，國內也已開始強制4歲以下兒童乘車必須坐汽車安全椅，否則將予以罰款。

 **妳的營養**

　　懷孕時，維生素A、維生素B和維生素E
非常重要。下文將詳述這幾種維生素，
並說明它們對孕婦到底有哪些幫助。

　　**維生素A**　這種維生素在人類的繁
殖及複製上非常重要。育齡婦女的維生
素A建議攝取量（RDA）是2700國際單位
（IU），最大劑量不可超過5000IU。即使是孕婦，這個劑量也是足
夠的。食物中通常就可以得到足夠的維生素A，因此並不建議孕婦
額外補充。（本文只討論由魚油中所提煉的維生素A，至於由植物
萃取出的β-胡蘿蔔素，一般都認為比較安全。）

　　**維生素B**　維生素B群包括$B_6$、$B_9$（葉酸）及$B_{12}$，這些維生素
會影響胎兒的神經發育及血球的生成。如果懷孕時所攝取的$B_{12}$不
夠，可能就會造成貧血。維生素B群的最佳食物來源包括牛奶、
蛋、黃豆餅塊（天貝tempeh）、味增、香蕉、馬鈴薯、羽衣甘藍、
酪梨及糙米。

　　**維生素E**　對孕婦來說，維生素E是一種很重要的維生素，它能
協助脂肪代謝，也能協助製造紅血球、防止肌肉萎縮等。如果妳平
常吃內臟，應該就能從中獲得足夠的維生素E。素食者和不敢吃內
臟的孕婦，若要獲得足夠的維生素E，就要選擇。富含維生素E的食
物，包括橄欖油、小麥胚芽、菠菜及乾燥水果等。妳可以請教醫
師，也可以詳細閱讀孕婦維生素的標籤，看看是否達到了飲食建議
量。懷孕時，吃任何東西都要注意，如果有疑問，一定要先問過醫
師再吃。

## 其他須知

### 全身性紅斑狼瘡

　　有些婦女在懷孕前就罹患某種疾病，必須終身服用藥物，因此必須考慮這些藥物對胎兒的影響，全身性紅斑狼瘡就是其中一種。

　　有些年輕婦女罹患了全身性紅斑狼瘡，必須服用類固醇藥物來控制病情。他們想知道，繼續服藥會不會對胎兒造成傷害？應不應該在懷孕時停藥？

　　全身性紅斑狼瘡的致病原因至今並不清楚，常好發於年輕到中年的婦女（婦女罹患全身性紅斑狼瘡的機率遠大於男性，大約是9：1）。全身性紅斑狼瘡的患者，血液內會出現大量抗體。這些抗體會直接攻擊患者體內的器官及組織，導致各種病變。

　　全身性紅斑狼瘡的診斷，必須抽血檢查，找出有問題的抗體或抗細胞核的抗體。

　　這些抗體會直接侵襲器官，並且造成非常嚴重的損傷。受到波及的器官包括關節、皮膚、腎臟、肌肉、肺臟、大腦及中樞神經系統等。最常見的症狀就是關節疼痛，因此常被誤認為是關節炎。其他症狀包括皮膚潰爛、起紅疹或皮膚長瘡、發燒及高血壓等。

　　全身性紅斑狼瘡至今仍無法完全治療，懷孕並不會使它改善或惡化，但是患者的流產、早產及在分娩時出現併發症的機率，較一般婦女稍高。如果腎臟已經受到侵犯，或腎臟功能在突然發病時受到損傷，懷孕期間就必須特別注意腎臟的問題。

　　腎上腺皮質類脂醇（corticosteroids，簡稱類脂醇steroids）是最常用來治療全身性紅斑狼瘡的藥物，其中以prednisone最常使用，需每天服用。但懷孕後可能不需要天天服用，除非出現紅斑狼瘡的症狀。

> **FOR PAPA**
>
> 　　主動分擔粗重的家事，如清潔浴室、將放在高處的東西拿下來等，這些貼心的小動作都可以保護孕婦的安全。

# 懷孕筆記

# 懷孕第28週　　胎兒週數：26週

 **寶寶有多大？**

　　本週，胎兒重約1100公克，頭頂到臀部的長度約25公分長，身高全長約35公分。

 **妳的體重變化**

　　子宮現在已經到了肚臍的正上方。有時候，會覺得子宮的生長稍稍減緩，有時候，特別是在夜裡，則會覺得子宮長得好快。

　　子宮此時大約是在肚臍以上約8公分的位置。如果從恥骨連合量到子宮底部，約28公分。妳的體重也應該增加8～11公斤重了。

 **寶寶如何生長及發育**

　　本週，胎兒發育中的大腦，表面顯得更平滑。懷孕28週左右，大腦會在表面形成一些獨特的溝槽及紋路，大腦組織的容量也會繼續增加。

胎兒的眼睫毛跟眉毛開始形成，頭髮漸漸長長，軀體日漸豐滿，看起來圓滾滾的，這是因為胎兒的皮下脂肪漸漸積聚的緣故。在此之前，胎兒看起來還瘦巴巴的。

　　胎兒現在重約1100公克左右，這跟11週以前（寶寶17週大時）體重只有約100公克比起來，真是天壤之別，體重至少增加了10倍。即使與4週前相比，也足足增加了一倍。真是一暝大一吋！

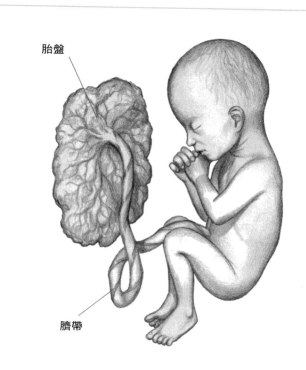

胎盤

臍帶

本圖顯示出胎盤與胎兒的關係。胎盤將氧氣及養分帶給胎兒，是懷孕過程最重要的一部分。

**妳的改變**

### 胎盤

　　胎盤在胎兒的生長、發育及生存各方面，都扮演極為重要的角色。上頁圖可以清楚看到，胎兒藉由臍帶與母親的胎盤緊密相連。

　　羊膜及絨毛膜這兩個重要的細胞層葉，也與胎盤和羊膜囊的發育息息相關。羊膜及絨毛膜的發育及功能均很複雜，本書不予贅述。總之，羊膜腔內充滿羊水的地方，就是胎兒優游棲息之處。

　　胎盤最初是由滋養層細胞所組成，滋養層細胞由母體血管壁延伸出來，建立起與母體連結的網絡，但兩者的血液不相流通（胎兒的血液循環自有其系統，不會與母體相通）。胎盤細胞雖然來自血管細胞，卻沒有直接的開口，因此，母子雙方的血管並不能直接接通。話雖如此，胎盤上，胚胎的血流與媽媽的血流還是非常接近。

　　本書對胎兒體重有持續的追蹤。除了胎兒，胎盤重量也在迅速增加中。懷孕10週時，胎盤僅重約20公克。10週後（懷孕20週），胎盤的重量就增加到約170公克左右。再過10週，胎盤的重量就會增加到約430公克。等到足月（40週），胎盤重量就可達到650公克了。

　　胎兒血管與胎盤的聯繫，早在懷孕第二或第三週時，就已建立完成了。懷孕第三週時，胎盤上的絨毛組織就已經牢牢附著在子宮的內部層葉上了。

　　絨毛在懷孕期間也占有相當重要的地位。絨毛周邊呈現蜂窩狀，裡面則圍繞著來自母親的微細血管。這些絨毛吸取母親血流中的養分及氧氣，再經由臍帶中的臍靜脈，將養分及氧氣運送給發育中的胎兒。反之，廢物則由胎兒臍帶內的臍動脈運送到絨毛間隙，再由母親的血流運送出去。胎兒經由這種間接交通的方式，來排除體內所產生的廢物。

### 胎盤的功用

　　胎盤最主要的功能，就是運送氧氣及養分給胎兒，並排除胎兒

體內的二氧化碳及廢物。

此外，胎盤還會製造人類絨毛膜促性腺激素（HCG）（這是一種重要的荷爾蒙，參見懷孕第5週）。受孕10天後，就能在母親血液中檢測出這種荷爾蒙，產檢項目之一即是抽血檢驗血液中的HCG值。等到懷孕第七或第八週，胎盤會開始分泌動情激素及黃體脂酮（progesterone）。

### 胎盤的外觀

胎兒足月時，正常的胎盤看起來是扁扁的，呈圓形或橢圓形，有如一塊直徑15～20公分、厚2～3公分的蛋糕，平均重量500～650公克。

胎盤的形狀及大小因人而異。但如果母親感染梅毒或胎兒罹患紅血球母細胞過多症（母紅血症，是

> 雖然還要好幾個星期才分娩，不過最好能早點安排就醫事宜。例如，如何通知配偶？因此最好將所有電話號碼帶在身邊。萬一臨分娩時，先生不在身邊，還要想好替代方法，例如誰能來幫忙、怎麼聯絡等。

胎兒因RH因子與母親不合而引起的溶血性貧血），胎盤就會過大（即胎盤巨大症，placentamegaly）。有時候，胎盤過大，卻找不到原因。正常懷孕也可能出現較小的胎盤，此外，胎兒生長遲滯的案例，胎盤通常也會較小。

胎盤附著在子宮內壁的母體面呈海綿狀，接近胎兒的胎盤面則外表平滑，因為外表包覆著羊膜及絨毛膜。

胎盤多半呈紅色或暗紅色。接近產期時，胎盤上偶爾會出現白色斑塊，這是鈣質沉澱的緣故。

多胎妊娠時，胎盤可能不只一個，但也可能多條臍帶共用一個胎盤。同卵雙生時，有兩個羊膜囊、兩條臍帶，卻只有一個胎盤。

臍帶連結著胎盤與胎兒，內含兩條臍動脈和一條臍靜脈，負責將血液輸送進出胎兒體內。臍帶長約55公分，通常呈白色。

少數孕婦胎盤出現問題，如胎盤早期剝離（參見懷孕第33週）及前置胎盤（參見懷孕第35週）。分娩後，如果胎盤沒有剝離乾

淨，也會造成嚴重的出血（參見懷孕第38週的「留置胎盤」一節）。

 ## 妳的哪些行為會影響胎兒發育？

## 氣喘的處理

氣喘是一種呼吸系統疾病，多半是某些易感物質或致敏因子，刺激氣管及支氣管所造成的，會影響呼吸的順暢。氣喘時通常會呼吸困難、呼吸短促、咳嗽及哮喘（哮喘是指空氣進出狹窄的呼吸道時，所產生的呼呼或嘶嘶的聲音）。

氣喘的狀況時好時壞，有時嚴重惡化，有時沒有任何的症狀。

### DOCTOR SAY

黎恩很擔心自己的氣喘，想知道除了藥物治療以外，是否還有解決之道。我告訴她，許多有氣喘毛病的婦女發現，懷孕時只要多喝水，維持良好的體內水平衡，懷孕期間就能輕鬆控制氣喘的毛病。

氣喘好發的年齡不定，任何年紀都可能發生，但有50％左右的病例是10歲以下的幼童，約33％病例低於40歲。懷孕不至於會對氣喘患者造成持久性或可預期的傷害，有些氣喘患者在懷孕期間症狀會改善，有些則沒什麼改變，只有少數人會惡化。

### 氣喘發作時的治療

大多數患有氣喘的孕婦，都可以平安度過懷孕、分娩及生產期。如果懷孕前就曾發生嚴重的氣喘，懷孕後也可能會發生。

一般來說，氣喘的治療在懷孕前後都相同，因此，可以**繼續服**用治療氣喘的藥物。

懷孕時，氧氣的消耗量約增加了25％，胎兒的生長及發育都需要氧氣。因此，孕婦的氣喘及治療就非常重要。

服用terbutaline及氫皮質酮（氫化可體松，hydrocortisone）或甲基去氫氧化可體松（methylprednisolone）等類固醇藥物來治療氣喘，對孕婦都是安全的，aminophylline及theophyline等藥物也可以使用。

## 妳的營養

272頁已表列出懷孕期間可以吃或應該少吃的食物，請參看。

## 其他須知

### 其他及額外的檢查

在懷孕第28週時，醫師可能會重複做一些檢查，也可能會再驗血，如檢查糖尿病的葡萄糖耐量試驗。

> 如果妳的血型是RH陰性，此時妳可能需注射一劑免疫球蛋白（RhoGAM）。萬一妳的血液與胎兒血液相混時，這種藥劑能讓妳不至於發生劇烈的過敏反應，以免對胎兒造成嚴重傷害。這一劑免疫球蛋白通常能夠保護妳到分娩。

### 寶寶的胎位

懷孕到了這個階段，孕婦常會問醫師：「寶寶胎位正不正？是頭先出來還是腿先出來？寶寶是躺著嗎？」

事實上，這個階段很難只憑摸摸肚子，就能夠提供確定的答覆，也無法保證分娩時寶寶是頭或腳先出來。因為寶寶在媽媽的肚

## 該多吃及不該吃的食物?

| ○ 可以多吃的食物 | 每天食用的份數 |
|---|---|
| 深綠色或深黃色的水果及蔬菜 | 1 |
| 富含維生素C的水果及蔬菜 | 2 |
| （番茄、柑橘類） | |
| 其他水果及蔬菜 | 2 |
| 全麥麵包及穀類食物 | 6～11 |
| 牛奶等乳製品 | 4 |
| 蛋白質來源（肉類、禽肉、蛋、魚） | 2 |
| 乾燥豆類及豌豆、種子類及堅果類食物 | 2 |

| △ 不要食用過多的食物 | |
|---|---|
| 咖啡因 | 200毫克 |
| 脂肪 | 限量 |
| 糖類 | 限量 |

**✕ 最好避免的食物**
含酒精、食物添加劑的食物

---

### FOR PAPA

這段期間，你也可以感覺得到妻子肚子的胎動。只要輕輕把手放在妻子的肚子上，當寶寶動的時候，你就能夠感覺得到了。

子裡，隨時都在變換位置，本週之前如此，往後亦然。

用手摸摸肚子感覺胎頭及軀體的位置，並不會對胎兒造成傷害。再過3、4週，寶寶的頭更硬了，更容易讓醫師摸出胎頭的位置（稱為胎兒的先露部位）。

懷孕筆記

## 寶寶有多大？

本週，胎兒約重1250公克，頭頂到臀部長約26公分，身長總長約37公分。

## 妳的體重變化

子宮高度比肚臍高7.6～10.2公分，從恥骨連合量起約29公分。如果4週前（懷孕25週）妳曾產檢，那時子宮還只有25公分，子宮在短短4週內長大了4公分。妳的體重到了本週，應該已經增加8.5～11.5公斤不等。

## 寶寶的生長及發育

### 胎兒的生長

隨著懷孕的進展，每週醫生都會注意胎兒的體重及大小。以下將提供一些平均數字，有助於妳了解胎兒的實際大小。不過，這些

數值只是個平均值，每個寶寶的大小及體重，還是有個別差異的。

懷孕時，胎兒每週的成長都非常快速，因此，早產兒可能會非常小，即使只早產幾週，胎兒也可能只有一丁點兒大。36週以後，胎兒雖然繼續生長，不過速度明顯減緩。

以下是幾項關於胎兒出生體重的有趣數據：

- 男孩體重大多比女孩重。
- 寶寶的出生體重，會隨著懷孕次數愈多或產下的寶寶數愈多而增加。

這些都只是普遍性的敘述，不一定符合妳的狀況，只是大多數情形都是如此。一般而言，足月產寶寶的體重大約是3280～3400公克。

##  胎兒的成熟度

懷孕38～42週出生的寶寶，稱為足月產兒；在38週以前出生則稱為不足月產；42週以後出生的嬰兒，稱為過熟兒。

在懷孕期結束前出生的胎兒，稱為早產兒（premature）或不足月產兒（preterm），不過，這兩個名詞稍有差異。例如，雖然在懷孕32週就出生，但嬰兒的肺臟功能已經十分健全，稱為不足月產，早產兒則通常是指肺臟尚未發育完全就出生的嬰兒。

> 近來不足月產兒的存活數目，比40年前高出兩倍。

### 早產兒

早產對嬰兒來說危險性極高，容易造成死亡。一般來說，早產兒體重大多不超過2500公克。

由280頁圖示，可以見到早產兒的身上，連結著好幾個監測心跳的電極片。除了這些，早產兒還要接受靜脈注射、插導管、罩氧氣面罩等醫療方式。

1950年時，新生兒的死亡率約千分之二十，而今，這個比率已經降為千分之十以下了。不足月產兒的存活數目，也比四十年前提高了兩倍。

　　不過，這些不足月產兒的死亡率下降，主要是指懷孕7個月（懷孕27週）以後才出生、體重已達1公斤，並且沒有先天畸形的孩子。如果懷孕週數或體重低於上述條件，死亡率還是會增加。

　　隨著醫療的突飛猛進，照顧早產兒的方法也日益進步，大幅提高早產兒的存活率。現在，25週的早產兒也都能存活了，不過他們日後的健康狀況及生活品質，則必須等他們再長大些才知道。

　　有關早產兒的存活率，根據最近的資料指出，體重500～700公克的早產兒，存活率約43％；體重700～1000公克的早產兒，存活率約72％。這些比例也會因醫院的不同而有差異。

　　早產兒的平均住院時間，也隨著體重的不同而有差異，體重600～700公克的早產兒，平均住院約125天；體重900～1000公克的早產兒，住院約76天。

　　所有關於早產兒存活率的討論，都應該包括早產兒可能發生殘障的機率。體重極低而倖存的早產兒，多會引發許多殘疾。出生體重稍重的早產兒雖然也可能發生後遺症，但機率則低得多。

　　對胎兒來說，媽媽的子宮是最安全的地方，因此，盡可能安胎，只有在子宮裡，胎兒才能充分發育及生長。不過，如果胎兒無法從子宮得到足夠的養分，只好提前生產。

　　要找出早產的原因並不容易，醫界也很想知道為何會在還未足月就主動分娩，希望在找到原因後，能夠預先防範及治療。目前可以測量孕婦唾液中的雌三醇（estriol）量（稱為SalEst檢查）來檢驗孕婦是否會早產。研究顯示，在早產的前幾週，這種化學物質會大量增加。如果檢驗結果為陽性，孕婦可能在懷孕37週以前生產的機會，比一般人高7倍。

　　出現早產徵兆時，有時必須做一些困難的決定。例如：

　　•對胎兒來說，到底是留在子宮裡比較好，還是生出來比較好？

## 早產的原因

多數早產病例都找不到原因,下面幾個因素,已經確定容易造成早產:

- ·子宮形狀不正常。
- ·多胎妊娠。
- ·羊水過多。
- ·胎盤早期剝離或前置胎盤。
- ·羊膜早期破裂。
- ·子宮頸閉鎖不全(鬆弛性子宮頸)。
- ·胚胎畸形。
- ·胚胎死亡。
- ·子宮內避孕器留存。
- ·過去曾做過晚期墮胎手術。
- ·母親罹患嚴重的疾病。
- ·懷孕週數估算錯誤。

- ·對懷孕及預產期的估算,是否正確?
- ·真的要分娩了嗎?

**胎兒生長遲滯**

胎兒生長遲滯指胚胎在子宮內生長的速度遠不如預期,生長遲滯的胎兒多半併有其他嚴重的問題。(關於生長遲滯,參見懷孕第31週。)

生長遲滯是指胎兒的生長速度及大小不如預期,並不是指胎兒大腦的發育或功能有問題,也不代表智能不足。

**妳的改變**

### 早產的治療

　　早產能夠預防嗎？是的，有幾種方法確實能有效預防早產。

　　最常用來預防早產的方法，就是臥床休息。孕婦出現早產徵兆，醫師通常會囑咐她臥床休息並採側睡（哪一側都好）。並不是所有人都贊成這種處置，不過，臥床休息確實能有效阻止子宮收縮及早產。如果妳有早產徵兆，表示妳不該繼續工作，也必須停止許多活動。如果臥床確實能避免早產，為寶寶犧牲一點自由是值得的。

　　Beta-adrenergic agents是一種腎上腺激素製劑，能讓子宮放鬆及減少收縮（子宮內的平滑肌會在分娩時主動收縮，並將胎兒由產道推擠出去），能夠用來抑制分娩。只有Ritodrine（Yutopar）這種藥物是獲得美國藥物食品管制局（FDA）核可治療早產的藥物。

　　Ritodrine可由三種方式給藥：靜脈注射、肌肉注射及口服。不過，通常先由靜脈注射給藥，有時視情況還需要住院。

　　早期子宮收縮停止後，就可以改為每2～4小時口服一次。Ritodrine可以在懷孕20～36週使用。有早產病史的孕婦或多胎妊娠等病例，則不會先以靜脈注射的方式給藥。

　　Terbutaline也是一種常見的肌肉鬆弛劑，雖然療效不錯，但美國藥物食品管制局並未核可此藥用於孕婦。Terbutaline的副作用與Ritodrine大致相同。（參見279頁專欄）

　　硫酸鎂（Magnesium sulfate）通常用來治療子癇前症（參見懷孕第31週，有關子癇前症的闡述），也可以用來抑制早產。這種藥通常是由靜脈注射給藥，並且需要住院。不過，偶爾也不必住院並改開口服藥劑，但必須定時回診，醫師也要嚴密監控。

　　注射嗎啡或嗎啡類藥物等鎮靜劑或麻醉劑，有時也可以阻止早產，這類方法不適合長期治療，但對阻止早期分娩確有療效。

　　避免早產就能減少早產對胎兒造成的傷害，也能減少因早產產生的後遺症。如果妳曾經早產，就要常與醫師保持聯繫。醫師會為妳做超音波檢查或做無壓力試驗，以監控懷孕狀況。

## Ritodrine對母體的副作用

- 心悸（心跳過快）。
- 低血壓（恐慌或害怕的感覺）。
- 胸悶或胸痛。
- 心電圖改變（心臟電氣活動的紀錄）。
- 肺水腫（肺臟內積水）。
- 母親的代謝問題，包括血糖增加、低血鉀，甚至血液內呈現酸中毒，造成類似糖尿病的症狀。
- 頭痛。
- 嘔吐。
- 寒顫。
- 發燒。
- 幻覺。

　　同樣的症狀也會出現在胎兒身上。有些曾服用Ritodrine的孕婦產下的嬰兒，也會發生低血糖的現象。胎兒心跳過快的情形也很常見。

## 妳的哪些行為會影響胎兒發育？

　　本週討論的重點，集中在早產兒及早產的治療。如果妳有早產傾向，最好遵照醫師的指示臥床休息及按時服藥。

　　如果妳對醫師的囑咐或處方有疑問，一定要與醫師詳細討論。如果妳輕忽了醫師的交代，繼續上班或工作，也未曾減少活動，結果將得不償失，不僅會危害到自身健康，更會影響胎兒的安全。

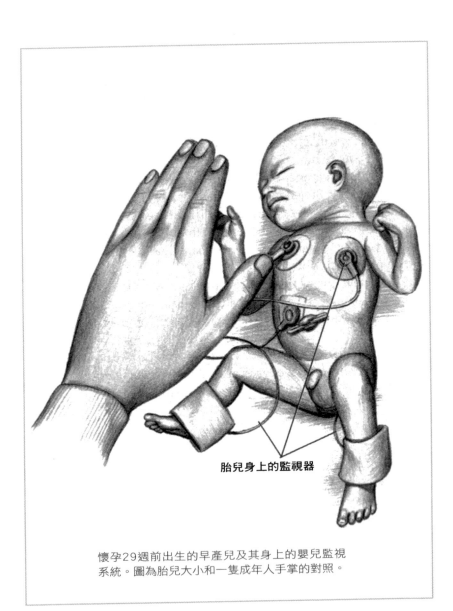

胎兒身上的監視器

懷孕29週前出生的早產兒及其身上的嬰兒監視系統。圖為胎兒大小和一隻成年人手掌的對照。

## 妳的營養

懷孕期間，我們希望妳能傾聽自己身體的聲音：感覺累了就休息，想上廁所立刻去洗手間。注意身體有沒有不舒服。同樣的，身體需要某些食物或飲料時，身體也會告訴妳。感覺餓了或渴了，就吃點東西或喝點飲料，少量多餐最能符合妳及胎兒的需求。

平時可以準備一些有營養的小點心，以備不時之需。葡萄乾、乾果和堅果都是不錯的選擇。當妳了解了自己什麼時候最容易感覺餓時，就可以事先將點心準備好。

只要妳想要，早餐吃義大利麵、午餐吃麥片也沒有關係。不要強迫自己吃不想吃的東西，飲食規則是可以變通的，只要注意自己是否營養均衡就行了。

 ## 其他須知

### B群鏈球菌感染

B群鏈球菌感染（Group-B Streptococcus Infection，GBS）並不會對成人造成大問題，卻會對胎兒造成致命的傷害。

B群鏈球菌通常是經由人對人的直接接觸（如性行為）而傳播，女性陰道及直腸中常會發現B群鏈球菌的蹤影。B群鏈球菌也可能存在於婦女的體內，卻不會發病或引發症狀。

美國疾病管制中心、全美婦產科學會及美國小兒科醫學會曾提出幾項建議，希望能讓新生兒免於遭受B群鏈球菌的感染。建議之一是希望能對以下的B群鏈球菌高危險群孕婦展開治療：

- 前胎曾經遭受B群鏈球菌感染。
- 不足月早產。

・羊膜破裂超過18個小時。

・分娩前及分娩時，曾發燒到攝氏38度者。

建議之二是採集懷孕35～37週孕婦的肛門及陰道細菌樣本，做B群鏈球菌的培養。對培養出菌種的孕婦在分娩時，立刻給予盤尼西林或氨比西林等抗生素來治療。

## FOR PAPA

寶寶出生後，你的家庭生活將有一翻大變革。如果你們夫妻倆都是上班族，最好提早計劃找保母事宜，以免措手不及。

懷孕筆記

# 懷孕第30週　　胎兒週數：28週

 ## 寶寶有多大？

此時，胎兒體重約1350公克。頭頂到臀部的長度略超過27公分，身高全長約38公分。

 ## 妳的體重變化

子宮約在肚臍上10公分，從恥骨連合量起，子宮底高（宮底高度）約30公分。

很難相信離預產期還有10週。妳可能會覺得，子宮幾乎抵到肋骨，已經沒有空間再容胎兒生長了。不過，胎兒、胎盤、子宮及羊水都還會繼續長大及增加。

懷孕時體重平均增加11.5～16公斤，其中一半以上重量是在子宮、胎兒、胎盤及羊水上。這些增大的體積，多數集中在腹部及骨盆腔，大肚子是懷孕的明顯標記。隨著孕程進展，骨盆腔及腹部會讓妳愈來愈不舒服。從現在開始，妳的體重約每週增加0.5公斤。

> 很難相信離預產期還有10週。

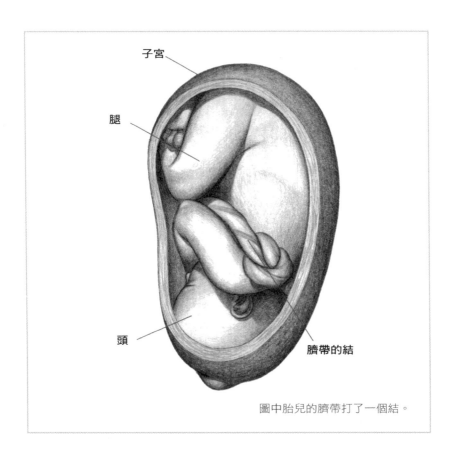

子宮

腿

頭

臍帶的結

圖中胎兒的臍帶打了一個結。

 寶寶的生長及發育

**臍帶打結**

　　本週圖示出胎兒及其臍帶。注意到他的臍帶打結了嗎？妳可能會覺得奇怪，怎麼會出現這個結，醫師們也認為這個結並不是天生的。

懷孕期間，胎兒非常好動，當胎兒還小的時候，臍帶可能自然形成一個環，胎兒動來動去，一不小心就鑽進了這個環，形成了一個結。這不是妳的錯，跟妳的活動也沒有任何關係，更無法避免。不過還好，這種打結的情況很少見。

## 妳的改變

### 破水

包圍著胎兒及羊水的膜稱為羊膜（羊水袋），羊膜通常不容易破裂，除非是準備分娩、正開始分娩或分娩時，才會有破水的情況。不過也不盡然。

羊膜一旦破裂，就要非常小心。因為羊膜的功用是保護胎兒，讓胎兒不受到感染。羊膜破裂羊水流出後，會增加感染的機會。如果不幸發生感染，容易對胎兒造成傷害。因此，一旦發現有羊水流出來，就必須立刻去醫院檢查。

## 妳的哪些行為會影響胎兒發育？

### 懷孕期間的洗澡方式

有些婦女會擔心，懷孕後期，盆浴或泡澡是否會對胎兒造成傷害。大多數醫師認為，懷孕時盆浴並無大礙，但進出澡盆時要注意安全，而且，水不可以過熱。多數醫師不會禁止孕婦盆浴，但當妳覺得似乎有羊水流出時，千萬不可盆浴。

有些孕婦想知道，如果泡澡時剛好破水，要如何因應。破水時，在少量的液體流出後，會有大量液體隨後流出來。如果破水時

正好在泡澡，妳可能會忽略初期的小量流水，不過，洗完澡後妳一定會注意到羊水大量湧出，因為羊水不會一會兒就流完，應該會持續一陣子。

> 大多數醫師認為，只要進出浴缸時小心些，懷孕也可以盆浴。

### 妳的營養

有些人耳聞孕婦喝藥草茶有好處，因此會問：「懷孕時喝藥草茶安不安全？」事實上，並非所有藥草茶都是安全的，甘菊、蒲公英、生薑根、蕁麻葉、薄荷及紅覆盆子等植物製成的藥草茶是安全無虞的。下文列出常用植物藥草的好處，妳或許可以參考。

研究結果顯示，藍升麻、北美升麻、薄荷葉、菁草、北美黃蓮（紫錐花）、小白菊、艾蒿、紫草科植物、款冬、杜松、芸香、艾菊、棉樹根皮、多種鼠尾草、番瀉樹葉（瀉藥）、美鼠李皮、鼠李、蕨、赤榆樹皮、印地安蔓草等藥草，平時使用還可以，懷孕以後千萬不要再用。

## 藥草茶的好處

| 甘菊 | 幫助消化 |
|---|---|
| 蒲公英 | 消除水腫及腸胃不適 |
| 生薑根 | 消除噁心及鼻塞 |
| 蕁麻葉 | 補充鐵質、鈣及其他維生素和礦物質 |
| 薄荷 | 消除脹氣，安定胃腸 |
| 覆盆子 | 消除噁心，穩定荷爾蒙 |

## 其他須知

　　對大多數婦女來說，懷孕是段快樂的日子，充滿興奮與期待。不過，還是有極少數的例外。懷孕時罹患癌症，就是一種罕見而嚴重的問題。

　　以下提供了一些資訊。這個主題或多或少會讓人不舒服，特別是在懷孕時提起。不過每位婦女都應該了解這方面的資訊，本文側重兩方面的討論：

- 讓妳對這個嚴重的問題，有更深入的了解。
- 提供資訊來源，讓妳在與醫師討論時有所依據。

## 懷孕前曾罹患癌症

　　如果懷孕前曾罹患癌症，當妳發現自己懷孕了，務必要盡快告知醫師，醫師會針對妳的狀況，做特別的全程照顧。

> 　　良好的姿勢有助於減輕背部的壓力，也能減輕背部的不適或疼痛。要維持良好的姿勢不容易，可能要花費一些功夫。不過，如果能藉著保持良好姿勢來減輕疼痛，這些努力都是值得的。

## 懷孕期間罹患癌症

　　不管何時罹患癌症，都是件讓人難過的事，若是在懷孕期間，更讓人不知所措。這時，醫師不但要思考如何來醫治母親，更要考慮到腹中發育的胎兒。

　　到底應該如何來處理，端視癌症的發現時機。一般來說，懷孕婦女的顧慮，有下列幾項：

- 要不要立刻終止懷孕，以便開始治療癌症？
- 若使用藥物治療，會不會影響胎兒？
- 惡性癌症會不會蔓延到胎兒？治療癌症的各種方法及藥物，

會不會影響胎兒或傳給胎兒？

• 能不能等到分娩或終止懷孕後再開始治療？

所幸許多癌症都好發於更年期以後的婦女。事實上，懷孕期間罹患癌症的機率非常低，也必須依個別需求來治療。

懷孕時會出現的癌症包括乳房腫瘤、白血病、淋巴瘤、黑色素瘤、婦科惡性腫瘤（好發於子宮頸、子宮及卵巢等女性生殖器官的癌症）及骨瘤等。

懷孕期間身體的改變極大，研究人員認為，這些變化可能會影響到癌症診斷的準確度。

• 有些人認為，某些腫瘤會受到懷孕時荷爾蒙增加的影響，使這類腫瘤發生的機率增加。

• 懷孕時，血液流量增加，淋巴系統也較活躍，因此容易將腫瘤細胞散布至身體其他部位。

• 懷孕時，身體會有很大的改變，例如肚子及乳房會變大，使得癌症的早期症狀不易被察覺及診斷出來。

上述三種考量都有其信度，但仍要看癌症的種類及其好發部位。

## 乳癌

35歲以下婦女罹患乳癌的例子較少，孕婦罹患乳癌的例子也不多見。懷孕時，乳房會長大、脹痛，會有乳腺腫塊，因此較不易發現乳癌。約有2％的乳癌患者是在懷孕期間診斷出罹患乳癌。不過，臨床證據顯示，懷孕並不會使罹患乳癌的機率增加，乳癌也不會因懷孕而擴散。

有多種療法適用於懷孕時期，但必須依個人狀況做處理：進行外科手術切除、化學治療、接受放射線的治療或幾種方法合併進行。（關於這方面的詳細資料，參見懷孕第13週。）

## 骨盆腔部位癌症

每1萬個孕婦中，可能就會有一位罹患子宮頸癌。約有1％的子

宮頸癌患者是在懷孕期間檢查出來的。還好，只要早期發現早期治療，子宮頸癌是可以治癒的。

外陰癌是指陰道出口部位組織產生腫瘤，雖然也曾有孕婦罹病的報告，但仍非常罕見。

### 懷孕時發現罹患其他癌症

何杰金氏病（Hodgkin's disease，即惡性淋巴肉芽腫）是一種慢性全身性淋巴腫大，常好發於年輕人。現在大多使用放射線治療及化學療法控制病情，並且延長緩解的時間。孕婦罹患這種疾病的比率約六千分之一，不過，懷孕並不會讓病程惡化。

白血病患者一旦懷孕，就很容易早產，發生產後大出血的機會也很大。白血病通常以化學藥物及放射線來治療。

黑色素瘤也可能發生於懷孕期間，多肇因於會產生黑色素的皮膚細胞。惡性黑色素瘤會蔓延全身，懷孕會使病情及症狀惡化。黑色素瘤不但會蔓延到胎盤，甚至還會蔓延到胎兒身上。

懷孕期間罹患骨瘤的例子很罕見。不過，良性軟骨瘤及良性的外生骨疣可能會影響到懷孕及分娩，這兩種骨瘤會影響到骨盆腔，所形成的腫瘤可能會妨礙生產。因此，如果罹患這些疾病，可能要剖腹產。

在台灣，由於有15%人口為B型肝炎帶原者，而B肝和肝癌有極密切的關係，因此B肝帶原者要小心，如果母血的甲型胎兒蛋白偏高，而羊水中的甲型胎兒蛋白正常，必須考慮肝癌的可能性。

## FOR PAPA

現在可以開始著手進行你的工作計畫了，最好盡量在預產期前後騰出時間來陪伴妻子及新生兒。幾乎所有的新手父母都希望能有更多時間待在家裡。如果你經常旅行，這時可能就需要更改行程，才能在懷孕的最後幾週，陪在妻子的身邊。寶寶什麼時候要到來，也自有主張，不是你能決定的。如果你不想在妻子臨盆時缺席，最好早一點開始規劃自己的時間。

懷孕筆記

# 懷孕第31週　　胎兒週數：29週

 ## 寶寶有多大？

胎兒持續長大，本週體重約1600公克，頭頂到臀部的長度為28公分，身長全長約40公分。

 ## 妳的體重變化

從恥骨連合量到子宮底約31公分，從肚臍量起約為11公分。

懷孕12週時，子宮約只占滿骨盆腔，參見293頁圖示，妳可以發現，現在子宮已經占了腹部大部分的位置了。

懷孕至今，妳的體重應增加9.5～12公斤。

 ## 寶寶的生長及發育

### 胎兒生長遲滯

胎兒生長遲滯（IUGR）是指新生兒出生時，體重比懷孕週數還要小。就定義來說，是指出生時的體重，在10個新生兒當中，就有

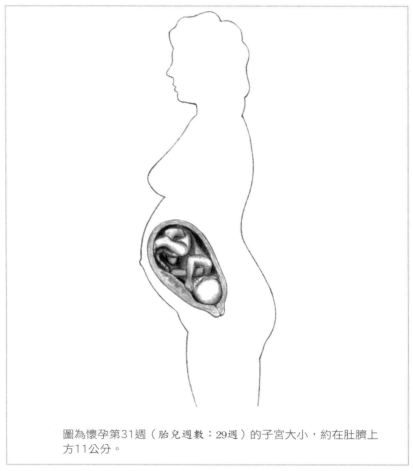

圖為懷孕第31週（胎兒週數：29週）的子宮大小，約在肚臍上方11公分。

9個比他重。

　　如果懷孕月份沒有估計錯誤，預產期的估算也正確，懷孕期也符合時，新生兒體重仍在最低的10％以下時，就要小心照顧了。生長遲滯的嬰兒，死亡率比體重正常的嬰兒高，也比較容易出現其他傷害。

## 胎兒生長遲滯的診斷及治療

　　因為胎兒生長遲滯很難診斷，因此每次產檢時，醫師一定要測量子宮是否隨時間而變大。如果產檢間隔時間很長，子宮大小卻沒有增加，這時可能就有問題了。如懷孕27週時，子宮大小為27公分，到了31週時，子宮大小只有28公分，醫師就會懷疑是不是胎兒生長遲滯，並安排進一步檢查以確認。

　　產檢的重要性，即在於出現這類問題時，可以即時發現。妳或許不太喜歡每次產檢都量體重，不過這些數值，確實有助於醫師判讀孕程進展是否順利、胎兒是否正常長大。

　　懷疑胎兒生長遲滯時，可利用超音波來檢查及診斷。超音波檢查，也能確認胎兒的健康狀況，看看是否有異常或畸形，而必須要在分娩時作特別的處理。

　　確定胎兒生長遲滯時，就不要讓情形繼續惡化，必須立刻戒菸、改善妳的營養、停止嗑藥及飲酒。

　　此外，臥床休息也很重要。因為臥床休息能讓胎兒得到足夠的血流量，血流量增加，胎兒就能繼續長大。如果是母親本身的疾病造成胎兒生長遲滯，就要盡速治療，改善母親的健康。

　　生長遲滯的胎兒，在分娩前夭折的危險性大增，因此，有時候可能需在預產期前取出。生長遲滯的胎兒可能無法應付自然產的產程，甚至會發生胎兒窘迫症，因此，可能需要剖腹產。某些情況下，胎兒離開子宮可能要比留在子宮內還安全。

### DOCTOR SAY

　　瑪歌起床幾個小時以後，鞋子就穿不下了，手上的戒指也變得愈來愈緊，她擔心是不是出問題了。我告訴她，大多數孕婦都會出現水腫，這種情形多半正常。不過，如果衣物太緊，會妨礙血液流通，使手腳部位的血液回流受到影響。如果衣服的腰圍、膝蓋、腳踝、肩膀、手肘或手腕的部位太緊，都會讓血液回流受阻，因而產生問題。

# 造成胎兒生長遲滯的原因

　　下面幾種情況，會讓胎兒生長遲滯及新生兒出生體重過低的機會增加：

- **菸草**：母親吸菸會抑制胎兒的生長，菸吸得愈多，胎兒體重愈輕。
- **孕婦體重增加不足**：身材中等或嬌小的孕婦，如果體重增加太少，可能會孕育出生長遲滯的胎兒，因此懷孕時必須攝取足夠的營養及採取健康的飲食計畫。懷孕時，千萬不要限制體重的增加。研究人員指出，如果孕婦一天攝取的熱量不到1500大卡，持續一段時間後，就會造成胎兒生長遲滯。
- **母親的血流出現異常**：子癇前症及高血壓，也會影響胎兒的生長。
- **腎臟疾病**。
- **海拔高度**：高海拔地區的婦女，胎兒要比低海拔地區婦女的胎兒小。
- **酗酒及藥物濫用**。
- **多胎妊娠**。
- **胚胎受到感染**：巨細胞病毒、德國麻疹或其他感染，會限制胎兒的生長。
- **母親貧血**：母親貧血可能也會造成胎兒生長遲滯，不過，並不是每位專家都認同此種說法。（貧血問題，參見懷孕第22週）
- **臍帶或胎盤畸形**：臍帶或胎盤畸形，會使胎兒獲取的營養素不足，因而抑制了胎兒的成長。
- **有胎兒生長遲滯病史**：曾經產下生長遲滯胎兒的婦女，再次懷孕時，可能還會發生同樣的情形。

　　除了胎兒生長遲滯外，如果有以下狀況，也會使新生兒出生體重過低：母親瘦小或孕期過長，也可能會造成營養不足，使新生兒出生體重過低；胚胎先天畸形或異常時，胎兒也會瘦小，特別是染色體出現異常時。

## 妳的改變

### 懷孕時的水腫現象

　　妳可能已經注意到，愈接近預產期，當妳將鞋子脫下以後，過一會兒，就可能穿不下了，這就是水腫造成的。

　　妳可能也會發現，穿著及膝半統襪或緊的短襪時，會在襪頭位置留下一圈勒痕。

　　懷孕時，身體會多製造50％的血液及體液，以因應胎兒的需求。這些多餘的液體，部分會滲入妳的身體組織。當子宮壓迫到骨盆腔靜脈時，下肢部位的血液回流就會受到阻斷，將體液擠壓到雙腿和雙腳，造成水腫。

　　坐姿也會影響體液的循環。翹二郎腿、膝蓋交叉或腳踝交足，都會阻礙腿部血液的回流。為了不影響血液的循環，坐的時候最好不要交足。

 ## 妳的哪些行為會影響胎兒發育？

### 睡姿

　　在懷孕第15週的章節，已經詳述睡眠的重要性，也分析平躺及側睡的利弊。如果妳尚未養成側睡的習慣，現在就會開始嚐到苦果

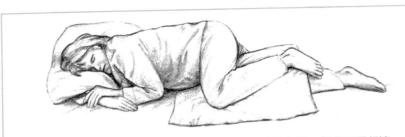

懷孕愈到後期，妳可以多利用幾個枕頭，來支撐肚子和腿，使自己更舒適。

了。如果沒有側臥，妳會發現，水分已經開始在體內滯留，不過，只要開始側臥，這些狀況就會立刻改善。

## 產前檢查

按時產檢非常重要。妳或許會覺得，多次產檢下來，並未發現特別的變化，一切都很正常。不過這些產檢的結果及數據，卻能提供醫師不少資料，以便評估妳及胎兒的健康狀態。

醫師還會特別注意某些表示有問題的徵兆，例如母體血壓的變化、體重的改變，以及胎兒的成長是否符合預期等。如果這些問題未能及早發現，就可能會對妳及胎兒造成非常嚴重的後果。

> 按時產檢很重要，檢查的結果及數據，能幫助醫師評估妳及胎兒的健康狀態。

 ## 妳的營養

部分對孕婦的警告，一般人也適用的，例如，要小心沙門桿菌的感染及其毒性。沙門桿菌會造成食物中毒，輕則胃腸不適，嚴重則可能致死。沙門桿菌來源多達1400種，生蛋及生禽肉裡都找得到沙門桿菌的蹤影。雖然煮熟食物就能殺死沙門桿菌，但還是要特別小心，並將下文要點謹記在心。

- 準備禽類肉品或用生蛋製成的食物時，調理檯、餐具、碗盤及鍋盆等務必要用熱水及殺菌劑清洗乾淨。

- 禽類肉品一定要煮熟。

> 配戴太緊的戒指和手錶，也會造成循環的問題。有時戒指愈來愈緊，甚至緊到必須請店裡的師傅剪斷。如果出現水腫，妳可能就不會想要再戴戒指了。有些孕婦則會買一些不太貴的、大一號的戒指來戴，妳也可以把戒指套在漂亮的鍊子上，當作項鍊墜飾或手鍊。

- 不要吃生蛋做成的食物，例如凱薩沙拉、荷蘭酸味蘸醬、蛋酒、冰淇淋等。生的、未烘焙的蛋糕糊、餅乾麵糰及所有含有生蛋的東西也不要吃。
- 最好吃全熟的蛋。水煮蛋至少要煮7分鐘，蒸蛋時至少蒸5分鐘，煎蛋時每面煎3分鐘，單面煎的荷包蛋也不要吃。

 ## 其他須知

## 妊娠高血壓

　　妊娠高血壓只發生在懷孕期，這種因懷孕引起的高血壓，收縮壓會增加到140毫米汞柱或比妳原本的收縮壓高了30毫米汞柱，舒張壓會高於90毫米汞柱或比原本的舒張壓高了15毫米汞柱。例如某位女士懷孕初期的血壓是100/90（收縮壓/舒張壓），後來變成130/90，表示他可能罹患了妊娠高血壓或子癇前症。

　　醫師會參考每次產檢時所測得的血壓值，來判讀血壓是否過高，會不會造成危險。

## 懷孕期子癇前症

　　子癇前症是指在懷孕期或產後極短時間內產生的症候群，包括：
- 水腫
- 蛋白尿
- 高血壓
- 反射的變化（反射過強）

　　包括右側肋骨下疼痛、頭痛、視覺斑點及視力改變等則是非特異性但重要的症狀，這些都是警示性的徵兆。如果出現這些症狀，

一定要立刻告知醫師，特別是當妳併有妊娠高血壓時。

　　子癇前症會進展到子癇症，後者是指除了子癇前症外，還併有抽筋或抽搐的症狀，而且抽搐還不是因為抽搐病史或癲癇所導致。

　　大多數孕婦都會有些水腫，不過，並不是下肢發現水腫，就表示罹患了子癇前症，還必須併有其他子癇前症的症狀才算。此外，懷孕時也可能會出現高血壓，但不表示就是罹患了子癇前症。

## 造成子癇前症的原因

　　造成子癇前症及子癇症的真正原因並不清楚，不過大多數都發生在第一次懷孕。年過30才懷第一胎的婦女，比較容易出現高血壓及子癇前症（參見23頁，有關「三十五歲以後才懷孕」的說明）。

## 子癇前症的治療

　　治療子癇前症的首要目標，就是避免發生抽搐，即要對懷孕過程做嚴密的監控，每次產檢時也要詳細檢查血壓及量體重。

　　體重增加是罹患子癇前症或病情惡化的徵兆。子癇前症會使體內水分滯留，因此造成體重的變化。如果妳發現自己出現了這些症狀，必須立刻去醫院做詳細的檢查。

　　子癇前症的治療，始於臥床休息，妳最好停止所有的工作且盡量少站立。臥床休息能讓腎臟功能發揮最大的功效，也能使血流大量進入子宮。

　　最好側臥，不要平躺。多喝水，少吃鹽，鹹的及含有鈉的食物都會使水分在體內滯留。過去曾使用利尿劑來治療子癇前症，但現在已不再使用。

　　如果妳不能在家臥床休息或症狀沒有改善，醫師可能會安排妳住院，甚至會考慮提前分娩。如果顧慮到下列因素，寶寶可能必須提前出世：

- ・為了妳自身的健康。
- ・避免讓妳產生抽搐。
- ・為了寶寶的健康。

分娩時，可以用硫酸鎂來治療子癇前症。醫師通常會在產婦分娩時及產後，以靜脈注射給藥，避免產婦發生抽搐。高血壓症狀則以抗高血壓劑治療。

　　如果妳發生抽搐，必須立刻到醫院求治。不過，診斷可能並不容易。因此，最好能有人將抽搐的經過詳細向醫師描述，這對病情的診斷及治療有莫大的幫助。至於子癇症引起的抽搐（痙攣），其治療方法與一般抽搐一樣，使用的藥物也大致相同。（參見懷孕第26週）

FOR PAPA

　　現在可以開始跟配偶討論和購買嬰兒用品，例如寶寶的床舖、汽車安全椅、毛毯等。

懷孕筆記

# 懷孕第32週　　胎兒週數：30週

# Week 32

## 寶寶有多大

本週，胎兒體重近1800公克，頭頂到臀部的長度超過29公分，全長也將近42公分。

## 妳的體重變化

從恥骨連合處量起，子宮底高度約32公分，從肚臍量起，子宮底高度約12公分。

## 寶寶的生長及發育

### 雙胞胎？三胞胎？或多胞胎？

當胚胎不只一個時，通常是指雙胞胎。雙胞胎妊娠的出現機率，比三胞胎、四胞胎或五胞胎（甚至更多胎妊娠）的機率要大得多。

當知道自己懷了雙胞胎，大多數人的反應都是嚇一大跳。不

過，期待寶寶們出生的喜悅，會蓋過心裡的恐懼與重責大任。如果確定懷了雙胞胎或多胞胎，孕婦的產檢次數可能就需要更多。對於分娩及產後多個嬰兒的照料，也需要作更周詳的計畫。本文提供更多關於多胎妊娠的資料，妳也可以參考一下。

## 多胎妊娠

### 同卵雙胞胎與異卵雙胞胎

雙胞胎常是由兩個不同的受精卵同時孕育而成，稱為異卵雙生（異卵雙胞胎）。異卵雙生時，可能會同時得到一兒一女。

約有33%的雙胞胎妊娠，是由同一個受精卵分裂成兩個一模一樣的構造，這兩部分將發育成兩個不同的個體，稱為同卵雙生（同卵雙胞胎），寶寶性別會相同。不過，同卵雙生也不見得百分之百相同，有時異卵雙生甚至比同卵雙生長得更相像。

多胎妊娠時，可能出現同卵雙生，也可能出現異卵雙生，甚至可能同時出現兩種。例如四胞胎可能是由同一個受精卵分裂而成，也可能是兩個受精卵同時分裂，當然也可能同時有三個、甚至四個受精卵。

本書懷孕第3週章節中曾說明，受精卵在受孕後幾天就開始分裂，一直到第八天為止。如果受精卵分裂遲至第八天才開始，就很可能導致雙胞胎身體有部分相連，發展成連體嬰。連體嬰常共用一些重要器官，例如心臟、肺臟或肝臟，所幸連體嬰的發生機率很低。

> 有時候，異卵雙生甚至比同卵雙生長得更相像。

## 多胎妊娠的發生機率

懷雙胞胎的機率，與雙胞胎的類型有關。全球同卵雙生的機率約千分之四，這類雙胞胎發生的機率，不受年齡、遺傳、懷孕胎次或有無服用刺激排卵藥的影響。異卵雙生的發生機率，則受種族、遺傳、母親的年齡、先前懷孕的次數，以及是否服用刺激排卵藥所影響。

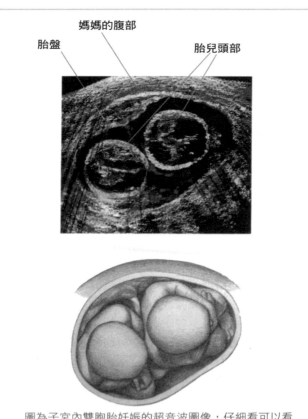

媽媽的腹部

胎盤

胎兒頭部

圖為子宮內雙胞胎妊娠的超音波圖像，仔細看可以看到兩個頭。圖解正是說明這兩個胎兒的排列方式。

多胎妊娠發生的機率，與種族有極大的關係，白人婦女約百分之一，黑人婦女則為七十九分之一。在非洲的某些地區，雙胞胎的發生率高到令人驚訝，甚至高到二十分之一。西班牙婦女懷雙胞胎的機率也比白人婦女高。亞洲婦女懷有雙胞胎的機率就少得多，約一百五十分之一。

遺傳在雙胞胎妊娠的發生率上，扮演相當重要的角色。一份對異卵雙生所做的研究指出，母親本身是異卵雙胞胎，懷雙胞胎的機率為五十八分之一。

事實上，雙胞胎妊娠的發生率可能比以上數據多。在懷孕早期超音波檢查時，常會發現有兩個孕囊或是雙胞胎妊娠。後續再檢查時，可能就會發現其中一個孕囊或胚胎消失了，只剩下一個胚胎正常成長。因此，有學者認為，懷孕最初的8～10週最好不要做超音波檢查，以免準父母得知懷了雙胞胎，後來卻發現只剩下一個胎兒時，會覺得很難過。

不過，在台灣多數的婦產科醫師會在懷孕5～8週之間即先做第一次超音波檢查，目的是看有沒有心跳，以及排除子宮外孕的可能性。如果了解初期檢查為雙胞胎時，有一些最後會變成單胞胎，就不會太難過了。

三胞胎妊娠發生的機率約八千分之一，許多醫師在執業生涯中，可能都不曾遇過。但在使用排卵藥較多的今日，三胞胎的發生率比過去高了些。

## 助孕藥物、試管嬰兒胚胎植入及多胎妊娠

醫界很早就發現，促進及刺激排卵的藥物，會使多胎妊娠的機會增加。有很多治療不孕的藥物，每一種藥物或多或少都可能增加多胎妊娠的機會。clomiphene是最常使用的排卵催促劑，比起其他藥物，較不會導致多胎妊娠，但仍不可能完全避免。

服用排卵藥物及使用試管人工受孕再植入著床的技術，都很容易出現雙胞胎妊娠。男嬰出現於多胎妊娠的機率較小，即多胎妊娠以女嬰較多。

**發現自己多胎妊娠**

在超音波技術研發前，雙胞胎妊娠的診斷非常困難。由304頁的雙胞胎妊娠超音波圖像，可以看到兩個胚胎。

如果單靠聽到兩個胎心音來確定是否懷有雙胞胎，確實不太容易。許多人認為，如果只聽到一個胎心音，就不太可能是雙胞胎，這觀念並不一定正確。因為胎兒心跳非常快速，如果兩個胎兒的心跳速率幾乎一樣或極為相近，很難分辨是一個或兩個寶寶。

正因為如此，懷孕期間測量肚子的大小及產檢是非常重要的。因為在懷孕4～6個月間，懷雙胞胎的肚子要比懷單胞胎大得多，也大得特別快。

> 許多人認為，如果只聽到一個胎心音，就不太可能是雙胞胎，這觀念並不一定正確。因為胎兒心跳非常快速，如果兩個胎兒的心跳速率幾乎一樣或極為相近，很難分辨是一個或兩個寶寶。

超音波檢查是辨別多胎妊娠的最好方法。當然也可以在懷孕16～18週以後，以X光來確認，因為這時胎兒的頭骨已經可以清楚辨認了，不過這個方法很少使用。

**多胎妊娠是否會產生很多問題？**

有些問題容易因多胎妊娠而產生，包括：

- 流產機會增加。
- 胎死腹中。
- 胚胎畸形。
- 新生兒體重過低或胎兒生長遲滯。
- 子癇前症。
- 胎盤有問題，包括胎盤早期剝離及前置胎盤。
- 母親貧血。
- 母親容易出血或出血不止。
- 臍帶有問題，包括臍帶纏繞、打結，或胎兒們的臍帶互相糾結、纏繞。
- 羊水過多。

・臀位或橫躺位等胎位不正導致分娩困難。

・早產。

多胎妊娠最大的問題，就是早產。隨著胚胎數目的增加，懷孕的時間及胎兒的重量都會減少，不過，這也因人而異。

雙胞胎妊娠的平均懷孕時間約37週，三胞胎則約為35週。胎兒在子宮內多待一週，出生體重及器官、系統的成熟度也都隨著增加。

多胎妊娠產生的重大畸形，約為單胞胎妊娠的兩倍；同卵雙生出現畸形的機率，則比異卵雙生大。

在處理多胎妊娠時，最主要的目標是盡量把胎兒留在子宮內愈久愈好，即避免早產。因此要盡量臥床休息，日常活動也可能要被迫中止。如果醫師囑咐妳臥床休息，最好遵照指示。

多胎妊娠時，體重的增加也非常重要。妳的體重可能比一般孕婦多11～16公斤，當然懷幾胞胎也會有影響。鐵劑的補充也很重要。

有些研究人員認為，Ritodrine等抗流產藥對預防早產很有效（參見懷孕第29週），這種藥常用來使子宮的肌肉鬆弛，預防早期分娩。

妳絕對要遵從醫師的指示，讓胎兒在妳的肚子裡繼續生長，發育成熟，要比在加護病房裡的保溫箱裡長大好得多。

## 多胎妊娠時分娩

多胎妊娠如何分娩，要看胎兒們的胎位而定。除了早產外，多胎妊娠生產時，還可能產生其他併發症，包括：

・胎位不正（臀位或橫位）。

・臍帶脫垂（臍帶在產道中跑到胎兒的前面）。

・胎盤早期剝離。

・胎兒窘迫症。

・產後大出血。

多胎妊娠的分娩原本就具有高危險性，因此，在分娩前及生產

中，都需要高度的警戒。如需靜脈注射，麻醉科醫師及小兒科也都必須在一旁待命，準備隨時照料新生兒。

雙胞胎妊娠時，各種胎位的組合都有可能。可能兩個胎兒都是頭位，也可能都是臀位（指臀部或腳先到達產道），也可能是橫躺位或斜產位（既非臀位也不是頭位，而是斜斜的）。（參見懷孕第38週關於產式的討論。）

如果胎兒都是頭位產式，就可以嘗試自然產，這是比較安全的產式。不過，也可能第一個寶寶自然產生下後，第二個寶寶的胎位就發生旋轉，或臍帶比寶寶早到達產道，也可能第二個寶寶發生胎兒窘迫的情況，這時，需立刻剖腹產。也有醫師認為，只要是雙胞胎或多胎妊娠，最好一律剖腹生產。

產後，醫師會密切觀察母親的子宮及其出血狀況，因為子宮因多胎妊娠而撐得太大，產後又急遽縮小的緣故。通常醫生會經由靜脈注射催產素，讓子宮收縮、止血，使母親不至於失血過多。如果血液流失過多，導致母親貧血，那就需要輸血或長期補充鐵劑。

 ## 妳的改變

懷孕到現在，如果沒有出現問題，也沒有併發症，大約每個月產檢一次即可。

> 現在是把分娩及生產的疑慮，提出來與醫師討論的最好時機。

不過，從懷孕第32週開始，多數醫師會安排孕婦每兩週做一次產檢，到了最後一個月，就必須每週產檢了。

此時，妳與醫師已經熟絡，也容易將自己的疑慮提出來問。因此，現在正是與醫師討論分娩及生產的最好時機。如果日後出現問題或併發症，妳也比較知道怎麼請求協助，兩者的互動也會比較好，對於必須做的處置及照護，妳也比較容易接受。

醫師也可能告訴妳，往後幾週該注意哪些事情，不過，妳還應該多看多聽。妳可以參加產前媽媽教室，也可以從親朋好友口中，

聽到有關分娩及生產的似是而非的觀念，包括灌腸、打點滴及各種併發症等。如果妳對這些說法有疑問，不要不好意思問醫師，大多數醫護人員都非常願意為妳解惑，因為他們不願意見到妳為一些無謂的憂慮煩惱。

**DOCTOR SAY**

　　賈姬來產檢時告訴我，她已經很久沒有按時服用孕婦維生素了，她覺得天天吃很麻煩。她想知道在懷孕的最後三個月是否可以不吃，我建議最好還是持續每天吃一顆孕婦維生素。

## 妳的哪些行為會影響胎兒發育？

**服用孕婦維生素**

　　孕婦維生素裡含有足量的鐵及維生素，對孕婦及胎兒助益極大。如果臨到分娩時，妳仍有貧血的現象，過低的血球數會傷害妳及胎兒，有時甚至可能需要輸血。因此，最好還是每天服用孕婦專用維生素。

## 妳的營養

　　如果不只懷一個寶寶，妳的營養攝取及體重增加更為重要。食物雖然是營養素及熱量的最佳來源，每天最好還是需要補充一顆孕婦維生素。如果懷孕早期體重增加不足，將來罹患子癇前症的機會就很大，新生兒也可能很小。

　　如果妳懷的是雙胞胎，對正常體重的婦女來說，理想上應該增

加約20.5公斤。當醫師告訴妳希望妳的體重增加到多少時，妳也不必太過擔憂。

> 如果肚子裡的胎兒不只一個，對熱量、蛋白質、維生素及礦物質的需求就會增加。每多一個寶寶，每天就需要多增加300卡的熱量。詳細說明請見懷孕第15週「妳的營養」。

研究顯示，多胎妊娠的婦女，體重增加程度如果符合期望，寶寶通常會比較健康。

要如何增加足夠的體重呢？如果只增加熱量，對妳及胎兒並沒有多大的好處。垃圾食物及空糖食物不要吃太多，妳可以從其他食物獲取所需的熱量，例如，妳每天可以多吃一份乳製品或蛋白質食物，這些食物除了熱量以外，還能補充鈣、蛋白質及鐵質，以符合胎兒需要。妳可以請教醫師，醫師也可能會照會營養師一起討論。

 ## 其他須知

### 產後出血及大出血

分娩時多少會失血，這是正常的，但如果大量出血，就是件非常嚴重的事了。在寶寶出生後24小時內，如果出血量超過500cc，稱為產後大出血。

發生產後大出血的原因有很多，子宮無法收縮、分娩時陰道及子宮頸發生嚴重的撕裂傷等，都是最常見的原因。

產道外傷（例如會陰切開術的傷口過大或出血）或子宮體破裂、穿孔、有撕裂傷等，也會引發失血。失血原因還包括子宮內胎盤附著處的血管無法壓縮止血，這多半是因為生

> **FOR PAPA**
>
> 夫妻兩人都要將重要的電話號碼詳列在單子上，隨身攜帶。這些號碼包括你的辦公室電話、太太的辦公室電話、醫院的電話、醫師的聯絡電話、備用司機的電話、保母的電話及產後想要聯絡的親友電話等。隨身帶著這張單子，到醫院待產時才不會手忙腳亂。

產過速、產程過長、生過好幾胎、子宮感染、子宮過度擴張（多胎妊娠），或使用特殊藥物來麻醉，使得子宮無法正常收縮，以致大量出血。

胎盤組織殘留（胎盤的大部分組織娩出後，仍有少部分殘留在子宮上）也會造成子宮大量出血，殘留的組織會造成立即性的出血，但也可能會在幾個禮拜，甚至幾個月之後，再造成出血。

血液凝固的機制如果有問題，也會造成出血。凝血的問題可能與懷孕有關，也可能是先天的缺陷。醫護人員會密切而持續的觀察及照護產後的出血情形。

# 懷孕第33週　　胎兒週數：31週

*Week* 33

### 寶寶有多大？

　　胎兒本週重約2000公克，頭頂到臀部的長度約30公分，身長全長43公分。

### 妳的體重變化

　　從恥骨連合量到子宮底部約33公分，從肚臍量到子宮底部約13公分。體重約增加10～12.6公斤。

### 寶寶的生長及發育

## 胎盤早期剝離

　　313頁是胎盤早期剝離的圖例，圖中可看見胎盤從子宮壁脫離的情形。在正常情形下，胎盤要等到胎兒娩出後，才會從子宮壁剝

離。如果分娩前胎盤就先剝離，是非常危險的。

　　胎盤早期剝離的發生率約八十分之一，事實上，因為剝離的時間各有不同，對胎兒造成的危險也不盡相同，所以無法估算出正確的數值。如果胎盤早期剝離發生在分娩時，對胎兒比較不會造成太大的傷害；如果發生在懷孕期間，就是嚴重而危險的事了。

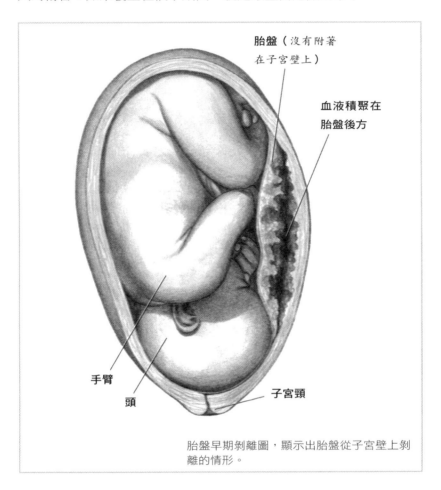

胎盤（沒有附著
在子宮壁上）

血液積聚在
胎盤後方

手臂

頭

子宮頸

胎盤早期剝離圖，顯示出胎盤從子宮壁上剝
離的情形。

## 胎盤早期剝離的原因

　　造成胎盤早期剝離的原因至今仍不明確，但下列因素可能會增加胎盤早期剝離的機會：

- ·母親受傷（如車禍）。
- ·臍帶太短。
- ·分娩或羊膜破裂導致子宮大小急遽變化。
- ·高血壓。
- ·飲食失調（營養不良）。
- ·子宮畸形，例如子宮壁部分組織粘黏，使胎盤無法順利著床。
- ·子宮曾經開刀（例如手術取出子宮肌瘤）或曾墮胎。

　　根據研究顯示，葉酸缺乏對於造成胎盤早期剝離，也扮演著極重要的角色。除此之外，有人認為孕婦抽菸及飲酒，也容易造成胎盤早期剝離。

　　如果孕婦過去懷孕時曾發生胎盤早期剝離現象，復發的機會就會大增，再發率高達10％。因此，曾經發生胎盤早期剝離後再次懷孕，即屬於高危險妊娠群。

　　發生胎盤早期剝離時，胎盤可能部分剝離或全部從子宮壁上剝離，以後者最危險。因為胎兒與母親之間的循環，完全依靠胎盤，因此，胎盤如果與子宮剝離，胎兒就無法從臍帶得到補充血液。

　　胎盤早期剝離是嚴重的症狀，可能會出現陰道大量出血（也可能未出血）。由313頁圖中可以看到，胎盤剝離後，在胎盤後面形成了大量積血，但子宮頸及陰道卻看不到任何血液流出來。其他症狀還包括：後背疼痛、子宮及腹部觸痛、子宮有收縮或緊勒的感覺等。

超音波檢查對於胎盤早期剝離的診斷，有很大的助益，但仍無法百分之百斷定，因為當胎盤位在子宮後側時，超音波檢查就無法看得清楚。

胎盤剝離還會造成休克，血液大量迅速流失，就容易發生休克。另一種嚴重的情況是出現血管內凝血症，即形成大量的血液凝塊，所造成的後遺症很嚴重。而在凝血因子耗盡之後，反而會造成血流不止的情形。

## 胎盤早期剝離的症狀及發生頻率

發生胎盤早期剝離時，同時會出現一些症狀，常見的症狀如下：

· 陰道出血機率，約75％。
· 子宮觸痛，約60％。
· 發生胎兒窘迫症或胎兒心跳不正常，約60％。
· 感覺子宮緊勒或收縮，約34％。
· 早產，約20％。
· 胎兒死亡，約15％。

## 胎盤早期剝離能否治療？

是否可以治療胎盤早期剝離，端看是否在早期即診斷出來，以及媽媽與胎兒的健康狀況而定。如果出血情形嚴重，就必須將胎兒娩出。

如果出血不嚴重，可採取保守療法，不過，仍要看胎兒是否產生窘迫或是否有立即的危險而定。

在懷孕的第二及第三個三月期間，胎盤早期剝離是最嚴重的問題之一。因此，如果妳出現上述任何一種症狀，請立刻去看醫師。

妳的改變

## 如何得知羊膜破裂？

怎樣才能知道破水了呢？當羊膜破裂時，不會只湧出一股水就宣告停止。通常在一股羊水湧出後，就會不停而持續的流出少量羊水。有些婦女覺得褲子一直濕濕的，站立時感覺水沿著雙腿流下來。破水時，羊水持續不斷的流出，就是最好的徵兆。

羊水通常清澈如水，但偶爾也可能帶點血色或呈現黃色或綠色。

有時候，胎兒體重會對媽媽的膀胱產生壓力，致使陰道分泌物增加，尿液也可能小量滲漏，這是正常現象。不過，醫師可以透過某些方法，診斷是否破水，下文是最常用的兩種方法。

第一種是利用石蕊試紙檢驗，試紙接觸羊水時顏色會改變，因為羊水的酸鹼度（pH值）讓石蕊試紙變色。但這種方法也有誤差，例如，血液也能讓試紙變色，因此，有時雖沒有破水，但些許血液也會讓試紙變色。

另一種方法稱為羊齒試驗（ferning test），是用棉棒沾取羊水或陰道後方液體，將之塗抹在玻片上，然後放在顯微鏡底下觀察，乾掉的羊水在顯微鏡下會呈現羊齒狀或像松樹的分枝一般的痕跡。羊齒試驗的檢查，比石蕊試紙更可靠。

> 羊水持續滲出，就是破水最明顯的徵兆。

### 破水了怎麼辦？

羊膜在懷孕的任何期間都可能破裂，並非只有在即將分娩時才會破水。

如果妳覺得已經破水了，趕快去醫院。破水後不可有性行為，因為性交可能將細菌帶入產道而進入子宮，進而危害到腹中的胎兒。

## 妳的哪些行為會影響胎兒發育？

**體重持續增加**

隨著孕程進展，體重將持續增加，增加的速度可能比之前任何一段時期都快，因為胎兒即將開始一段快速的體重增加期。從現在開始，妳的體重可能每週都會增加225公克左右，有時甚至更多。

此時，妳應繼續攝取適當的食物。不過，溢胃酸的現象可能會更嚴重，因為胎兒持續長大，會壓縮胃部空間，少量多餐會讓妳比較舒服。

## 妳的營養

懷孕期間飲食均衡非常重要，新鮮的水果、蔬菜、乳製品、全麥穀類及蛋白質食物，對胎兒的正常發育及健康，都有極大的貢獻。妳應該慎選食物，懷孕前可以吃的東西，懷孕後不見得適用。

盡可能避免食品添加物，目前尚未確定這些添加物是否會對胎兒造成不良影響，不過能免則免。殺蟲劑殘留的問題也要注意。

烹調及準備蔬菜、水果之前，一定要徹底清洗乾淨、擦乾，即使不吃皮也是

> 體重雖一直增加，但絕對不可節食，也不可以少吃任何一餐。妳及腹中的胎兒，都需要健康的飲食，來補充所需的熱量及營養。

一樣的。如果沒有洗淨，會有殺蟲劑污染或殘留的問題。

盡量少吃可能受到多氯聯苯污染的魚（參見69頁），最好在商譽良好的市場買魚或買確定沒有受到污染的魚。攝取食物時，千萬要特別小心，以保護胎兒的健康。

**其他須知**

### 分娩時需要做會陰切開術嗎？

會陰切開術是指分娩時，預先在陰道到直腸間切開一道切口，以避免胎頭經過產道時，過度撕裂陰道及會陰。會陰切開切口，可以直接切在中線或偏旁的位置。由於側向的會陰切開術較易造成日後的性交疼痛，因此絕大多數的狀況下，婦產科醫師會選擇正中方向的切開。

即使在分娩時真的需要做會陰切開，分娩前也無法預先準備。有人宣稱能教導孕婦練習某些動作，分娩時可將產道擴張以利生產，並能避免做會陰切開。對大多數孕婦來說，這些方法並沒有多大的幫助。有些主張則認為，分娩時做會陰切開，陰道、膀胱、及直腸就不會因胎頭通過而過度伸展，陰道如果過度伸展，就會影響到大小便的控制及性交時的快感。

胎頭進入陰道時，其力量容易撕裂陰道及產道，此時，就要做會陰切開術了。做會陰切開時，傷口比較乾淨、筆直且容易控制，癒合的過程也較佳。被胎頭撐裂的傷口比較不規則，且可能會撕裂到膀胱、大血管，甚至直接撕裂到直腸，傷口的組織會呈現支離破碎，癒合也較差。

妳可以詢問醫師是否打算做會陰切開，問明原因，妳也可以大概了解切口的位置，以及是否需預做準備，例如是否需灌腸，或做哪些使陰道伸展的動作等。

如果分娩時需要使用胎頭吸引器或產鉗，就一定要先做會陰切開，才能將這些器具放到胎頭處。

會陰切開術以傷口深度分級：

・第一級，傷口只切到皮膚。
・第二級，傷口會切到皮膚及下面的組織層。
・第三級，除了切開皮膚及組織層外，還要切到直腸的擴約肌（圍繞在肛門外的肌肉層）。

‧第四級，除了切開上述的三層以外，還需切到直腸的黏膜
層。

胎兒娩出後，每一層切口都必須使用可吸收的縫線分層縫合，
傷口癒合以後，不需要移除線頭或拆線。

FOR PAPA

你的家對寶寶來說是否安全？家中的環境，包括寵物、家具、二手菸、窗簾、家具覆蓋物及其他可能會對小嬰兒造成傷害的東西，須確認是否都已經安置好或處理好了。

胎兒出生後，整個生產經驗中最痛苦的，大概就是會陰切開後的傷口疼痛了。在傷口癒合的過程中，會有一段時間很不舒服。這時，可以要求醫師開止痛藥。即使哺餵母乳，這些藥物也沒有安全的顧慮。醫生常開的藥物是對位乙醯胺基酚（普拿疼），有時，醫師會開含可待因的普拿疼或其他藥物來止痛。

 ## 寶寶有多大？

本週，胎兒體重約2280公克，頭頂到臀部的距離約32公分，身長約44公分。

 ## 妳的體重變化

從肚臍量起，子宮底部高度約14公分，從恥骨連合量起，子宮底部高度約34公分。

測量的結果，可能跟妳的朋友同時期的結果不一樣，這並沒有什麼關係，重要的是妳的體重及子宮的成長速度，是否在合理範圍內。妳的體重及子宮的成長速度，也是評估寶寶成長是否正常的指標之一。

**寶寶的生長及發育**

### 產前的胎兒檢查

最好能找出一種非常棒的檢查方法,能在分娩前知道胎兒的健康狀況,既能偵測出胎兒是否有重大畸形、是否出現胎兒窘迫,也能夠及時發現胎兒是否有立即性的危險。超音波檢查能達成部分目標,它能讓醫師觀察胎兒在子宮的情形,並能評估胎兒大腦、心臟及其他臟器的健康狀況。除了超音波檢查,也可以在胎兒監視器監控下,進行無壓力試驗(無壓力收縮試驗),檢查胎兒的健康狀況及是否異常。(參見329頁有關於無壓力試驗及357頁有關於收縮壓力試驗的說明。)

> 胎兒心跳速率的改變及變化情形,通常會隨著操作人員而改變,正常值的定義也因操作者不同而有差異。

### 胎兒生理評估

胎兒生理評估是一種綜合測驗,可以用來檢查胎兒的健康狀況。當胎兒健康受到質疑時,醫師常會做這項檢查來確認。胎兒身體評估也常用來檢查孕期過長的胎兒。

胎兒生理評估是一種特別的計分方法,共有五個檢查項目,前四項可藉超音波檢查,最後一項則必須靠外接的胎兒監視器,各項分別計分。評估項目包括:

- 胎兒呼吸的律動。
- 胎兒的活動力。
- 胎兒的張力。
- 羊水總量。
- 胎兒心跳速率的反應(無壓力試驗)。

在這個檢查中,醫師會評估胎兒的「呼吸」動作(指胎兒胸腔的活動或胸腔擴張的動作),評分標準是記錄胎兒出現呼吸動作的次數。

其次是注意胎兒的身體活動。分數正常代表身體活動正常，如果分數出現異常，表示在某一段特定時間內，見不到胎兒的活動或動得很少。

評估胎兒張力的方法也大致相同，胎兒手腳的活動多不多？是不是缺少活動力？這些都要特別注意。

從超音波檢查來評估羊水的量，就需要經驗了。懷孕正常時，環繞在胎兒身邊的羊水數量適中。羊水量如果出現異常，表示沒有羊水或羊水太少。

胎兒心跳速率的評估（無壓力試驗）由外接的胎兒監視器進行。胎兒監視器能記錄胎兒活動時的心跳速率及變化。不過，胎兒心跳速率的改變及變化情形，會隨著操作人員而改變，正常值的定義也因操作者不同而有差異。

每項檢查，正常分數是2，異常時分數為0，1則屬於中間的得分數，五個項目分數，加總計算後評估。分數愈高，表示胎兒的健康狀態愈佳；分數較低時，醫師就會擔心胎兒的健康狀態是否良好。評估的標準，端視設備的精密程度及評估人員的專業程度而定。

如果分數確實很低時，醫師可能就會建議立刻將胎兒娩出。如果檢查的結果還好，往後每週或每兩週，還會進行同樣的檢查。如果檢查的結果不甚明朗，隔天醫師可能會再做一次。一切要看懷孕狀況，及評估的得分如何而定。醫師在做任何決定之前，會審慎評估所有資訊。

胎兒身體評估也適用於懷孕期胎兒生長遲滯、妊娠糖尿病、胎兒活動力不

> 如果肚臍敏感或穿衣服時會凸出不好看，可以用一小片紙、布或繃帶貼住敏感的肚臍，以減少不適。

佳、高危險妊娠及妊娠期過長等各種狀況。超音波檢查在評估胎兒的綜合健康狀況上，扮演重要角色，能檢查出胎兒是否有先天畸形，也可以用來評估胎兒的健康狀況。

## 妳的改變

### 胎頭下降了嗎？

在分娩前幾週或開始分娩時，妳可能會注意到肚子發生變化。醫師檢查時，從肚臍或恥骨連合開始量到子宮底部的尺寸，可能會比先前產檢的測量結果短。這是因為胎頭開始下降，進入產道的緣故。此時羊膜雖然沒有破，羊水也沒有流失，但羊水的量減少了，因此會讓妳有如釋重負的感覺。

如果妳沒有這種輕鬆感，也感覺不到胎頭是否下降，也不必緊張。事實上，並不是每位孕婦都會有這些感覺，不過大多數都是在即將分娩或分娩時，胎頭才會下降到產道。

隨著胎頭下降，雖然有了輕鬆的感覺，但還是可能有些不舒服。因為胎頭下降使上腹部空間變大，肺臟有較大的擴張空間，呼吸會比較輕鬆自在。但胎兒下降後，會對骨盆腔、膀胱及直腸造成更大的壓力，反而會讓妳有肚子往下墜或不舒服的感覺。

產檢時，醫師可能會告訴妳，胎兒還沒進入骨盆腔或胎兒還太高，就是胎兒還沒有下降，進入產道的意思。不過，這種情況隨時都會改變。

如果妳聽到醫師說，寶寶還在「漂浮」，意指胎兒身體的某個部位雖然進入產道，但是位置還太高，還未固定的意思。當醫師做內診檢查時，胎兒還可能會回彈出產道或離開醫師的手指。

### 可能還有哪些不舒服的感覺？

有些孕婦在這個時候會不太舒服，覺得胎兒好像要掉出來，因為胎兒也努力往下想進入產道，所以會讓妳覺得有壓力。

如果這種現象讓妳感到焦慮或擔心，可以請教醫師。醫師會做內診確定胎頭的位置。不過，這種情況下，大多數胎兒還不至於會立刻娩出。但因為妳從未有這種經驗，也感覺胎兒努力要生出來，多少都會對妳造成壓力。

除了壓力增加外，有些孕婦形容這個時期還會有被針刺的感

覺。因為胎兒造成的壓力，讓妳感覺骨盆腔或骨盆腔周圍刺痛、有壓力或發麻的現象。不過這種感覺比較常見，應該不至於對妳造成困擾。

　　只是這些感覺不容易消散，除非胎兒娩出，但側躺或許能減輕胎兒對骨盆腔及骨盆腔內的神經、血管所造成的壓力。如果不能緩解或不舒服的感覺日益嚴重，最好去看醫師。千萬不要自己嘗試去推胎兒或移動胎兒的位置，這是非常危險的。

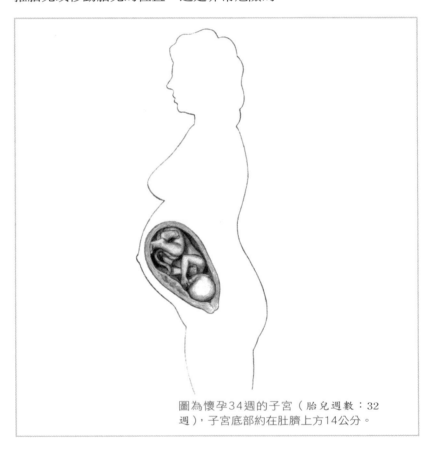

圖為懷孕34週的子宮（胎兒週數：32週），子宮底部約在肚臍上方14公分。

## 布雷希氏收縮與假性分娩

布雷希氏收縮是一種無痛、非週期性的收縮。有時候,當妳把手放在肚子上,也會感覺到這種收縮。這種無痛收縮常出現在懷孕早期,間隔沒有規律性。當妳按摩子宮時,收縮的次數及強度會隨之增加。布雷希氏收縮跟假產一樣,都不是真正分娩的徵兆。

> **了解分娩**
>
> 開始分娩時,會發生什麼事?該怎麼辦?什麼原因會促使分娩?分娩是怎麼發生的?身為孕婦的妳,這些都是很重要的問題。
>
> 關於這些問題,並沒有很好的答案,促使分娩開始的真正原因並不清楚,各家理論及學說也都不相同。有一派認為是母親及胎兒產生的荷爾蒙,促使分娩開始,即可能是胎兒產生了某種荷爾蒙,促使母親的子宮開始收縮。
>
> 分娩是指子宮頸開始擴張、伸展。開始分娩通常是因為子宮內的肌肉開始緊繃、收縮,將胎兒推擠出去。當子宮將胎兒推擠出去時,子宮頸就會開始伸展張開。子宮開始覺得緊繃、收縮或開始出現收縮痛,嚴格說起來都還不算真正分娩,一定要等到子宮頸也產生變化,才算分娩。

在真正開始分娩之前,常會出現假性分娩。假性分娩的收縮也可能非常疼痛,甚至可能轉變為真正的分娩。

多數假性分娩的收縮都沒有規律性,持續時間也不長,一般不超過45秒。這種因收縮造成的不舒服,可能會出現在鼠蹊處到下腹部或背部等身體部位。真正開始分娩時,子宮收縮造成的疼痛會從子宮頂端開始,到整個子宮,再經過下腹部到骨盆腔。

> 大多數假性分娩的收縮都沒有規律性,持續的時間也不長,一般不超過45秒。

假性分娩常出現在懷孕後期,常見於懷孕多次及產過多個寶寶的經產婦。假性分娩來得快去得也快,對胎兒沒有影響。

## 落紅

做完陰道內診或在開始分娩及收縮時,陰道也許會出血,就叫做落紅,見紅也可能出現於子宮頸開始擴張及伸展時。落紅時,出血量不會很多。如果出血量很大或妳覺得焦慮,請立刻去看醫師。

開始分娩時，除了落紅以外，還會排出一團黏液狀物，這團黏液狀物與羊膜破裂時流出的羊水完全不同。不過，排出黏液狀物並不表示即將要分娩，也不見得就會在幾個小時內開始分娩。排出黏液狀物，並不會對妳或胎兒造成任何傷害。

### 分娩所需的時間

初產婦（第一次懷孕）在分娩的第一階段及第二階段（從子宮頸開始擴張到胎兒娩出為止）約會持續14～15個鐘頭。不過，也不是每個初產婦都如此，有人產程較短較快。

而曾經生過一、兩個小孩的婦女，產程可能比較快，不過，這也不是一成不變的。大多數第二胎或第三胎分娩所需要的時間，平均比第一胎少幾個小時。

> 第二胎或第三胎分娩所需的時間，平均比第一胎少幾個小時。

或許妳曾聽說，某人生得極快，快到幾乎還不到醫院，孩子就出來了，或某人分娩只花了一個小時等。但也有相反的例子，有人分娩花了將近二十小時，甚至更長的時間，孩子才出生。

預測分娩花費的時間一點也不可靠，也沒有意義。妳可以請教醫師，不過醫師的答案也僅供參考。

### 子宮收縮時間的計算方式

多數產前媽媽教室或醫護人員指導衛教時，都會教導孕婦計算子宮收縮的時間，一般的算法是從子宮開始收縮計算到收縮停止為止。

此外，子宮收縮的頻率也同樣重要，這點比較不容易理解。有以下兩種方法可以來計算子宮收縮的頻率：

1. 從子宮開始收縮計算到下一次開始收縮為止。這種算法比較常用，也比較可靠。
2. 從收縮結束時計算到下一次收縮開始為止。

在打電話通知醫師或到醫院待產前，如果能夠自己先計算子宮

收縮的時間，對妳、配偶、醫師及醫院都有幫助。醫師也想要知道妳的子宮收縮持續時間，以及兩次收縮間隔的時間多長。這些資訊能讓醫師決定妳何時到醫院待產。

## 分娩的三個階段

‧**第一階段**：從子宮開始收縮起為第一階段，收縮強度要夠強，收縮期間要夠長，收縮次數及頻率也要足夠，才會使子宮頸開始變薄及擴張，直到整個子宮頸管消失為止。等到子宮頸完全擴張（通常是10公分）以後，胎兒可順利通過時，第一階段就結束了。

‧**第二階段**：此階段當子宮頸擴張達10公分時，胎兒娩出子宮即告結束。

‧**第三階段**：胎兒娩出後是第三階段的開始，待胎盤及羊膜組織娩出，此階段即宣告結束。

有些醫師會將胎盤娩出到子宮開始收縮以前，歸類為第四階段。胎兒及胎盤娩出後，子宮若無法正常收縮，就會大出血。因此，子宮是否收縮良好，是非常重要的。

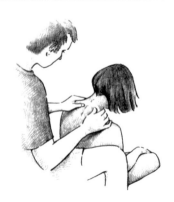

## 妳的哪些行為會影響胎兒發育？

開始分娩，就是懷孕過程的結束；胎兒出生，則是分娩的結束。

孕婦會擔心做某些事或某種活動，會導致分娩。長輩們也會告誡孕婦，在顛陂的路上乘騎、走太遠的路等都會導致分娩，這些觀念不一定正確。有些例子顯示，性交或刺激乳頭，確實會促使分娩，但不是每個人都如此。按正常作息（除非醫師曾交代妳臥床休息）並不會提早分娩。俗話說：「瓜熟蒂落」，寶寶準備好以後，自然就會開始分娩。後續幾週的章節，將繼續討論分娩及生產的相關議題。

## 妳的營養

### 檢查膽固醇

如果在懷孕期間檢查膽固醇數值，既浪費時間又浪費金錢。懷孕時，荷爾蒙改變，膽固醇數值一定會升高。所以，最好等到生完孩子或停止哺餵母乳以後，再來檢查膽固醇。

### 富含維生素的點心

當妳想吃點心時，妳可能不會考慮烤馬鈴薯。事實上，烤馬鈴薯是最好的點心，因為富含蛋白質、纖維質、鈣質、鐵質、維生素B及維生素C。妳可以一次烤幾個，放涼後收進冰箱，餓的時候再熱來吃。青花菜也含有豐富的維生素，妳可以在吃烤馬鈴薯時，加一點青花菜，再加上原味優格或脫脂酸奶，來增加烤馬鈴薯的風味。

## 其他須知

### 無壓力試驗

　　胎兒生理評估（詳見321頁）可用來評估胎兒的健康狀況，其中一項評估的指標，就是經由胎兒監視器測得，這種檢驗稱為無壓力試驗。

　　無壓力試驗可以醫院產房或婦產科門診進行。平躺時，技術人員會將胎兒監視器貼片貼在妳的肚子上。感覺到胎動時就按下按鈕，就會在監視紀錄紙上畫下一個記號，監視器也會將胎兒的心跳記錄下來。

　　胎兒開始活動時，心跳速率通常也會隨著增加。因此，醫師可以藉由觀察胎兒監視器的紀錄，來評估胎兒的健康狀態。如果有需要，醫師還會安排其他進一步的檢查。

> **FOR PAPA**
>
> 　　如果你們夫妻原先在診所做產檢，最後想在醫院裡生產，可以預先掛號或留下產檢及醫療的紀錄，免得臨時去醫院生產時，還要花時間填寫資料。

*Week*

## 寶寶有多大？

　　胎兒現在的重量超過2500公克，頭頂到臀部的長度約33公分，身長全長約45公分。

## 妳的體重變化

　　從肚臍量起，子宮底部高度約15公分，從恥骨連合量起約35公分。本週，妳的體重已經增加11～13公斤了。

## 寶寶的生長及發育

### 寶寶有多重？

　　妳可能已經問過醫師好幾次：「寶寶現在多大？」「出生時會有多重？」「是男還是女？」

參見下面圖示可以發現，妳變得愈來愈「大」了。胎兒及胎盤持續成長，羊水的量也繼續增加，這些因素讓妳愈變愈「大」。也因為這些因素，使預估胎兒出生體重更加困難。

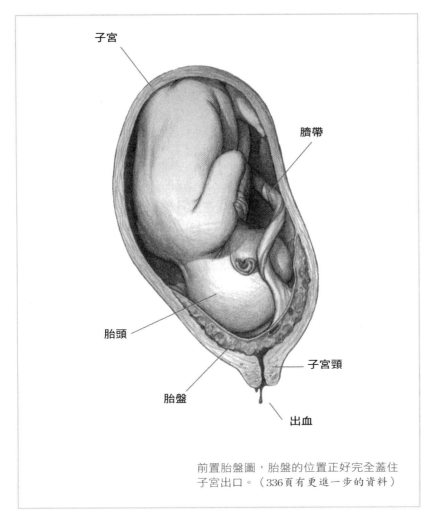

子宮

臍帶

胎頭

胎盤

子宮頸

出血

前置胎盤圖，胎盤的位置正好完全蓋住子宮出口。（336頁有更進一步的資料）

要正確估算還未出生胎兒的體量，確實很困難。有些研究根據醫師、準媽媽、超音波計算，來估算胎兒的體重，這三種計算方法可以說都正確，也可以說都不正確。

### 利用超音波檢查估計胎兒的重量

超音波能估算胎兒的重量，但時常會有誤差，不過，準確度日益改善。如果能正確估算胎兒的體重，是很有醫學價值的。

胎兒體重的估計有幾種計算公式，包括以胎頭直徑、胎頭周長、胎兒腹部周長及胎兒股骨長度來計算。此外，還有以胎兒身上其他部位來作為計算依據的。

超音波檢查也是可用來估算胎兒體重的方法。但即使使用超音波，還是會因為照射的方位不同，而出現約225公克的誤差。超音波預估體重可能有上下15%以內的誤差，超過4000公克的胎兒誤差較大。

## 胎兒能否通過產道？

即使憑經驗或利用超音波估算胎兒體重，醫師還是無法明

> 評估胎兒能否順利通過產道，一定要等到開始分娩才見分曉。

確告訴妳，胎兒會不會太大？會不會難產？需不需要剖腹產？這些情況，通常都要等到臨盆才會知道，胎兒是否能通過狹窄的骨盆及產道，也必須到分娩時才見真章。

有些婦女，看起來身材中等甚至可說高大，卻無法讓2700～2900公克的胎兒順利通過產道。但也有些婦女個頭雖然嬌小，卻能不費力地生下3400公克，甚至更大的胎兒。評估胎兒能否順利通過產道，一定要等到開始分娩才知道答案。

## 妳的改變

### 懷孕晚期的情緒變化

到了懷孕後期，愈接近分娩，妳及伴侶可能也會變得更焦慮，尤其是妳，莫名的情緒起伏也許更大。妳可能變得容易煩躁不安，也容易讓夫妻關係更形緊繃。妳所焦慮的，可能只是雞毛蒜皮的事。當然也可能是產期將屆，使妳更擔心寶寶的健康。妳也可能擔心不能順利平安度過生產的過程，妳當然也可能開始擔心自己不能成為好媽媽，或無法正確撫育寶寶等。

當這些焦慮襲捲而來時，妳會發現自己的情緒愈來愈難控制，平常的工作也無法做好。妳也可能會覺得人很不舒服，覺也睡不好。這些思緒一波波襲來，讓妳的情緒時好時壞，久久無法平靜。

### 如何處理情緒變化？

懷孕時出現的情緒變化都是正常的，並非只有妳會如此，所有孕婦及其配偶也都有同樣的憂慮。

妳可以將憂慮與最親密的伴侶討論，讓他知道妳的感受。妳可能會驚訝，另一半也同樣擔心妳、擔心寶寶，也擔心他應該在妳生產時，扮演什麼樣的角色等。藉著討論及抒發，配偶也比較容易了解妳的感受，並且包容妳的情緒起伏。

妳也可以與醫生討論妳的情緒問題，醫師會安慰妳，並保證這些行為都是正常的，讓妳能更安心。妳也可以從產前媽媽教室裡，獲得關於懷孕及分娩的正確知識及有用的資訊。

了解情緒起伏是必然現象後，妳就可以安然接受，不必擔心。妳也可以請配偶、醫師及護理人員協助，讓妳了解什麼情況才算是正常，並教妳處理情緒起伏的方法。

## 妳的哪些行為會影響胎兒發育？

## 準備生產

　　到了本週，妳可能對即將臨盆開始有點緊張了。什麼時候該到醫院？什麼時候該通知醫師？妳可以在產檢時，將這些疑慮請教醫師，他會告訴妳，哪些徵兆出現時就該到醫院待產了。此外，產前媽媽教室也會告訴妳，開始分娩時會出現哪些徵兆，什麼時候該到醫院待產。

　　妳可以請教醫師，真正開始分娩時的收縮情形。分娩時的收縮通常都有規律

> 孕婦專用胸罩經過特殊設計，可用來支撐孕產婦充盈的乳房。穿上孕婦專用胸罩，會讓妳整天都覺得比較舒適。

性，子宮收縮持續的時間及收縮強度，會漸漸增加。開始分娩時，妳也很容易注意到子宮收縮的規律性，並應該開始記錄：多久收縮一次、收縮持續時間多長。（參見懷孕第33週）子宮收縮的頻率及持續的時間，是決定妳何時該到院待產的依據。

　　開始分娩之前，也可能會先破水。破水很容易辨認，通常是先湧出一股液體，然後持續不斷的流出羊水。（參見懷孕第33週）

　　在孕期最後幾週，最好先把要帶到醫院的證件、必需用品及衣物等打包好，以便一拿就走，而不至於人到了醫院，才發現遺漏了東西。

　　妳也應該與伴侶確認，當妳開始分娩或必須立刻到醫院時，如何與他聯絡。有時候，可能需要他來協助妳計算子宮收縮的時間或給予其他必要的協助。因此，手機或呼叫器應隨身攜帶。

　　妳也可以問醫師，當妳覺得開始分娩時要做些什麼？先通知醫師？還是直接

> 如果妳有多餘的時間，不妨先到醫院的產科病房走走，熟悉醫院的設備及位置，並了解該做哪些事。

到醫院？如果能預先知道什麼時候該做什麼事，分娩時妳就比較不會驚慌失措。

　　如果妳有多餘的時間，不妨先到醫院的產科病房走走，熟悉醫院的設備及位置，並了解該做哪些事。

### 預約掛號

　　在預產期前幾週，妳可以先到醫院掛號，將醫療紀錄由產科診所轉過來，並且可以預先填好資料，免得快分娩時急忙趕到醫院，會來不及做這些事情。

　　此外，有些資料可能不會列在病歷裡，但需預先確定：

- 妳的血型及RH因子等。
- 最後一次生理期及預產期。
- 詳細敘述之前的懷孕及生產情形，以及是否曾經出現過併發症。
- 醫師的名字。

 **妳的營養**

　　為了因應胎兒發育的需求，身體持續需要大量的維生素及礦物質。如果妳選擇餵母奶，維生素及礦物質的需求量會更大。下表列出懷孕期及哺乳期，每天所需的維生素及礦物質的量。

| 維生素及礦物質 | 懷孕期 | 哺乳期 |
|---|---|---|
| 維生素A | 800微克 | 1300微克 |
| 維生素B$_1$（硫胺素） | 1.5毫克 | 1.6毫克 |
| 維生素B$_2$（核黃素） | 1.6毫克 | 1.8毫克 |
| 維生素B$_3$（菸草酸） | 17毫克 | 20毫克 |
| 維生素B$_6$ | 2.2毫克 | 2.2毫克 |
| 維生素B$_{12}$ | 2.2微克 | 2.6微克 |
| 維生素C | 70毫克 | 95毫克 |
| 鈣 | 1200毫克 | 1200毫克 |
| 維生素D | 10微克 | 10微克 |
| 維生素E | 10毫克 | 12毫克 |
| 葉酸（維生素B$_9$） | 400微克 | 280微克 |
| 鐵 | 30毫克 | 15毫克 |
| 鎂 | 320毫克 | 355毫克 |
| 磷 | 1200毫克 | 1200毫克 |
| 鋅 | 15毫克 | 19毫克 |

 ## 其他須知

## 前置胎盤

　　前置胎盤是指胎盤的位置十分接近子宮頸或直接覆蓋在子宮頸上。331頁圖示為前置胎盤的例子。

　　前置胎盤可能會造成子宮大量出血，因此非常危險。出血可能

會發生在懷孕期間，也可能發生在分娩時。不過這些情形並不常見，約一百七十分之一的機率。

　　前置胎盤的成因不清楚，可能造成前置胎盤的危險因素，包括曾剖腹產、多次懷孕及高齡產婦等。

### 前置胎盤的症狀

　　前置胎盤最明顯的症狀，就是子宮沒有收縮，卻出現無痛的出血情形，多發生於懷孕第二個三月期末（懷孕中期末）。因為這個時期，子宮頸開始變薄，胎盤也因此受到伸展及撕扯，造成與子宮壁的連結部位鬆脫，因而引起出血。

　　前置胎盤可能會出現無預警的出血，有時可能會很嚴重，嚴重出血通常出現在早期分娩子宮頸開始擴張的時候。

　　當妳在懷孕中期末曾發現陰道出血，就應該懷疑是不是有前置胎盤的現象。如果懷疑有前置胎盤，絕對不能做陰道內診來確認，因為內診會使出血更嚴重。醫師會用超音波檢查來確認是否有前置胎盤的現象。在懷孕中期，子宮及胎盤愈來愈大時，超音波檢查就非常準確。

　　如果妳知道自己有前置胎盤，千萬要記得絕對不可以做陰道內診，如果換了不熟悉的醫師或到醫院待產時，其他醫師要做陰道內診時，一定要明確告知對方妳有前置胎盤。

## FOR PAPA

　　陪太太產檢時，你可以請教醫師，分娩時可以幫什麼忙，或做些什麼事，例如幫寶寶錄影。這些都可以在產前先問清楚。

　　前置胎盤的產婦，胎兒多半採臀位產式，加上為了能控制出血量，通常採剖腹生產。剖腹產除了能讓醫師順利取出胎兒、摘取胎盤，還能讓子宮正常收縮，以減少及控制出血量。

 **寶寶有多大？**

　　本週，胎兒重約2750公克，頭頂到臀部的長度約34公分，身長全長約46公分。

 **妳的體重變化**

　　從恥骨連合量到子宮底部約36公分，從肚臍量到子宮底部約14公分。

　　妳可能會覺得，肚子被塞得滿滿的。胎兒日漸成長，子宮也在數週內迅速長大。本週妳可能會覺得，子宮已經長到肋骨下方了。

 **寶寶的生長及發育**

### 肺臟及呼吸系統的成熟度

　　在胎兒的生長及發育過程中，最重要的是肺臟及呼吸系統是否已發育成熟。早產兒最容易出現的問題，就是呼吸窘迫症候群（透

明膜疾病）。因為肺臟發育不全，因此，如果沒有外力協助就無法自行呼吸。這種病例除了要提供氧氣以外，可能還要輔以呼吸器治療。

一九七〇年代初期，科學家們曾研發出幾種方法來評估胚胎肺臟的成熟程度，包括經由羊膜穿刺取出羊水，檢驗卵磷脂與抱合糖髓脂的比率（L/S ratio）。醫師可經由這項檢查結果，判斷胎兒是否已經能夠自行呼吸。

懷孕34週以前，無法由檢驗中得知胎兒的肺臟是否發育完全，必須要等到懷孕34週以後，羊水中的這兩種因子比率才會有明顯的變化：卵磷脂值上升，抱合糖髓脂值下降。由這兩項數值的比率，就能清楚看出，胎兒肺臟是否已發育完成。

醫師也會用磷脂醯基甘油試驗（phosphatidyl glycerol，PG）來評估胎兒肺臟的成熟程度，這個檢驗的結果只會呈現陽性或是陰性。如果羊水中出現phosphatidyl glycerol這種物質，醫師就能確定，胎兒出生後不會出現呼吸窘迫的情形。

胎兒肺臟有一些特殊的細胞，會分泌一種叫做「張力素」的化學物質，讓胎兒出生後就能立刻呼吸。新生兒能否順利自行呼吸，這種化學物質是很重要的。張力素可以直接作用在新生兒肺臟，使新生兒不會產生呼吸窘迫症。早產兒肺臟裡面沒有這種表面潤滑劑，出生後可以立即接受這種化學物質療法來幫助呼吸。許多早產兒接受張力素治療後，甚至可以不需要使用人工呼吸器，就能自行呼吸。

 ## 妳的改變

此刻距離預產期，只剩四、五個禮拜了，因此，很容易對分娩產生焦慮。不過，並不需要求醫師催生。

孕婦體重到現在大概已經增加11～13.5公斤。距分娩大概還有一個月，不過從現在開始，妳會發現，每次產檢時，體重大概就

一直維持在同樣的數
值。

> 從現在開始，妳會發現，每次產檢時，體重大概不會有太大變動。

此時是胎兒周圍
羊水量最多的時候，後續幾週胎兒仍會繼續成長，但妳的身體會吸收部分羊水，使羊水量減少，胎兒活動的空間也隨之減少。妳可能也會注意到，胎動的感覺有些改變，有些婦女覺得，胎動的程度不如以往明顯。

 ## 妳的哪些行為會影響胎兒發育？

## 剖腹產後自然產

如果妳曾經剖腹產，這一胎會不會想自然產？在美國，剖腹產後自然產（VBAC）愈來愈普遍。就專業上來說，採取何種方式生產並不重要，胎兒健康才是醫界重視的。

在和醫師做最後決定之前，最好先衡量剖腹產及自然產的利弊，以及何者對妳及胎兒最有利。某些情況不容選擇；某些情形，則可以讓妳先自然產，如果有困難，再立刻改為剖腹產。

有些婦女喜歡剖腹產，除了也許不願意體驗產痛的過程，或許還有其他考量吧。

### 剖腹產後自然產的好處及風險

自然產的好處是可以免除手術的危險性及後遺症。自然產的產後恢復較快，產後立刻可以下床，不必等排氣，住院的時間也較短。

如果妳個子嬌小，胎兒卻很大，可能就要剖腹產。如果懷的是多胞胎，自然產可能比較困難，也容易危及胎兒健康，也需剖腹生產。當母親有高血壓或糖尿病時，剖腹產比較安全。

如果曾經剖腹產，這一胎想要嘗試自然產，最好早點告訴醫師，以便及早計劃及準備：分娩時可能需要連接胎兒監視器以密切觀察；也可能靜脈注射，以防萬一要改為剖腹產。

　　曾經剖腹產的婦女在嘗試自然產之前，要仔細的分析各種利弊，考慮各項細節，也可以請教醫師，不要怕與醫師及配偶討論，畢竟醫師最了解妳及胎兒的情形及健康狀況點點點點。想嘗試這一胎自然生產，必須了解(1)由於前一胎為剖腹產，因此這一胎的分娩速度會如同一般的第一胎一樣，產程較長，不是一般的第二胎以上的速度。(2)大約有三百分之一的機率發生產程中子宮破裂，危及胎兒的生命，同時也要搶救母親。

## DOCTOR SAY

　　前胎剖腹的手術切開方式，決定了這一胎能不能自然產。卡羅是我的病人，這胎她想試試自然產，但是她不知道之前的剖腹產手術方式。當我調閱她在羅德島生產的病例及資料後，發現是採取傳統的方式，手術切口較高，因此這一胎便無法自然產。如果硬要自然產，子宮容易破裂，是非常危險的，所以必須剖腹產。她雖有點失望，不過也了解必須再剖腹生產的理由。

　　儘管妳無法由傷口外觀得知手術的方式，不過，可以由醫師那兒獲得一切所需的資料。

 **妳的營養**

　　懷孕期間多吃魚對健康極有助益，因為魚油中含有omega-3脂肪酸，可以預防高血壓及子癇前症，對胎兒的大腦發育也有很大的幫助。不過，也不要攝取過量，一天不要超過

2.4毫克。鮭魚、青花魚、鯡魚及鮪魚都含有豐富的魚油。

研究指出，懷孕期間攝取各種魚類，懷孕時間會較長，產下的胎兒體重也較重。因為寶寶待在子宮的時間愈長，分娩時的健康狀況愈佳。

不幸的是，環境污染造成有些魚類被甲基汞所污染。如果吃下過多被污染的魚，就會有甲基汞中

> 研究指出，懷孕期間攝取各種魚類，懷孕時間會較長，產下的胎兒體重也較重。因為寶寶待在子宮的時間愈長，分娩時的健康狀況愈佳。

毒的危險。甲基汞可以通過胎盤，傷害胎兒，因此，懷孕時，鯊魚、箭魚及鮪魚（新鮮或冷凍的）最好每個月只吃一次，且不要過量。罐裝的鮪魚還算安全，不過，一週不要吃超過兩罐（約170公克罐裝）。

許多魚類都含有豐富的必需營養素、維生素及礦物質，大多數都是低脂且富含

> 將生產及住院所需的證件及日常用品打包好，健保卡、身分證或其他事先填好相關資料也要放好，臨盆時可以直接拿了就去醫院。

維生素B、銅、鐵、硒及鋅。下文所列的魚、貝類，懷孕期間妳可以不加限制的吃。如果不想攝取太多熱量，可以改用烤或蒸的方式，最好少加奶油或油煎。

鱸魚、鯰魚、蛤蜊、鱈魚、螃蟹、石首魚、比目魚、淡水鱸魚、黑線鱈魚、鯡魚、龍蝦、鯖魚、馬林魚、海鱸魚、牡蠣、蠔、太平洋大比目魚、綠鱈、紅鯛、鮭魚、扇貝、小鱈魚、蝦、鰈魚（比目魚的一種）。

 ## 其他須知

### 剖腹產

大多數婦女都希望能夠自然分娩，但有時須剖腹生產。剖腹產

時，胎兒由母親的腹部及子宮的切口中取出。344頁圖解顯示剖腹產的情況。

## 剖腹產的理由

有些情況下孕婦必須剖腹生產，前胎剖腹是最常見的原因。當然，有些婦女前胎剖腹產後，這一胎反而希望能夠自然產，這種情形稱為「剖腹產後自然產」（參見340頁）。如果妳曾經剖腹產，而這一胎想要自然分娩，可以與醫師詳細討論。

如果前胎剖腹產留下手術的疤痕，這一胎採自然分娩時，疤痕可能會被撕扯甚至裂開，造成嚴重的後果，因此醫師會建議剖腹產比較安全。不過，如果這次懷孕及分娩過程都經過仔細觀察及評估，還是可以採取自然產。

如果胎兒太大，與媽媽的產道明顯不相容（胎頭骨盆不相稱），也會建議剖腹產。胎頭與骨盆是否相稱，懷孕期間無法得知，只能用猜測的，多半要到開始分娩了才知道。

發生胎兒窘迫症也必須剖腹產。開始分娩時，醫師會使用胎兒監視器監測胎兒的心跳，觀察胎兒的反應。如果在分娩的子宮收縮過程當中，發現胎兒的心跳不對勁，為了孩子的健康，就必須立刻進行剖腹手術，將胎兒取出來。

如過臍帶受到擠壓，也必須考慮剖腹生產。如果臍帶比胎頭先進入產道，臍帶會受到擠壓，有時則是胎兒自己壓到部分臍帶，此時，經過臍帶運送到胎兒的血液受到阻斷，是非常危險的狀況。

如果胎兒為臀產式（胎兒的腳或屁股先進入產道），胎兒軀體部位先出來後再拉肩膀及頭時，常會傷及胎兒的頭或肩，這時，也會考慮剖腹產。頭胎最容易出現這種狀況。

前置胎盤或胎盤早期剝離有時也必須剖腹產。如果胎盤在開始分娩之前先剝離，胎兒就無法獲得足夠的氧氣及養分，孕婦的陰道也會大量出血。前置胎盤則是因為胎盤阻擋在陰道的開口，除了剖腹，沒有其他方法能夠平安生產。

### 剖腹產的比率年年增高

　　剖腹產比率增加的原因如下：胎兒監視器更精密且值得信賴，分娩時對胎兒的監控更仔細，一發現有問題，就可以立刻剖腹取出胎兒，剖腹產手術也更進步更安全；其次，胎兒愈來愈大，胎兒過大時，有時只能以剖腹手術取出。研究人員認為，胎兒愈來愈大的原因，是現代人吃得愈來愈好，而且婦女在懷孕時也不吸菸。醫師也是剖腹產邊增的原因之一，即醫師怕自然產的不確定因素太高，所以寧願剖腹產以增加平安娩出的機會。

　　在台灣，還有以下原因孕婦會要求剖腹產生產：(1)生育數目少，產婦及家人要求保證母子均安，否則動輒提起訴訟，使醫師也比過去更容易採剖腹生產。(2)看吉時良辰生產者不少，剖腹產較易擇日看時生小孩。(3)避免日後陰道鬆弛、尿失禁。

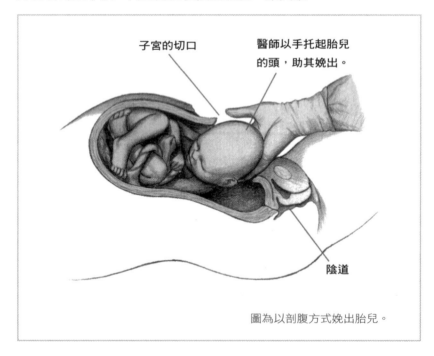

子宮的切口

醫師以手托起胎兒的頭，助其娩出。

陰道

圖為以剖腹方式娩出胎兒。

## 剖腹產的進行方式

　　剖腹產進行時，妳可能還是意識清楚的。麻醉醫師通常會做硬膜外麻醉或脊髓麻醉（麻醉種類參見懷孕第39週），如果生產過程能保持清醒，就能立刻見到娩出的寶寶。

　　剖腹產必須在腹腔壁切開一個傷口，再切開子宮壁，然後切開羊膜及胎盤。將胎兒從切口取出後，再將胎盤取出。接著使用可吸收的縫線，將子宮分層縫合，腹部的肌肉層也以可吸收的縫線加以縫合。

FOR PAPA

　　可以開始整理住院生產要用的東西了。你可以收拾日用品及雜誌、電話號碼、換洗衣物、睡衣、照相機、點心、電話卡、零錢、保險資料、手機及錢。

　　現在的剖腹產手術，大多採取低子宮頸剖腹產或低水平切口剖腹產，切口在子宮的低處。

　　過去，剖腹產多半採取傳統的切法，即由子宮中線位置切開，傷口的癒合不如低子宮頸切口好。因為中線切口剛好切斷子宮的肌肉層，較容易因子宮收縮而被撕裂（多半發生在第二胎想採自然產的產婦身上）。一旦發生這種情形，會造成產婦大量出血，也會危及胎兒。如果過去曾經採取中線切開手術的產婦，往後都必須剖腹產。

　　另一種剖腹生產的方法稱為T形剖腹產，先在子宮上橫切再直切，傷口呈現倒T字型。這種手術能夠提供較大的空間，胎兒較容易取出。如果妳曾採取這種方式剖腹產，以後也必須採剖腹產，因為再採取自然產方式容易造成子宮破裂。

## 剖腹產的利與弊

　　剖腹產的好處，最重要的是能迅速取出健康的胎兒。妳的寶寶可能太大而不容易自然娩出，此時，剖腹產可能就是唯一的選擇。不過，胎頭與骨盆不相稱的狀況，通常連醫師都無法預知，都要等

到開始分娩了才能確定。

剖腹產當然有風險，畢竟這也是一種手術，因此同樣具有一切外科手術的風險，包括感染、出血、因出血導致的休克、產生血凝塊，以及可能傷及膀胱與直腸等器官。此外，妳也可能因手術，必須在醫院裡多住幾天。

剖腹產後休養的時間，比自然產長，完全復原約需4～6個星期。

剖腹產手術大多由婦產科醫師執行，少數地區則由一般外科醫師或家庭醫師來做。

### 需要剖腹產嗎？

如果妳能事先知道需採剖腹產而不必忍受整個生產的過程，也是一件好事。不過，必須等到開始分娩、子宮開始收縮後，才能知道自己是否需要剖腹產。因為沒有經過分娩的收縮，無法確定胎兒是否能承受子宮收縮的壓力。其次，沒有開始分娩，也無法預知胎頭能不能通過產道。

有些產婦表示，如果必須剖腹生產，她可能會覺得不像真正生產，因為沒有完成整個產程。這種觀念是不正確的。如果妳必須剖腹生產，千萬不要有這種想法。

> 即使是剖腹生產，妳還是經歷了9個月辛苦的懷胎過程，仍然成就了美好的結果。

即使是剖腹生產，妳還是經歷了9個月辛苦的懷胎過程，仍然成就了整個美好的結果。甚至在經歷過剖腹產後，會讓妳更疼愛、更珍惜寶寶。

懷孕筆記

懷孕第37週　　胎兒週數：35週

 **寶寶有多大？**

　　胎兒現在重量超過2950公克，頭頂到臀部的長度約35公分，身高全長約47公分。

 **妳的身材變化**

　　子宮量起來，大小跟前一、兩週大致相同。從恥骨連合量到子宮底部約37公分，從肚臍量起，子宮底部高度16～17公分。
　　到了本週，妳的體重應該已經增加11～16公斤。

 **寶寶的生長及發育**

### 胎兒的頭是否已下降到骨盆腔了？

　　雖然已經是懷孕最後幾週了，胎兒仍然繼續成長，體重也持續增加。由349頁圖示，妳可以看到胎兒的頭通常會直接向下，進入骨盆腔的位置。不過，還是有3%的胎兒是臀部或腿先進入骨盆腔，這種情形稱作臀位產式，在懷孕第38週的章節會詳細討論。

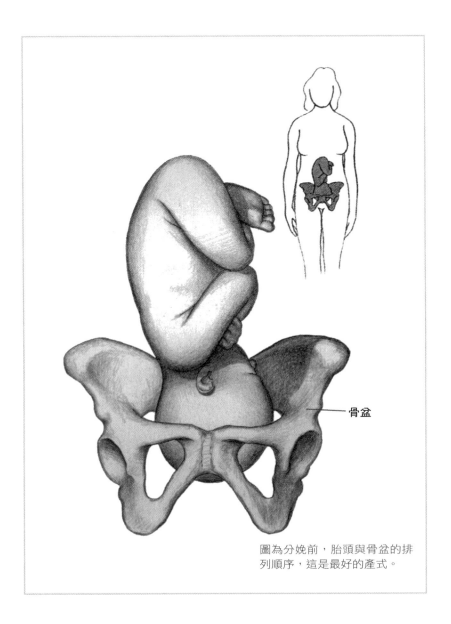

骨盆

圖為分娩前，胎頭與骨盆的排
列順序，這是最好的產式。

## 妳的改變

### 孕程末期的內診檢查

　　這段期間醫師可能會為妳做內診，以評估懷孕的進展並觀察羊水有沒有洩漏。如果妳覺得自己有羊水洩漏的情形，一定要立刻告訴醫師。

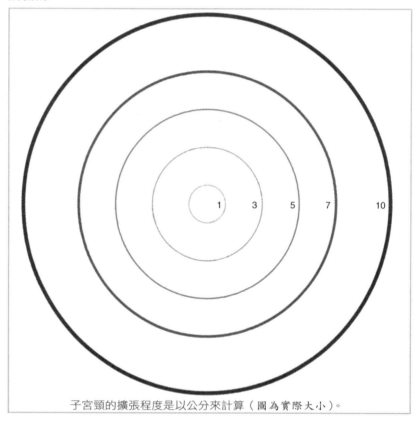

子宮頸的擴張程度是以公分來計算（圖為實際大小）。

醫師還會檢查妳的子宮頸。分娩時，子宮頸會變得軟而薄（稱為子宮頸管消失）。醫師會檢查及評估子宮頸的柔軟度及變薄的程度，以判定是否將要生產。

　　在分娩開始前，子宮頸管較厚（子宮頸管未消失）；開始分娩時，子宮頸管開始變薄，在變得只有原先的一半厚度時，稱作子宮頸管半薄；在胎兒娩出前的瞬間，子宮頸管會完全消失，變成子宮頸管全薄。

　　子宮頸的擴張程度（子宮頸口打開的程度）也非常重要，擴張的程度通常以公分來計算。當子宮頸口打開到10公分時，稱為全開。分娩的最佳時刻，目標就是10公分。分娩開始前，子宮頸口是閉合，或許是張開一點點（例如1公分）。分娩時，如果子宮頸能盡量伸展及張開，胎兒就能夠順利娩出子宮。

　　內診時，醫師還會檢查胎兒的先露部位（presenting part），看看胎兒是以頭、屁股或腳先進入媽媽的骨盆腔。此外，醫師還會注意妳的骨盆腔骨頭的形狀，看看是否有狹窄處妨礙生產。

　　胎兒的「停高位置」（station）也要特別注意。停高位置是指胎兒的先露部位進到產道裡哪個位置，如果寶寶的頭在－2的位置，表示胎頭比＋2的位置還要高許多。0的位置是以一個骨盆腔的骨頭（坐骨棘）作為界標，就在即將進入產道的地方。

　　妳可以將產道想像成中空的管道，由骨盆束帶開始，經過骨盆腔直到陰道的開口，胎兒由子宮出來，再經過這條管道娩出。在分娩過程中，有時雖然子宮頸已經充分擴張，但胎兒還是無法進入骨盆腔。這時胎頭無法固定，不能進入骨盆束帶，就需要剖腹生產。

## 醫師能由內診得到哪些資料？

　　醫師做內診時，可能會以一連串醫學術語來形容妳的狀況。妳可能會聽到他說：「2公分，50％，－2位置」，意指子宮頸張開2公分，子宮頸管變薄一半（50％薄），先露部位（胎兒的頭、腳或臀部）還在－2的位置。

　　妳應該盡量記住這些資料。當妳進入醫院待產，醫護人員檢查

完後，妳就能了解自己的產程到了哪一個階段。等到開始分娩，可以提醒醫護人員妳所知道的產程進展，以作為前後的比較。

 ## 妳的哪些行為會影響到胎兒發育？

### 為寶寶選擇醫師

建議妳，生產前可以開始收集各醫療院所小兒科醫師、醫療設備的相關資訊。因為等寶寶生下來之後，除了有一些例行性的檢查外，未來還有各種新生兒的問題，都需要有一位妳信賴的小兒科醫師來協助妳。例如，要不要割包皮？要不要餵母乳？以及嬰幼兒體檢、預防接種、疫苗注射、孩童的緊急事件等關於新生兒的問題，甚至還可以討論關於撫育孩子的問題等等。

預先選擇寶寶的醫師還有個好處，就是能夠自己選擇照顧孩子的醫師。如果沒有特別指定，產科醫師也會為妳安排一位兒科醫師。預先指定醫師的另一個好處，就是如果孩子有併發症或異常時，妳可以選擇善於治療這項併發症的醫師來照顧及治療孩子。

孩子出生後，小兒科醫師會在24小時內為孩子做全身檢查。他也會讓妳了解後續會為孩子做哪些事或哪些檢查，以及出院後要為孩子安排哪些健康檢查等。

> 預先選擇寶寶的醫師還有個好處，就是能夠自己選擇照顧孩子的醫師。如果沒有特別指定，產科醫師也會為妳安排一位兒科醫師。

 ## 妳的營養

妳跟配偶可能會被邀請赴宴。已經費心維護妳的營養那麼久，辛苦的懷孕也即將結束，妳要因為毫無節制的大吃大喝，讓長

久的努力功虧一簣嗎？別擔心，妳還是可以在晚宴聚會中吃得健康及營養。下文的建議，讓妳能享受美好時光。

- 吃新鮮及熱騰騰的食物，意即在宴會一開始就吃。隨著時間過去，食物的冷度或熱度會不夠，細菌就容易滋生。因此，食物一上來，最好就趁新鮮吃。
- 之前先吃一點東西或喝一杯水，免得餓壞了會狼吞虎嚥吃下過多、過油的食物。
- 不要喝酒或含酒精的飲料，可以喝加有薑汁汽水的果汁或檸檬汽水。
- 可以吃生菜及水果，但生的海鮮、肉類及軟起司（如布里乾酪、卡門貝軟質乳酪、羊乳酪等）則最好避免，因為這些食品裡可能含有致病的李氏桿菌。
- 如果妳無法抗拒美食，最好少待在餐桌旁邊。妳可以找個遠離食物的地方坐下來，跟朋友聊天，輕鬆一下。

 ## 其他須知

### 是否要灌腸？

當妳開始分娩時是否要灌腸？大多數醫院都會在產婦開始分娩時灌腸，不過這也不是強制性措施。灌腸後再生產有其好處，因為產後就不需要忍著會陰切開後的傷口疼痛，用力解便。分娩前灌腸，能夠避免這種不舒適。

分娩前灌腸也能讓生產經驗較舒服，因為當寶寶的頭由產道擠出來時，也會將直腸裡的所有穢物一併擠出來。分娩前灌腸就能避免這種尷尬，也可以減少細菌感染的機會。

妳可以請教醫師，灌腸是否為醫院常規或其好處為何，並不是所有醫師及醫院，都將灌腸列為常規。

## 背產式

有些婦女經歷過背產式分娩，意即生產時，寶寶以頭部後端的枕骨頂向媽媽的尾椎骨，會對媽媽的尾椎骨及下背部造成極大的壓力，以致於引起疼痛。

分娩時，胎兒的頭如果朝向地面，經過產道時就容易將頭抬起且順勢滑出產道。如果寶寶的頭無法伸展，下巴一直頂著自己胸前的話，就會使產程延長，且會造成母親背痛。

這種型態的分娩，醫師必須將胎頭旋轉，將胎兒面部轉向地下，以利娩出。

## 寶寶的先露部位

何時醫師會告訴妳胎兒的先露部位（胎兒頭向下或臀向下）？何時胎兒的位置才會固定？

約在32～34週之間，妳就能在肚臍下方的下腹部摸到胎兒的頭，有些婦女更早就能摸得到胎兒的其他部位。不過，這個時候胎兒的頭還不夠硬，因此不太容易辨認。

等到鈣質漸漸沉澱到頭顱以後，胎頭會逐漸堅硬，寶寶的頭就更容易摸到了。胎頭與胎兒的屁股，摸起來感覺截然不同，屁股摸起來柔軟且圓滑。

32～34週時，醫師會摸摸妳的肚子，感覺胎頭的位置和胎位。不過，這時的胎位還不確定，仍會時常改變。

34～36週時，胎兒的位置也漸漸定位了。37週時，如果胎兒是臀位，雖然

> 現在可以為寶寶找一位醫師。妳可以請產科醫師介紹或轉介，也可以詢問家人、朋友或育嬰教室的同學，有沒有認識或相熟的醫師。

仍有可能轉為頭位，但越接近預產期，胎位就愈不容易改變。

想確實知道胎兒的位置並不容易，不過，妳可以由胎兒拳打腳踢的位置，猜出胎兒的方位及位置。可以請他告訴妳胎兒的方位，有些醫師甚至會用麥克筆在妳的肚子上畫出位置。妳可以將醫師畫下的筆跡留下，帶回家給配偶看，讓他也知道胎兒的位置。

## 是否需使用產鉗？

產鉗是一種金屬器具，用來協助胎兒娩出，但近幾年已經少用了。原因之一是對於胎位較高的胎兒，多半剖腹產，而不是用產鉗取出。剖腹生產，對於胎位較高的胎兒比較安全。

原因之二是使用真空吸引器。真空吸引器的吸盤有兩種，一種是塑膠製的杯狀吸盤，另一種則是金屬製成。杯狀吸盤會貼在胎兒的頭頂，以利真空吸引。醫師會藉著真空吸引的力量，將胎兒拉出來。杯狀吸盤也很容易從胎兒頭上取下，所以不需像產鉗那樣用力，就能輕易將胎頭吸出來。

生產時的最大目標，就是盡力維護胎兒的安全。因此，如果必需花費很多力量來牽引產鉗，直接剖腹會更安全。

如果使用產鉗及真空吸引器會讓妳擔心，最好先與醫師討論。平常若能與醫師建立良好的溝通，不論產前有疑慮或分娩當時有問題，都能獲得清楚及滿意的答覆，也能讓妳安心。

### FOR PAPA

不管你是在工作或外出，都要與配偶保持聯繫。需要你卻找不到你，會讓她驚慌失措。因此，最好能夠隨身帶著手機或呼叫器，讓妻子安心。

懷孕第38週　　胎兒週數：36週

 寶寶有多大？

　　胎兒現在的重量約3100公克，頭頂到臀部的長度變化不大，約35公分，身長全長約47公分。

 妳的身材變化

　　大多數婦女在懷孕的最後幾週沒有增加多少重量，但卻覺得很不舒服。子宮底部到恥骨連合的距離為36～38公分，肚臍到子宮底部則為16～18公分。

 寶寶的生長及發育

### 分娩時使用胎兒監視器

　　對醫師如何知道胎兒的狀況（尤其是分娩時），妳可能會感到

好奇。在許多醫院，產婦分娩時都會嚴密監控胎兒的心跳速率，一旦出現異常，就能夠立刻得知並立即處理。

分娩時，每當子宮開始收縮，由妳的體內進入胎兒的含氧

血血量就會減少。大多數胎兒都能夠處理這種狀況，少數會受到影響，而發生胎兒窘迫症。

分娩時，常以兩種方法來監測胎兒的心跳。一種是在羊膜未破時，將外接胎兒監視器以帶子束縛在孕婦的肚子上，用類似超音波的方式來偵測胎兒的心跳速率。

另一種為內置型的胎兒監視器，尺寸更輕巧，功能也更精確，對評估胎兒的健康有很大的幫助。這種內置型監視器是將一個電極貼片貼在胎兒的頭皮上，再連接到機器上，以記錄胎兒的心跳，但必須等到破水後、子宮頸擴張1公分以上才能使用。

## 收縮壓力試驗

醫師在評估胎兒心跳時，必須將胎兒監視器所收集的一長串紀錄一起看，不能只憑一小段數據下結論。此外，其他資訊也要一併考慮，例如孕婦子宮收縮時，胎兒的心跳速率會不會受到影響。胎兒監視器有助於醫師判讀這方面的資料。

子宮收縮壓力試驗（CST）也可以測得胎兒對子宮收縮及分娩壓力的耐受程度，並評估胎兒的健康狀況。如果胎兒對子宮收縮的反應不佳，就可能會出現胎兒窘迫的情況。有些人認為，用這項試驗來評估胎兒的健康狀況比無壓力試驗準確（參見懷孕第34週）。進行這項試驗時，會將胎兒監視器連接在孕婦的肚子上觀察胎兒的變化，並注射點滴，再將少量的催產素打入孕婦的體內，促使子宮收縮。

如果之前的懷孕曾出現死產等異常，或出現妊娠糖尿病等狀況，醫師就會每週或每兩週做一次這項檢查，藉此來評估胎兒的健康狀況。

## 胎兒血液採樣

醫師也可以採集胎兒的血液，檢查其中的酸鹼度來評估胎兒在分娩壓力下的健康狀況。不過，這項檢查必須在破水後、子宮頸擴張2公分以上才能做。

這項檢查是在胎兒的頭皮上輕輕劃一刀，將胎兒的血液收集在小試管或吸量管內，以檢查血液中的酸鹼度。如果胎兒對分娩及分娩所產生的壓力無法適應，血液中的酸鹼度就會起變化。醫師會根據這項檢查的結果，來決定要繼續自然生產或考慮以剖腹產取出胎兒。

 ## 妳的改變

### 產後情緒失調症

孩子出生後，妳可能會覺得多愁善感，甚至可能會質疑，為什麼要生下這個孩子。這種情形，稱做產後情緒失調症。許多婦女都曾經歷程度不等的產後情緒失調症，事實上，高達80％的婦女都曾有這種產後情緒失調的經驗。這種現象多半出現在產後2天到2週之間，多半都是暫時性的，來得快去得也快。

許多專家認為，產後情緒失調是正常的現象，只要不太過分即可，產後情緒失調症的症狀包括：

- 焦慮。
- 沒緣由的哭泣。
- 筋疲力竭。
- 沒有耐性。
- 緊張易怒。
- 缺乏自信。
- 對寶寶沒有感覺。
- 沒有自尊。

· 過分敏感。

· 無法入眠。

如果妳覺得自己有上述這些症狀，可以請醫師檢查一下。產後的情緒失調，不論輕重，通常都是暫時性的，而且都能治療。

這種輕微的情緒失調現象，通常只會持續一、兩週，症狀也不會惡化。

不過，有10%的新手媽媽罹患嚴重的產後情緒失調症（稱為產後憂鬱症），產後情緒失調症與產後憂鬱症的區別，在於症狀出現的頻率、症狀的強度及症狀持續的長短。

產後憂鬱症持續的時間，從產後兩週到一年不等。產婦可能會覺得氣憤、困惑、恐慌及絕望無助，飲食起居及睡眠狀況也有很大的變化。她可能會擔心自己做出傷害孩子的事情，也覺得自己快要

## 克服這些憂鬱

產後情緒失調無法治療，但下列幾個方法，能幫妳早點度過這個難關：

· 尋求協助。

· 寶寶睡覺時，跟著一起休息。

· 跟其他有同樣情況、相同感受的媽媽們，分享這些經驗與感受。

· 不要事事要求完美。

· 偶爾放縱自己。

· 每天做不太劇烈的運動。

· 吃得營養一點，補充足夠的水分。

· 每天出去走走。

· 如果上述方法都無效，可以暫時考慮服用抗抑鬱劑。約有85%的產後憂鬱症患者需要服用藥物，並持續治療一年以上。

崩潰了。這種極度的焦慮，就是產後憂慮症最主要的症狀。

產後憂鬱症很嚴重時，就會演變為產後精神病，會出現幻覺，想要自殺或想傷害自己的孩子。

產後情緒失調的成因不明，也不是每位產婦都會出現這些症狀。我們認為，每位產後情緒失調婦女所感受到的程度不等，可能與其體內荷爾蒙的改變有關，不過，荷爾蒙的改變也可能只是原因之一。

妳應該盡量尋求支持及協助，例如：妳可以請家人或朋友幫忙，或請母親或婆婆來協助妳；也可以請配偶請假，或僱請傭人來幫忙。

 ## 妳的哪些行為會影響胎兒發育？

## 臀位產式

前文曾經提過，懷孕早期，許多胎兒都是頭上腳下。不過，等到開始分娩時，約只有3％～5％以臀位產式出現（多胎妊娠不算）。然而，妳的行為及活動，真的會影響胎位嗎？

某些特定的因素，確實較容易造成臀位產式，例如胎兒的成熟程度。在懷孕的第二個三月期末，胎兒在子宮裡多半是臀位。這段期間，最好小心照顧自己，盡量不要早產，就不會產下臀位的早產兒。隨後，胎兒多半會自己翻轉過來。

先前的懷孕或多胎妊娠，使得子宮肌肉較鬆弛，也容易造成臀位產。其他容易造成胎兒臀位產的原因包括羊水過多、水腦症、子宮畸形或有腫瘤。

臀位產式也分為伸腿臀產式及完全臀位產式等幾種類型。前者指胎兒的臀部先露，呈雙腿向上、膝蓋伸直的姿勢。這種姿勢是足月及接近預產期的胎兒，最常出現的臀位產式，胎兒雙腳通常會貼

近臉或頭。

　　完全臀位產式是指胎兒的雙膝彎曲，或一個膝蓋彎曲，一個伸直。參見下圖圖示。

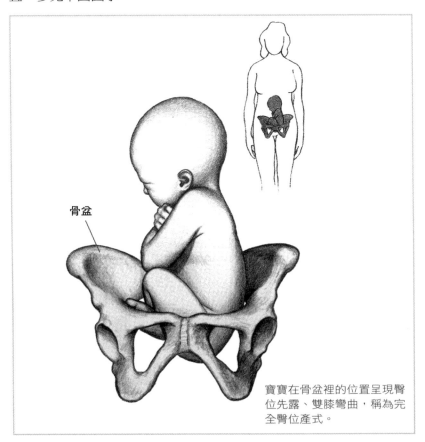

骨盆

寶寶在骨盆裡的位置呈現臀
位先露、雙膝彎曲，稱為完
全臀位產式。

**臀位寶寶的分娩**

　　臀位寶寶應該採何種方法分娩，在產科醫學界裡爭論不斷。多年以來，臀位寶寶多半採取自然產。最近則認為，臀位產（特別是

第一胎）最好是採剖腹生產。

　　許多醫師也同意，剖腹生產是處理臀位產式的最佳方法，但還是有醫師認為，只要處置適當，臀位產式還是可以安全娩出。不過，採取自然產的臀位產式，最好是胎兒發育已經完全，媽媽也有自然產的經驗，而且胎兒是屬於伸腿臀產式。如果胎兒是一支腳伸直，另一支腳膝蓋彎曲，多數醫師都認為，最好還是選擇剖腹產比較安全。

　　而今，大多數醫師都認為，臀位產式最好在分娩之初或分娩前，就直接安排剖腹產取出胎兒，這是最安全的方法。妳可以請教醫師，通常如何處理這種情況。

　　也可以利用子宮內胎兒翻轉術將胎兒由臀位產式轉成頭頂產式，不過，要是已經破水或開始分娩，就無法進行子宮內胎兒翻轉了。

　　如果胎兒是臀位產式，最好預先與醫師詳細討論。當妳到達醫院待產時，記得要立刻告訴護士或其他的醫護人員是臀位產式。如果打電話詢問關於分娩及生產的問題時，也記得要告知對方，妳是臀位產式。

> 如果醫師認為可能是臀位胎位，就會安排妳做超音波檢查，進一步確認。

## 其他產式

　　其他較常見的產式包括以下幾種：面產式，指胎兒的頭往後仰，呈現過度伸展的方式，使臉部先進入產道。如果開始分娩後，還無法自然翻轉回正常產式，採取剖腹產會比較安全。肩產式，指胎兒的肩膀會先進入產道。橫產式，指寶寶會橫躺著，使整個身軀撐在骨盆腔裡，寶寶的頭與臀部分別在肚子的兩邊，這時，就只有採取剖腹產了。

這段期間妳可能不太想吃東西，但不吃是不行的，因為妳要供給胎兒所需的營養。少量多餐是最適當的作法，一方面能補充需要的能量，一方面又能夠避免溢胃酸。如果妳已經吃膩平常的食物，下文是一些健康又營養的點心：

- 香蕉、葡萄乾、乾燥水果及乾燥芒果，既能滿足對甜食要求，又能補充鐵、鉀、鎂。
- 起司條，富含鈣及蛋白質。
- 水果奶昔（以脫脂牛奶和優格或冰淇淋製成），內含鈣、維生素及礦物質。
- 富含纖維質的餅乾，也可以抹上一點花生醬以增加風味及蛋白質。
- 鬆軟白乾酪及水果，也可以加上一點糖和肉桂。
- 無鹽的洋芋片或墨西哥玉米脆片，可以蘸一點沙拉醬或豆沾醬增加風味及纖維質。
- 鷹嘴豆芝麻沙拉醬及圓麵餅，增加纖維質及好口味。
- 新鮮的蕃茄，可以加上一點橄欖油和新鮮的羅勒（九層塔），再加上一片薄片起司，可以算是一份乳製品食物或蔬菜。
- 小脆餅乾或玉米脆片夾雞肉沙拉或鮪魚沙拉（用新鮮雞肉或水漬鮪魚做的），增加蛋白質及纖維質。

 其他須知

**留置胎盤**

寶寶出生後的30分鐘內，大多數產婦的胎盤也會自動剝落娩

出，至此才算是完整的分娩過程。不過，也曾出現部分胎盤組織仍然留在子宮壁、沒有自動娩出的案例，此時子宮就無法正常收縮，結果會造成陰道出血不止。

如果分娩後胎盤仍牢牢附著在子宮壁上，無法自行剝落，是非常危險的狀況，所幸這種情形很罕見。

留置胎盤造成的產後出血通常很嚴重，有時需做子宮頸擴張及搔刮術來止血及除去胎盤組織。

造成胎盤組織不正常附著的原因很多，可能是因為曾經剖腹產而留下疤痕組織，也可能是子宮曾經動過手術，留下切口的疤痕所造成。胎盤組織也容易附著在做過墮胎手術的搔刮處，或是附著在子宮曾受感染的地方。

胎兒娩出後，妳的注意力會集中在寶寶身上，而醫師則會注意胎盤組織是否完整地娩出，妳也可以要求醫師讓妳看看娩出的胎盤。

**FOR PAPA**

你可以問另一半，還想帶什麼東西到醫院，可以早點討論並預先準備。還有，先到醫院熟悉一下環境，就可以知道宜先準備什麼東西，以增加住院的舒適感。

# 懷孕筆記

## 懷孕第39週　　胎兒週數：37週

# Week 39

### 寶寶有多大？

　　胎兒現在的重量約3250公克，他的頭頂到臀部的長度約36公分，全長約48公分。

### 妳的體重變化

　　368頁是孕婦的側面圖示，可以見到一個非常大的子宮及胎兒。它似乎已經盡力讓胎兒及子宮成長，妳也是如此。

　　從恥骨連合量到子宮底部，長36～40公分，從肚臍量到子宮底部，長16～20公分。

　　本週，妳的懷孕過程即將結束，往後的體重不會增加太多，體重增加總量應該維持在11.5～16公斤之間。

### 寶寶的生長及發育

　　胎兒還在持續長大，即使是最後的一、兩週也不例外，不過，

能讓胎兒活動的空間愈來愈少了。本週胎兒體內的各個系統，大多已發育完成，且能開始各司其職了。最後完成發育的器官，就是胎兒的肺臟。

 ## 妳的改變

　　到了這時，妳會覺得自己像個龐然大物，肚子裡除了子宮及胎兒，再也塞不下任何東西，一點也輕鬆不起來。

　　妳或許會想，懷孕的辛苦與不舒服，最好到此為止，再也不懷孕了。妳也可能會覺得，有了這個寶寶，自己的家庭就算非常完整圓滿了。因此，有些婦女會開始考慮做輸卵管結紮手術等永久性的絕育手術。

### 分娩後輸卵管結紮

　　有些婦女選擇在分娩過後立刻做輸卵管結紮，不過，如果並未詳細考慮並仔細評估這項決定的後果，最好不要草率決定。

　　分娩完立刻做輸卵管結紮，確實有其好處，至少不需再住院。但是，急著在此時結紮，當然也有壞處，因為這項手術是屬於永久性且不可逆的。如果妳在分娩後幾小時或幾天內，立即做輸卵管結紮，日後即使後悔，也不容易再復原了。

> 　　寶寶出生前，不要急著將禮物的標籤取下。萬一禮物有性別差異，妳還可以去更換。

　　如果生產時是採取硬膜外麻醉，產後麻醉的管子會保留一陣子，當妳需要做結紮手術時，就可經由同一條管子麻醉。如果沒有

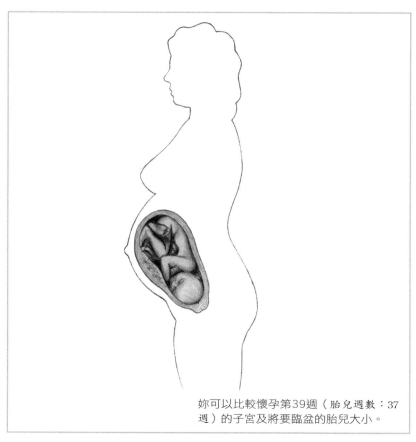

妳可以比較懷孕第39週（胎兒週數：37
週）的子宮及將要臨盆的胎兒大小。

做硬膜外麻醉，則要以其他方式麻醉。結紮手術常在分娩後第二天
施行，如此，手術將不會增加住院時間。

　　輸卵管結紮手術有幾種做法。最常用的方法，是在肚臍下切開
一個小切口，從切口將一小段輸卵管切斷取出，再將兩頭綁起；另
一個方法是用一個環或夾子將輸卵管夾起來阻斷通路。手術通常只
需30～45分鐘就可以完成。

　　如果妳還猶豫不決，不要急著做結紮手術，因為這項手術是屬

於永久性的。結紮以後，如果想再接回去，不但手術費昂貴、需住院3、4天，且接回的成功率約只有50％，也無法保證能再懷孕。

## 妳的哪些行為會影響胎兒發育？

不論妳是否哺餵母乳，後文要討論的主題，在生產後還會對妳造成很大的影響。

### 哺餵母乳的好處

最適合妳跟寶寶的哺餵方式，就是哺餵母乳。母乳最適合新生兒，特別是產後一個月內的母乳，含有嬰兒所需要的所有營養素及抗體。市售的嬰兒配方奶粉，雖然也添加了維生素、蛋白質、糖分、脂肪

**是否適合哺餵母乳？**

哺餵母乳好處多多，最大的好處就是能增進母子的感情。這種親密的關係，在寶寶出生時就已經開始了。有些婦女甚至還躺在產台上，就已經開始哺餵母乳了。此外，哺餵母乳還會刺激子宮收縮，避免產後出血。

哺餵母乳還能激發母對子及子對母的親密感覺，也是母親最感輕鬆舒適的時候。哺餵母乳能讓妳和寶寶一起共度美好時光。如果無法成功哺餵母乳也沒有關係，妳可以隨時改餵嬰兒配方奶粉。

及礦物質，但都比不上母乳。

哺餵母乳好處很多，其一是能將妳的抗體由母乳傳遞給嬰兒，保護他不容易受到感染。有很多人都覺得，喝母奶的孩子似乎比較不容易感冒及生病。

好處之二是母乳吸吮起來比較費勁，卻可以刺激孩子牙齒及下巴的發育。

其他好處包括省錢、方便、不需要隨時帶著奶瓶及奶粉。還有些婦女發現，哺餵母乳讓身材恢復得更快。

懷孕期間，乳房愈來愈大，有時會有觸痛及腫脹的感覺，這是因為荷爾蒙分泌旺盛，促使乳腺發育，而使乳房脹大，乳汁就是貯存在乳腺的小囊裡。

分娩後2、3天，寶寶開始吸吮妳的乳房。乳房受到吸吮的刺激，就會傳送訊息給大腦，讓大腦產生催乳激素，反過來刺激乳腺，讓乳房開始充盈，分泌乳汁。

### 學習哺餵母乳

住院期間，妳可能會想學習哺餵母乳。妳可以請教護理人員，請他們示範哺餵母乳的小技巧，以幫助寶寶早點掌握要領。有任何疑問都可以請教他們，所學到的技巧能減少妳及寶寶的挫折，讓妳們容易進入情況。

**DOCTOR SAY**

羅拉打電話來門診，說發現乳頭出現分泌物，她擔心是不是受到感染。其實，懷孕後期乳房會開始分泌初乳，初乳富含抗體，能幫助新生兒抵抗多種病毒的感染。乳房分泌初乳是正常的現象，不必太過擔心。

哺餵母乳期間與懷孕期一樣，都需要有健康的營養計畫。哺餵母乳時，每天至少要多補充500卡的熱量（懷孕時，每天需額外補

充300卡的熱量）。有些醫師會建議，哺乳期間最好每天繼續吃孕婦維生素。

哺乳期間要注意自己的飲食，因為吃下或喝下的東西，都會經由乳汁排出。有些食物，對寶寶或對妳都不適合，如辛辣的食物及巧克力，寶寶喝完母乳後胃也會不舒服。咖啡因及含酒精的飲料，也會通過乳汁傳給嬰兒，所以，千萬要慎選飲料。等到哺餵母乳一段時間後，妳就能漸漸了解，哪些東西可以吃，哪些東西是拒絕往來戶。

有時候，妳可能必須暫時離開孩子，但是妳又想繼續餵母奶。這時候，可以使用吸奶器，將乳汁吸出來貯藏。有很多市售吸奶器可供選擇，有的使用電池的，有

> **關於哺餵母乳**
> 　　懷孕期間就可以與醫師討論哺餵母乳的事，也可以打聽朋友的經驗，以得知哺餵母乳時所獲得的愉悅感覺。妳可以向產房或嬰兒室的護理人員請求協助，或與產後育嬰教室的護理人員討論，請求協助及指導。也可以上台灣母乳協會的網站（http://www.breastfeeding.org.tw/），而且提供許多有用的知識呢！

的是插電的，有的則是手動的。妳可以在出院前，先請教醫護人員的意見。

## 哺餵母乳的問題

哺餵母乳時，最常遇到的問題就是脹奶。脹奶時，乳房會變得腫脹、觸痛且充滿了乳汁。以下是解決漲奶的方法：

- 最好的方法是將乳房內的乳汁排空。餵奶時，盡可能讓寶寶將乳房內的乳汁吸吮乾淨。妳也可以洗個熱水澡，順便將剩餘的乳汁擠出。
- 痛得厲害時，冰敷可以解除疼痛。
- 每次餵母奶時，兩邊乳房交替哺餵，不要只餵一邊。
- 必須暫時離開寶寶時，盡可能按時將乳房內的乳汁排空，讓乳汁流動，保持乳管暢通，會感覺較舒適。
- 溫和的止痛藥（acetaminophen等鎮痛解熱劑，如普拿疼），

可以用來解除脹奶引起的疼痛。acetaminophen這類藥品經過美國小兒科學會認可，可以讓哺餵母乳的婦女服用。

- 如果痛得很厲害，可能需服用含可待因的普拿疼等較強的止痛劑。
- 如果實在很痛，最好是去看診，請醫師開藥。

哺餵母乳期間，乳房也可能感染及發炎。如果妳覺得自己的乳房好像受到感染、發炎，趕快去求診。乳房感染、發炎時，會引起疼痛，乳房也會變得又紅又腫，出現明顯的紅色腫塊，妳也會出現類似流行性感冒的症狀。

## 乳頭疼痛

多數哺餵母乳的婦女，都曾有乳頭疼痛的經驗，特別是第一次哺餵母乳的新手媽媽。妳可以採取下列幾個步驟來減輕疼痛：

- 盡量保持乳房乾燥及乾淨。
- 不要讓乳頭過度風乾，否則容易形成痂皮，乳頭的疼痛會更不容易消除。
- 最好能讓乳頭保持濕潤，不要太乾燥。有一種稱為Lansinoh的羊毛脂，不含殺蟲劑或過敏原，妳可以在每次寶寶吃完奶後，在乳頭部位塗抹一些Lansinoh來保護。

幾天到幾週後，妳的乳房就會漸漸習慣餵奶了。

### 乳頭凹陷

有些婦女乳頭凹陷，因此無法順利哺餵母乳。乳頭凹陷是指乳頭未能向外突出，反而向內縮陷的現象。如果妳有乳頭凹陷的情形，其實還是可以哺餵母乳的。戴上塑膠製的乳頭保護罩，有助於將乳頭拉出來。有些醫師也建議孕婦，可以試著用拇指及食指，將乳頭輕輕捏住往外拉，也會有所改善。

## 矽膠植入（隆乳）婦女的哺乳

隆乳婦女或許也可以哺餵母乳，不過可能比較困難。不論安不安全，醫師都不贊成隆乳的女性餵母乳。如果妳還有疑問，可以與醫師討論，請他提供最新的資訊。

## 矽膠隆乳引發的疾病

> ### 支托胸罩
>
> 有些婦女發現，在懷孕最後幾個星期穿上支托性胸罩會更舒適。哺餵母乳時，最好也能穿上哺乳專用胸罩，會讓妳更方便。許多醫師建議媽媽日夜都穿著哺乳專用胸罩，以提供乳房適當的支撐，並增加舒適。
>
> 為了將來順利哺餵母乳，妳可以提早準備，例如適時裸露乳房，讓它們在空氣中乾燥；有時不穿胸罩，使乳頭與衣服直接接觸，讓衣服的纖維摩擦乳頭，使乳頭堅韌，不至於太過敏感；或洗澡抹上肥皂後，以毛巾輕輕摩擦乳頭，也可以增加乳頭的堅韌，將來哺乳時才不會太敏感，也較不怕寶寶吸吮。

學術界一直在研究，矽膠隆乳對女性的影響。1995年美國風濕科醫學會公布一項報告，說明乳房植入矽膠與結締組織疾病或風濕性疾病並無直接的關聯。不過，有些研究則持相反意見，認為矽膠植入與結締組織的疾病有關。如果妳有這方面的疑慮，可以與醫師討論。

 ## 妳的營養

如果妳打算親自餵母奶，就要開始考慮哺乳期的營養需求。妳已經知道，哺乳時，每天應該再多攝取500卡的熱量，因為每天會由母奶排出425～700卡的熱量，妳必須補回這些熱量，才能維持健康。熱量來源必須營養且健康，與懷孕期一樣需要特別注意。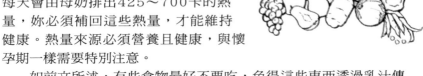

如前文所述，有些食物最好不要吃，免得這些東西透過乳汁傳遞，造成孩子的胃不舒服。巧克力及容易脹氣的食物（如球芽甘

藍、白色花椰菜）、辣的食物及其他吃了會讓妳不舒服的食物都盡量少吃。如果妳仍有疑慮或擔心，可以與醫師或小兒科醫師討論。

除了注意食物以外，還要大量喝水。每天需喝2000cc的水，除了製造足夠的乳汁，還能讓妳體內組織的水分充足。天氣炎熱時，所需的水分更多。不要喝含有咖啡因的飲料，因為咖啡因會利尿，也會透過乳汁傳給寶寶。雖然咖啡因在妳的血液裡3～5小時後，就會被排出去，但在寶寶體內卻會留存96小時以上。

> 妳每天需喝水2000cc，除了製造足夠的乳汁，還能讓妳體內組織的水分充足。

持續補充鈣，因為鈣對哺餵母乳也很重要。妳也可以請教醫師，是否需補充維生素，有些婦女哺餵母乳時，仍繼續服用孕婦維生素。

 ## 其他須知

## 解除分娩時的疼痛

生產時，解除產痛的方法有好幾種。當妳接受止痛療法時，要記得這關係著妳和寶寶，因此，最好能預先找到適合妳及胎兒的止痛方法，再根據臨盆時的感覺，就能夠立刻找到最適合的止痛方式。

生產及分娩時，妳的經驗中最珍貴的一部分，就是過往知識的累積，包括妳知道會出現哪些現象、這些現象的發生原因及處置方法，了解之後，對產痛也就不會那麼害怕，而且可以充分信任醫護人員對妳的照顧及處置。

當子宮開始規則的收縮，子宮頸也開始擴張時，子宮收縮可能會讓妳感覺非常不舒服。對於分娩早期所

> 生產及分娩時，妳的經驗中最珍貴的一部分，就是過往知識的累積。

造成的疼痛，許多醫院會幫妳注射止痛藥（如Demerol）及抗組織胺藥物（如Phenergen）等來緩解。這些藥物能夠減輕疼痛，但也可能造成嗜睡或鎮靜的副作用。

止痛劑會通過胎盤，進入胎兒的體內，讓新生兒的呼吸功能減退，影響新生兒出生時阿帕嘉計分法（Apgar score，代表新生兒的健康狀況）的得分。因此，這些藥物在臨近胎兒娩出的時候，應該避免使用。

解除產婦疼痛的方法，也可以注射特殊的麻醉藥物解除某一部位的疼痛，這種方法稱為阻斷麻醉，會陰神經阻斷麻醉、硬膜外阻斷麻醉或子宮頸阻斷麻醉是較常見的幾種。使用的藥物與做牙齒填補或抽牙神經所使用的藥物相仿，多半是xylocaine或xylocaine之類的藥物。

少數情況必須全身麻醉來分娩，多半出現在緊急剖腹產。緊急剖腹產時，小兒科醫師通常會在一旁待命，因為娩出的胎兒通常也會因麻醉而睡著，必須小心處理。

## 硬膜外阻斷麻醉

阻斷麻醉通常用來阻斷某個部位的疼痛。硬膜外阻斷麻醉可用來解除子宮收縮及分娩所產生的疼痛，但其給藥必須由受過訓練的專門技術人員執行。有些婦產科醫師受過這種訓練，不過，大多數還是由麻醉醫師來執行及給藥。

如果要持續做硬膜外阻斷麻醉，必須採取坐姿或側臥，麻醉科醫師會在下背部近脊椎中央的位置先做局部麻醉，再用一個長針頭，穿透麻木的皮膚，進入脊髓硬膜外，再將一條塑膠小管留置固定，然後將麻醉藥物直接注入脊髓管周圍，但不會進入脊髓管內。

分娩時，硬膜外阻斷麻醉藥物必須經由點滴注射自動輸液器給藥。麻醉科醫師會使用自動注射輸液器，間隔給予少量藥物，或在需要時才給藥。硬膜外阻斷麻醉的止痛效果非常好。

但硬膜外阻斷麻醉會造成妳的血壓下降，低血壓會影響運送到胎兒的血流量。因此，必須給予靜脈注射補充體液，避免發生低血

壓的狀況。此外，也可能會讓妳在分娩時使不上力，無法用力把胎兒推擠出去。

### 其他止痛方法

剖腹產時常使用脊髓麻醉，必須持續給止痛藥，直到剖腹產手術結束為止。不過，生產時採用硬膜外麻醉比脊髓麻醉普遍。

常用的阻斷麻醉還包括會陰神經阻斷麻醉，是在陰道管道進行阻斷麻醉，以減少產道部位的疼痛感覺，但無法消除子宮收縮及緊縮所產生的疼痛。有些醫院會做子宮頸的局部麻醉，但除了能消除子宮頸擴張的疼痛外，對子宮收縮所產生的疼痛也無助益。

對於分娩及生產所產生的疼痛，並沒有完美的止痛方法。不過，妳可以與醫師討論各種止痛法，也可以討論妳的疑慮，以找出最適合妳的止痛方法。

### 麻醉的併發症

麻醉或止痛時，還可能產生其他併發症。例如，使用Demerol等止痛劑時，很容易使胎兒過度鎮靜，出生後的阿帕嘉計分值可能較低，也可能會抑制呼吸。這時，就必須對新生兒進行復甦術，或給予其他藥物來拮抗（如naloxone）。

母親全身麻醉時，胎兒也可能同時產生過度鎮靜，因而出現呼吸緩慢、心跳減緩等現象，必須特別注意。全身麻醉的母親，此時將「置身事外」，約一個小時後才會從麻醉中甦醒，也才能見到孩子。

事實上，分娩前無法預知，哪一種止痛的方法適合妳。不過，當妳了解各種阻斷麻醉術後，在分娩及生產時就比較能做出恰當的選擇。

## 分娩後的子宮收縮

胎兒娩出後，子宮會從有如西瓜般大立刻縮小到像排球一般大

小。子宮收縮時，胎盤就會從子宮壁上剝離。子宮會湧出一股血液，表示胎盤將要娩出。

胎盤娩出時，醫護人員會立刻為妳注射催產素（子宮收縮劑），以促使子宮收縮，並將子宮內的血管閉鎖夾住，免得繼續出血。分娩後如果出血量超過了500cc，就稱做產後大出血。為了避免這種情形發生，分娩後必須立刻注射子宮收縮劑，同時要用力按摩子宮。

產後大出血的原因，主要是子宮無法收縮（稱為子宮收縮不全）。胎兒娩出後，醫護人員會幫妳按摩子宮，也會教妳如何按摩，以維持子宮的收縮及堅硬，才不會造成大出血及貧血現象。

## 臍帶血銀行

臍帶血是指胎兒娩出後，留存在臍帶及胎盤中的血液。過去胎盤及臍帶通常都掩埋丟棄，現在，保留臍帶血則成為熱門話題。美國《哈佛大學醫學短訊》聲稱，臍帶血銀行是1996年間十大醫學進展之一。

臍帶血可用來治療癌症、遺傳疾病，並能取代以往所使用的骨髓做移植手術。臍帶血還可以治療兒童的白血症、免疫疾病及血液疾病。此外，歐美各國也正在研究，利用臍帶血來治療鐮狀細胞性貧血、糖尿病及愛滋病等疾病。

臍帶血與骨髓一樣，含有極寶貴的幹細胞，而幹細胞正是組成血球細胞及免疫系統的基礎。這些特殊的細胞在臍帶血裡，是一群還未分化的細胞，正因為幹細胞還未開始分化，因此在移植時，不須像骨髓細胞要做嚴密的血型配對檢

## FOR PAPA

生產是珍貴及美好的經驗，現在有越來越多的先生願意和太太共同參與新生命的誕生。而政府機關以台北市衛生局為例，自民國八十八年積極推動「準爸爸陪產制度」，亦有鼓勵作用。

驗。也就是說它適合各種血型，不須如以往要辛苦配對，尋找合適的捐贈者。因此，對少數民族或稀有血型的人來說，真是彌足珍貴。

　　在寶寶出生前，父母可以要求將孩子的臍帶血貯存在臍帶血銀行，以備不時之需。臍帶血可供收藏者、手足及父母使用。妳也可以將臍帶血無條件捐出來，就像捐血一樣。

　　如果要貯存臍帶血，必須在孩子一出生時立刻收集，並將血液送到貯存臍帶血的機構冷凍及低溫貯藏。收集的動作對孩子及母親都不具有危險性，也不會痛。

# 懷孕筆記

 **寶寶有多大？**

胎兒現在重約3400公克，頭頂到臀部的長度37～38公分，身長全長約48公分。

此時，胎兒會將妳的子宮撐得滿滿的，完全沒有其他活動空間了。參見381頁圖，妳就能夠了解。

 **妳的體重變化**

從恥骨連合量到子宮底部為36～40公分，從肚臍量到子宮底部則是16～20公分。

本週妳可能已經不再在乎自己的外觀及體重了，反而是高高興興地準備迎接寶寶的到來。或許到分娩前妳還會再胖一點，不過不必沮喪，寶寶就快呱呱落地了。

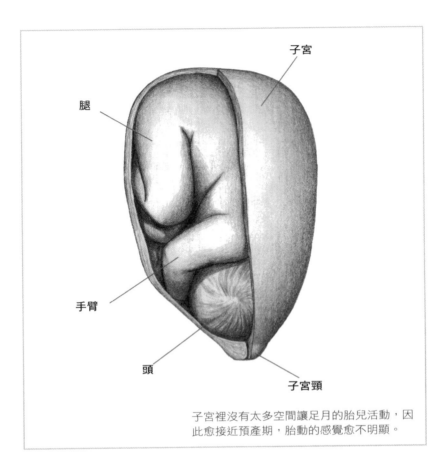

子宮

腿

手臂

頭

子宮頸

子宮裡沒有太多空間讓足月的胎兒活動，因
此愈接近預產期，胎動的感覺愈不明顯。

 ## 寶寶的生長及發育

　　膽紅素是紅血球破裂後的產物，胎兒出生前，膽紅素可以輕易
穿過胎盤，從胎兒體內進入媽媽的循環，母親可以輕易幫胎兒排掉
膽紅素。胎兒一旦娩出，臍帶切斷以後，就必須靠自己來排除體內

的膽紅素了。

# 新生兒黃疸

分娩後，如果胎兒無法處理體內的膽紅素，膽紅素就會在血液裡積聚，並出現黃疸的現象，即在皮膚及眼白的地方呈現黃色。膽紅素的值，在胎兒出生後3、4天內會升高，然後慢慢下降。

嬰兒室的醫師及護理人員會觀察胎兒的膚色，也可能抽血檢查膽紅素值。

出現黃疸的胎兒，可能就要做光照治療（光線療法）。這是將胎兒放在特殊的光源下，光線會穿透胎兒的皮膚，破壞膽紅素。如果膽紅素值非常高，胎兒可能就需要換血。

### 新生兒核性黃疸

如果新生兒體內的膽紅素值太高，造成高膽紅素血症（hyperbilirubinemia）時，醫師就會特別小心，因為這很容易造成核性黃疸（黃疸性腦病，因黃疸引起的中樞神經疾病）。

一般來說，早產兒發生核性黃疸的機率比足月兒高。如果孩子罹患核性黃疸，即使僥倖存活，也是會留下一些神經病變，如痙攣、肌肉協調不良及各種程度的智能不足，所幸病例並不多見。

 ## 妳的改變

## 過了預產期還不出生會如何？

此時，妳一定期望寶寶快點到來。妳可能會開始數日子。不過，就像前文所述，並不是每個人都在預產期當天分娩。從最後一次生理期開始算起，懷孕期如果超過42週或294天，就要考慮是不

是逾期懷孕了。

　　胎兒在子宮內生長及發育時，靠胎盤提供呼吸及營養兩項重要的功能。胎兒依賴這兩項功能，才能持續的生長及發育。

　　孕期逾期時，胎盤的功能就會逐漸衰退，無法供應足夠的氧氣及營養給胎兒，這時胎兒就會發生營養不足，生下的胎兒叫做過熟兒。

## DOCTOR SAY

　　吉兒懷孕39週時來產檢，看起來十分倦怠，問我還要多久才會生？我向她解釋，大多數醫師都認為，如果懷孕接近42週、子宮頸開始變薄、胎頭進入產道等情況發生，就應該將胎兒娩出。否則，最好還是等待胎兒自然分娩。

　　吉兒得知還沒到時候，有些沮喪。但是經過解釋後，她也了解瓜熟蒂落的好處，畢竟長久的等待是值得的。

　　過熟兒娩出時，外表乾乾瘦瘦的，有時還會脫皮或皮膚皺巴巴、指甲很長、頭髮很多、胎脂很少，看起來像是營養不良、缺少皮下脂肪的樣子。

　　由於過熟兒無法從胎盤得到足夠的營養，而確認懷孕的時間及按時做產檢的重要性也就在此。

## 引產（催生）

　　如果醫師必須幫妳催生，就會為你施打催產素，藥物劑量也會逐漸增加，直到子宮開始收縮為止。催產素劑量必須由靜脈注射計數器（IV pump）給藥，因此不必擔心藥量過多。一旦注射催產素後，醫師也會幫妳接上胎兒監視器，以監測胎兒的反應及變化。

### 子宮頸是否已成熟適合引產？

Prepidil Gel（dinoprostone cervical gel；0.5毫克）這種藥可用來使子宮頸成熟及軟化，以配合催生。熟化子宮頸意指讓子宮頸軟化、變薄，並且擴張。

Prepidil Gel通常是應內科或產科的需要，使懷孕婦女的子宮頸熟化，以利催生，適用情況包括胎兒過熟、高血壓、子癇前症或其他必須催生的病例。

Cervidil（dinoprostone, 10毫克）是另一種用來催熟子宮頸的藥物，也必須在嚴密的監控下使用。

一般來說，醫師會在預定催生的前一天，將Prepidil Gel及Cervidil兩種凝膠塗抹在陰道頂端、子宮頸後，讓藥物直接作用在子宮頸上，軟化子宮頸，以利催生。通常會在待產室或婦產科病房給藥，並密切觀察胎兒的變化。

在台灣，多數醫師使用前列腺素使子宮頸成熟，常用的是前列腺素E1口服或E2陰道塞劑。

 ## 妳的哪些行為會影響胎兒發育？

終於要生產了，這是妳期待已久的大事。如果這是第一胎，妳可能會非常興奮，或許還會帶點憂慮。整個生產過程絕對會讓妳津津樂道好一陣子。

最好有人來陪妳生產。目前國內也在推行「準爸爸陪產制度」，鼓勵配偶進入產房陪產，讓他們也有參與感。

 ## 妳的營養

分娩時不能飲食，因為分娩時產婦通常會覺得噁心，甚至會引起嘔吐。為了妳的健康及舒適，醫師會盡量避免讓妳嘔吐，所以，

醫師會建議妳在分娩時保持空腹。

分娩時，妳可能也沒有心情吃東西，但是會口渴，基於上述理由，喝水也在禁止之列。不過，妳可以小口啜飲開水或含小塊冰塊。如果產程很長，醫師可能會注射點滴，供給妳必須的水分。寶寶娩出且一切正常以後，妳就可以開始飲食了。

 ## 其他須知

## 到醫院待產時會做哪些事？

如果妳必須到醫院檢查是否開始分娩，不必害臊，也不要怕白忙一場。如果妳覺得好像開始分娩但又不確定，盡量告訴醫護人員，他們會告訴妳是否該做進一步檢查。

到醫院時，醫護人員會評估妳的狀況，產檢紀錄及病歷也會送到產房。負責接生的醫護人員都應該了解妳的狀況，知道妳是否曾在懷孕期間出現併發症，並掌握其他重要資訊。

如果妳覺得自己好像開始分娩了，就不要再吃東西，因為

> 如果妳覺得自己好像開始分娩了，就不要再吃東西。

食物容易讓妳噁心。如果覺得胃不舒服或想吐，可能需要服用制酸劑來解除不適。

辦理好入院手續後，會安排妳到待產室待產，並檢查確定是否已經開始分娩。首先要確定是否已經開始子宮收縮；如果子宮已經開始收縮，收縮頻率如何、持續多久、強度如何。這些資料非常重要，可以由胎兒監視器收集（參見懷孕第38週）。胎兒監視器會安裝在腹部，它能顯示子宮收縮的頻率及持續的時間。

## 住院

當妳到達醫院準備辦理入院手續時，醫護人員可能會問妳一些問題，例如：

· 是否已經破水？什麼時候？
· 是否已經見紅？
· 子宮有沒有開始收縮？多頻繁？持續多久？
· 最後一次進食是什麼時候？吃些什麼東西？

還有其他關於妳本身的問題，有沒有其他疾病？曾服用過哪些藥物？懷孕期間吃過哪些藥物？如果有胎盤早期剝離或前置胎盤的問題，也要在入院時就告知醫護人員。

確定是否破水是很重要的，下述幾種方法能確認是否已經破水：

· 產婦描述，例如有一股大量的水流出。
· 石蕊試紙檢驗，這是一種測定羊水中酸鹼值的檢驗。
· 蕨變試驗。

接下來，醫護人員會檢查子宮頸的張開程度。上一次檢查時，子宮頸是否張開？張開幾公分？目前又張開了幾公分？

醫護人員也希望了解妳的懷孕過程，並詢問病史。如果妳在懷孕期間曾經出現陰道出血等問題，或妳知道胎位不正，一定要詳實敘述。不要以為他們一定會知道這些資訊，因為此時他們的注意力可能集中在妳的血壓、脈搏及體溫等資料上。

檢查及評估是否開始分娩，必須花一點時間詳細檢查，妳必須耐心等候。

如果檢查的結果，證實已經開始分娩了，妳就要進入待產室待產，並要辦理一些手續。配偶或親人最好也一起來，以便簽署入院保證書及分娩與手術同意書等，辦理入院手續。各種同意書在於讓

妳再次確認分娩及生產的整個過程及處置，以及可能產生的風險。

辦完入院手續後，院方可能就會為妳灌腸及打點滴。醫師會與妳討論是否需要做無痛分娩，如果需要，會採取何種麻醉方式，並插上硬膜外麻醉的管子。

此外，還會抽血做血容比、全血球計數、血型等必要的常規檢驗，並依各家醫院規定或醫師的習慣，做其他必要的處置。

> 如果配偶或生產教練不想留在產房，也不要勉強。

## 生產教練

大多數的時候，配偶就是妳最好的生產教練。親友也可以協助分娩，擔任生產教練。生產教練最主要的工作，就是在懷孕過程、生產時及產後在恢復室時，全程陪同產婦，給予支持及鼓勵。

### 生產教練小叮嚀

**到達醫院時，生產教練可以做下列事情，讓你放鬆：**

- 開始分娩時，跟妳說話，分散注意力，讓妳放鬆。
- 分娩時，鼓勵妳，告訴妳何時該開始用力推。
- 幫妳注意門口是否有閒雜人等，保護妳的隱私。
- 當妳感覺疼痛，想要大叫時，他會告訴妳沒有關係。
- 幫妳用濕毛巾擦臉、擦嘴。
- 幫妳按摩肚子及背部。
- 當妳用力時，撐住妳的背。
- 幫妳照相（寶寶娩出後立刻照相，可作為日後美好的回憶）。

## 分娩後還會有哪些事要做？

分娩後要做的事情，依醫院規定而有所不同。

### LDRP

最近，LDRP（待產、生產、恢復及產後休養同室）的概念日益普遍，也就是說，妳入院待產的房間將會是產房及住院的地方。不過，並不是每個地方都這麼的方便。在台灣比較多見的是LDR，即待產、生產及恢復在同一室，但產後的休養則移到病房去，因為LDRP必須每一個病房都有接生設備，成本較高。

因為許多婦女不想分娩後還從產房轉到恢復室，再從恢復室搬到病房，因此才萌發這種多功能病室的概念。此外，嬰兒室也多半

## 選擇生產的地方

**當妳決定生產的醫院或診所後，最好能確認以下問題：**
· 醫院或診所的設備及工作人員隨時待命嗎？
· 麻醉人員及設備隨時待命嗎？麻醉醫師是否能24小時隨時配合？
· 如果臨時需要剖腹生產，相關的人員及設備能立刻配合嗎？最好能在30分鐘內準備妥當。
· 如果發生緊急狀況或出問題，小兒科醫師是否隨時待命？
· 嬰兒室的醫護人員隨時待命支援嗎？
· 如果發生緊急狀況或早產，必須送到嬰兒加護中心，該怎麼送？如果醫院沒有嬰兒加護中心，最近的嬰兒加護中心在哪裡？

這些問題看似多餘，但是當妳或孩子的健康出現問題時，妳知道能立刻緊急處置，甚至能立刻後送做進一步的處理及治療，妳會更加安心。

設在產房、恢復室及病房附近,便於母親探視孩子,孩子也能夠在媽媽身邊多待一會兒。

### 生產室

很多醫療院所都讓產婦先在待產室待產,等到開始分娩時再送到產房。產後則送到產後恢復病房休息,然後轉往婦產科病房住到出院。

醫院病房內也設置有陪病床或長沙發,讓配偶或家人在旁陪伴及休息。

### 產房

將待產室與產房合併是一種新觀念,即產婦不需要在待產室、產房間轉換。不過,即使是待產及分娩能在同一個產室,產後還是要到另一個房間休養。

## 寶寶出生後的處置

寶寶娩出後,醫師會將臍帶夾住並剪斷,接著清除孩子口鼻中的黏液。然後用乾淨的毯子將孩子包起來,放在妳的懷裡讓妳抱一下。或將孩子交給護士或小兒科醫師,做初步的全身檢查及評估。在娩出的第1及第5分鐘,會進行阿帕嘉計分(參見391頁)。此外,也會立刻為孩子戴上識別手環,以免與嬰兒室其他孩子搞錯。

嬰兒娩出後,保持溫暖非常重要。因此護士會立刻將孩子擦乾,並在交給醫師或護士之前,用加溫過的溫暖毛毯包裹住。

如果生產過程比較複雜,嬰兒可能要在嬰兒室裡接受更詳盡的全身檢查。寶寶的健康狀況,是最重要的考量。妳或許想要抱抱孩子或開始餵母奶,但如果孩子的情況不允許(如出現呼吸困難或需要使用嬰兒監視器特別監控),當然是以新生兒的健康及安危為第一考量。因此,妳最好配合醫師,讓醫護人員為孩子做進一步的評估及處理。

隨後，寶寶可能會由護士或配偶陪同，送到嬰兒室。在嬰兒室，護理人員會幫寶寶量體重、身高及留下腳印。為了避免感染，會為寶寶點眼藥水。此外，還會注射維生素K，協助他的凝血機能，並視需要注射肝炎疫苗。在台灣，B肝疫苗是每一個新生兒例行要注射的，如此可以減少過後的肝癌發生基路機率。然後，再放在嬰兒推床上30分鐘到2個小時，時間因寶寶的健康狀況而有所不同。

　　如果生產過程或孩子出現問題，小兒科醫師通常會在產房待命，或分娩後通知

> 如果妳想採取不同的分娩姿勢，或想按摩、用特別的放鬆技巧或用催眠療法來解除產痛，最好在產檢時先跟醫師討論。

小兒科醫師，24小時內由小兒科醫師為孩子做更詳盡的全身檢查。

## 生產過程不要拘泥於某一種選擇

　　在生產過程中，最重要的就是選擇生產的方式。要不要硬膜外麻醉呢？分娩時都不使用藥物嗎？是否需做會陰切開術？

　　每位產婦的需求都不相同，每次分娩狀況也不會一樣，因此，很難預測將會發生什麼狀況，也很難預測妳要做何種阻斷麻醉。分娩時程的長短也無法預估，3～20個小時都有可能。因此，最好保持彈性，視情況決定最有利、最安全的方式。

　　可以在懷孕的最後2個月，與醫師詳細討論妳的疑慮，並知道醫院能夠提供哪些生產方式，因為有些藥物並非每家醫院都提供的。

## 自然產

　　有些孕婦產前就決定自然產。對自然產的定義與敘述，各家不同。

　　許多人認為，只

> 選擇自然產的婦女，通常需要預先練習及準備。

# 寶寶的阿帕嘉計分

　　在寶寶出生後的第1及第5分鐘，醫院會為寶寶做整體檢查及評估，而阿帕嘉計分法就是用來評估新生兒總體健康的方法。

　　一般來說，得分愈高，寶寶的健康狀況愈佳。評估寶寶的計分項目有五項，每一項的計分包括0、1、2，2分是最高得分，總分最高10分。計分範圍包括：

- **嬰兒的心跳**：測不到嬰兒心跳，0分；心跳的速率較慢、每分鐘低於100次，1分；心跳速率超過100次，2分。
- **嬰兒的呼吸**：評估嬰兒對呼吸的努力程度。沒有呼吸，0分；呼吸的速度緩慢且不規則，1分；大聲哭泣且呼吸換氣良好，2分。
- **嬰兒的肌肉張力**：評估嬰兒的活動力是否良好。手腳軟綿綿且軟弱無力，0分；手腳稍微彎曲且有些活動，1分；活力強且四肢舞動，2分。
- **嬰兒對刺激的反射**：對摩擦後背或手臂等刺激沒有反應，0分；對刺激稍有反應，或稍微會擠一下眉或弄一下眼，1分；反應立即且精力旺盛，2分。
- **嬰兒的膚色**：膚色泛藍或蒼白，0分；身軀呈現粉紅，但手腳仍為藍色，1分；全身都呈粉紅色，2分。

　　滿分10分並不常見，大多數健康的嬰兒得分多為7～9分。出生1分鐘的嬰兒，阿帕嘉計分得分很低，可能就需要做心肺復甦，即須由小兒科醫師或護理人員協助刺激其呼吸，使他盡快恢復。大多數嬰兒在第5分鐘的得分都比第1分鐘高，因為此時他的活力很強，且開始適應子宮外的世界。

**FOR PAPA**

　　現在來討論你在生產時的角色，並學習如何幫助另一半。生產前後當親友來拜訪時，請他們盡量保持安靜，並且不要一次來太多人，讓太太能夠充分休息及恢復。

要不使用藥物都稱為自然產；有人則認為，使用和緩的止痛藥物或局部止痛的藥物（如用在陰道及會陰部位的局部麻醉藥物，或會陰切開術及修復手術使用的麻醉止痛藥等），都算自然產。總而言之，自然產就是盡量少用人工方式娩出胎兒。選擇自然產的婦女，通常要預先練習及準備。

　　自然產並不適用於每位孕婦。如果妳到醫院時，子宮頸只張開1公分，但子宮收縮強烈且疼痛，此時就不適合自然產，可能要做硬膜外麻醉。

　　如果妳到達醫院時，子宮頸已經張開4～5公分，子宮收縮的情況也良好，自然產是個不錯的選擇。當然，沒有人能預知產程的進

## 自然產的技巧

　　有關自然產的技巧，有三種主要的課程：拉梅茲、Bradley及Grantly Dick-Read。

- 拉梅茲生產法是最古老的生產技巧，它能藉著訓練，教導產婦捨棄毫無助益的用力方式，改以有效率的施力及呼吸技巧，強調反射動作來協助生產及放鬆。
- Bradley的課程教導孕婦如何集中精神，並學習許多種放鬆的方法。重點是強調腹部的深度呼吸及放鬆技巧，讓分娩的過程較舒適。確定懷孕後就要開始上課，並持續到生產。
- Grantly Dick-Read是一種嘗試打破生產時所產生的害怕─緊張─疼痛的循環。這種課程首先將準爸爸納入。

展，但是對於可能發生的情況能夠預先了解，並有萬全的準備，才能獲得美好安全的結果。

生產過程多半不可預測，最好不要預設立場，以便應付及接受各種狀況，也不要因無法實踐產前所預定的計畫，感到抱歉或愧疚。妳可能需做硬膜外麻醉或會陰切開術，才能順利生產。如果妳必須剖腹產、硬膜外麻醉或進行會陰切開術，都沒有關係，千萬不要覺得努力不夠而產生罪惡感。

有些廣告無痛生產，且無需剖腹，更不必打點滴，甚至說傻瓜才做會陰切開術等。這些多半是廣告的花招及吹噓，讓妳產生不實的期待。如果最後必須接受上述處置，反而會讓妳的挫折感更重。

生產的最終目的，就是有一個健康寶寶。如果經過剖腹生產的手續而達成這個目的，妳的生產過程還是成功的。剖腹產的技術日益成熟及安全，寶寶再也不必像過去必須為了存活努力掙扎。因此，剖腹產實在是一項偉大的成就。

## 寶寶基本資料

寶寶的名字：_____

出　生　地：_____

出 生 日 期：_____

出 生 時 間：_____

性　　　別：_____

體　　　重：_____

身　　　長：_____

醫 師 姓 名：_____

**媽媽待產照片**

## 🙂 我的生產紀要 🙂

開始分娩時，我在哪裡？孩子的爸爸在哪裡？分娩持續多久？有誰在旁邊？寶寶出世時，我們的第一反應是什麼？

_____

_____

_____

_____

_____

_____

_____

_____

_____

_____

_____

_____

_____

_____

_____

## 寶寶的模樣

當妳第一眼看到寶寶，寫下對他（她）的最初印象。

眼　　睛：_____

鼻　　子：_____

嘴　　巴：_____

頭　　髮：_____

皮　　膚：_____

胎　　記：_____

其 他 特 徵：_____

**寶寶的第一張照片**

## 寶寶的第一個24小時

寶寶終於來到這個多采多姿的世界，他（她）的第一天是如何度過的？

_____

_____

_____

_____

_____

_____

_____

_____

_____

_____

_____

_____

_____

_____

_____

_____

_____

## 寶寶的第一個月

寶寶終於來到這個多采多姿的世界，他（她）的第一月是如何度過的？

_____

_____

_____

_____

_____

_____

_____

_____

_____

_____

_____

_____

_____

_____

_____

_____

## 寶寶的第一個月

寶寶終於來到這個多采多姿的世界，他（她）的第一月是如何
度過的？

作　　者／葛雷德·柯提斯＆茱蒂絲·史考勒

翻　　譯／張國燕

選　　書／林小鈴

主　　編／陳雯琪

行銷經理／王維君

業務經理／羅越華

總 編 輯／林小鈴

發 行 人／何飛鵬

出　　版／新手父母出版

　　　　　城邦文化事業股份有限公司

　　　　　台北市中山區民生東路二段 141 號 8 樓

　　　　　電話：(02) 2500-7008　傳真：(02) 2502-7676

　　　　　E-mail：bwp.service@cite.com.tw

發　　行／英屬蓋曼群島商家庭傳媒股份有限公司城邦分公司

　　　　　台北市中山區民生東路二段 141 號 11 樓

　　　　　讀者服務專線：02-2500-7718；02-2500-7719

　　　　　24 小時傳真服務：02-2500-1900；02-2500-1991

　　　　　讀者服務信箱 E-mail：service@readingclub.com.tw

　　　　　劃撥帳號：19863813

　　　　　戶名：書虫股份有限公司

香港發行所／城邦（香港）出版集團有限公司

　　　　　香港灣仔駱克道 193 號東超商業中心 1F

　　　　　電話：(852) 2508-6231　傳真：(852) 2578-9337

　　　　　E-mail：hkcite@biznetvigator.com

馬新發行所／城邦（馬新）出版集團 Cite (M) Sdn Bhd

　　　　　41, Jalan Radin Anum, Bandar Baru Sri Petaling, 57000 Kuala Lumpur, Malaysia.

　　　　　電話：(603)90563833　傳真：(603)90576622　E-mail：services@cite.my

封面設計／徐思文

內頁排版／集雲堂美術設計有限公司

製版印刷／卡樂彩色製版印刷有限公司

2014 年 12 月初版 1 刷

2023 年 05 月 11 日二版 1 刷　　Printed in Taiwan

定價 550 元

ISBN：978-626-7008-39-3（平裝）

國家圖書館出版品預行編目 (CIP) 資料

懷孕 40 週全書貼心修訂版 / 雷德．柯提斯 (Glade
Curtis), 茱蒂斯．史考勒 (Judith Schuler) 著；張國燕譯
2 版 . -- 臺北市：新手父母出版，城邦文化事業股份
限公司出版：英屬蓋曼群島商家傳媒股份有限公
城邦分公司發行, 2023.05
　　面；　　公分 . -- ( 準爸媽；SQ0020X)
譯自：Parenting source：your pregnancy week by wee
ISBN 978-626-7008-39-3( 平裝 )

1.CST: 懷孕 2.CST: 妊娠 3.CST: 分娩 4.CST: 婦女健康

429.12　　　　112005313